全国高职高专教育“十二五”规划教材

组态控制技术

主　编　王凤杰　付丽娟
副主编　王光德　吕　琳
主　审　赵亮培

东南大学出版社
·南京·

内容简介

《组态控制技术》从工程应用的角度出发，通过液位控制、反应车间控制等典型的工业过程的组态控制介绍了组态王 KingView 以及 MCGS 嵌入式组态软件的应用。本书详细介绍了组态王与 MCGS 的画面组态、程序编写等各方面的知识。将学习过程融入到一个个实际工程项目中，每个项目均包括控制要求、解决方案和实现步骤等部分。

本书可作为自动化、机电、电子等专业的自动控制、计算机控制技术课程的教材，也可作为相关工程技术人员的参考书。

图书在版编目(CIP)数据

组态控制技术 / 王凤杰，付丽娟主编. —南京：东南大学出版社，2013.9(2017.1 重印)
ISBN 978-7-5641-4434-0

Ⅰ. ①组… Ⅱ. ①王… ②付… Ⅲ. ①自动控制—高等职业教育—教材 Ⅳ. ①TP273

中国版本图书馆 CIP 数据核字(2013)第 177570 号

组态控制技术

出版发行：东南大学出版社
社　　址：南京市四牌楼 2 号　邮编：210096
出 版 人：江建中
网　　址：http://www.seupress.com
经　　销：全国各地新华书店
印　　刷：南京玉河印刷厂
开　　本：787mm×1092mm　1/16
印　　张：13.25
字　　数：304 千字
版　　次：2013 年 9 月第 1 版
印　　次：2017 年 1 月第 2 次印刷
印　　数：3001—5000 册
书　　号：ISBN 978-7-5641-4434-0
定　　价：25.00 元

本社图书若有印装质量问题，请直接与营销中心联系。电话：025－83791830

前　言

国家提出走新型工业化道路，加快制造业信息化，以信息化改造制造业，推进生产设备数字化、生产过程智能化和企业管理信息化的进程。以工业控制计算机加组态软件为核心的计算机控制系统开始在中小型企业应用普及。各职业院校纷纷开设计算机控制技术和组态软件应用技术课程，以满足社会的人才需求。

本书选取了组态王 KingView 与 MCGS 两种组态软件作为对象。组态王与 MGCS 两个软件是目前应用广泛的工业控制组态软件。

组态王 KingView 是亚控公司在国内率先推出的工业组态软件产品。十余年来，一直是国内通用组态软件的领军品牌，得到市场的广泛赞誉。在当今市场的发展环境下，面向低端自动化市场及应用，以实现企业一体化为目标，凭借稳定的性能和良好的服务牢牢占据国内组态软件龙头的地位。亚控公司的最新版本的组态王 KingView 6.55 不仅传承了早期版本功能强大、运行稳定、使用方便的特点，而且完善和扩充了曲线、报表及 Web 发布等功能。经过多年市场实践磨砺，组态王的功能性和易用性有了极大的提高。

MCGS 具有功能完善、操作简便、可视性好、可维护性强的突出特点。通过与其他相关的硬件设备结合，可以快速、方便地开发各种用于现场采集、数据处理和控制的设备。特别是其嵌入式产品，将触摸屏与组态软件完美结合，为用户提供了理想的开发应用环境。

全书共分为 14 个项目。王凤杰编写了项目 3 至项目 10，付丽娟编写了项目 1 至项目 2，王光德编写了项目 12 至项目 14，吕琳编写了项目 11。全书由王凤杰、付丽娟担任主编并统稿。

本书由赵亮培主审。他对本书提出了许多宝贵意见，在此表示衷心的感谢。

由于编者水平有限，错误和疏漏之处在所难免，敬请读者批评指正。

编　者

2013 年 6 月

目　录

项目 1　组态软件概述

知识目标

（1）了解本课程所讲述的大概内容

（2）了解常用的组态软件

（3）了解组态软件在自动化系统中的用途

学习任务

任务 1　常用的组态软件介绍

任务 2　组态软件的功能特点

任务 3　组态软件的发展趋势

相关知识

组态软件是指一些数据采集与过程控制的专用软件，它们是在自动控制系统监控层一级的软件平台和开发环境，使用灵活的组态方式，为用户提供快速构建工业自动控制系统监控功能的、通用层次的软件工具。

组态软件的应用领域很广，它可以应用于电力系统、给水系统、石油、化工等领域的数据采集与监视控制以及过程控制等诸多领域。在电力系统以及电气化铁道上又称远程终端控制（简称 RTU System，Remote Terminal Unit System）。

任务 1　常用的组态软件介绍

1.1　组态软件概述

组态软件，又称组态监控软件系统软件，译自英文 SCADA，即 Supervisory Control and Data Acquisition（数据采集与监视控制）。它是指一些数据采集与过程控制的专用软件。它们处在自动控制系统监控层一级的软件平台和开发环境，使用灵活的组态方式，为用户提供快速构建工业自动控制系统监控功能的、通用层次的软件工具。组态软件的应用领域很广，可以应用于电力系统、给水系统、石油、化工等领域的数据采集与监视控制以及过程控制等诸多领域。

1.2 组态软件在我国的发展及国内外主要产品介绍

组态软件应该能支持各种工控设备和常见的通信协议，并且通常应提供分布式数据管理和网络功能。对应于原有的 HMI(人机接口，Human Machine Interface)软件的概念，组态软件应该是一个使用户能快速建立自己的 HMI 的软件工具或开发环境。在组态软件出现之前，工控领域的用户通过手工或委托第三方编写 HMI 应用，开发时间长，效率低，可靠性差；或者购买专用的工控系统，通常是封闭的系统，选择余地小，往往不能满足需求，很难与外界进行数据交互，升级和增加功能都受到严重的限制。组态软件的出现，把用户从这些困境中解脱出来，可以利用组态软件的功能，构建一套最适合自己的应用系统。随着它的快速发展，实时数据库、实时控制、SCADA、通讯及联网、开放数据接口、对 I/O 设备的广泛支持已经成为它的主要内容，随着技术的发展，监控组态软件将会不断被赋予新的内容。

"组态"的概念是伴随着集散型控制系统(Distributed Control System，简称 DCS)的出现才开始被广大的生产过程自动化技术人员所熟知的。在工业控制技术不断发展和应用的过程中，PC(包括工控机)相比以前的专用系统具有的优势日趋明显。这些优势主要体现在：PC 技术保持了较快的发展速度，各种相关技术已经成熟；由 PC 构建的工业控制系统具有相对较低的拥有成本；PC 的软件资源和硬件资源丰富，软件之间的互操作性强；基于 PC 的控制系统易于学习和使用，可以容易地得到技术方面的支持。在 PC 技术向工业控制领域的渗透中，组态软件占据着非常特殊而且重要的地位。

1.3 国外品牌

1. InTouch

Wonderware(万维公司)的 InTouch 软件是最早进入中国的组态软件。在 20 世纪 80 年代末 90 年代初，基于 Windows3.1 的 InTouch 软件曾让我们耳目一新，并且 InTouch 提供了丰富的图库。但是，早期的 InTouch 软件采用 DDE 方式与驱动程序通信，性能较差，最新的 InTouch7.0 版已经完全基于 32 位的 Windows 平台，并且提供了 OPC 支持。

2. FIX

Intellution 公司以 FIX 组态软件起家，1995 年被爱默生收购，现在是爱默生集团的全资子公司，FIX6.x 软件提供工控人员熟悉的概念和操作界面，并提供完备的驱动程序(需单独购买)。20 世纪 90 年代末，Intellution 公司重新开发内核，并将重新开发新的产品系列命名为 iFIX。在 iFIX 中，Intellution 提供了强大的组态功能，将 FIX 原有的 Script 语言改为 VBA(Visual Basic for Application)，并且在内部集成了微软的 VBA 开发环境。为了解决兼容问题，iFIX 里面提供了程序叫 FIX Desktop，可以直接在 FIX Desktop 中运行 FIX 程序。Intellution 的产品与 Microsoft 的操作系统、网络进行了紧密的集成。Intellution 也是 OPC

(OLE for Process Control)组织的发起成员之一。iFIX 的 OPC 组件和驱动程序同样需要单独购买。

3. Citech

悉雅特集团(Citect)是世界领先的提供工业自动化系统、设施自动化系统、实时智能信息和新一代 MES 的独立供应商。Citect 公司的 Citech 也是较早进入中国市场的产品。Citech 具有简洁的操作方式,但其操作方式更多的是面向程序员,而不是工控用户。Citech 提供了类似 C 语言的脚本语言进行二次开发。

4. WinCC

西门子自动化与驱动集团(A&D)是西门子股份公司中最大的集团之一,是西门子工业领域的重要组成部分。Siemens 的 WinCC 也是一套完备的组态开发环境,Simens 提供了 C 语言的脚本,包括一个调试环境。WinCC 内嵌 OPC 支持,并可对分布式系统进行组态。但 WinCC 的结构较复杂,用户最好经过 Siemens 的培训以掌握 WinCC 的应用。

1.4 国内品牌

1. 世纪星

由北京世纪长秋科技有限公司开发,产品自 1999 年开始销售。

2. 三维力控

由北京三维力控科技有限公司开发,核心软件产品初创于 1992 年。

3. 组态王 KingView

由北京亚控科技发展有限公司开发,该公司 1991 年开始创业,1995 年推出组态王 1.0 版本,目前在市场上广泛推广 KingView6.53、KingView6.55 版本,每年销量在 10000 套以上,在国产软件市场中市场占有率位居第一位。

4. 紫金桥 Realinfo

由紫金桥软件技术有限公司开发,该公司是由中石油大庆石化总厂出资成立。

5. MCGS

由北京昆仑通态自动化软件科技有限公司开发,市场上主要是搭配硬件销售。在本教材的后续章节还要作详细介绍。

6. uScada

uScada 是国内著名的免费组态软件,是专门为中小自动化企业提供的监控软件方案。uScada 包括常用的组态软件功能,如画面组态、动画效果、通讯组态、设备组态、变量组态、实时报警、控制、历史报表、历史曲线、实时曲线、棒图、历史事件查询、脚本控制、网络等功能,可以满足一般的小型自动化监控系统的要求。软件的特点是小巧、高效、使用简单。uScada 也向第三方提供软件源代码进行二次开发。

任务2 组态软件的功能特点

2.1 组态软件的特点

组态软件在国内是一个约定俗成的概念，并没有明确的定义，它可以理解为“组态式监控软件”。“组态(Configure)”的含义是“配置”、“设定”、“设置”等意思，是指用户通过类似“搭积木”的简单方式来完成自己所需要的软件功能，而不需要编写计算机程序，也就是所谓的“组态”。它有时候也称为“二次开发”，组态软件就称为“二次开发平台”。“监控(Supervisory Control)”，即“监视和控制”，是指通过计算机信号对自动化设备或过程进行监视、控制和管理。

组态软件是有专业性的。一种组态软件只能适合某种领域的应用。组态的概念最早出现在工业计算机控制中，如：DCS(集散控制系统)组态、PLC(可编程控制器)梯形图组态；人机界面生成软件就叫工控组态软件。在其他行业也有组态的概念，如 AutoCAD、PhotoShop 等。不同之处在于，工业控制中形成的组态结果是用在实时监控的。从表面上看，组态工具的运行程序就是执行自己特定的任务。工控组态软件也提供了编程手段，一般都是内置编译系统，提供类 BASIC 语言，有的支持 VB，现在有的组态软件甚至支持 C＃高级语言。

随着工业自动化水平的迅速提高，计算机在工业领域的广泛应用，人们对工业自动化的要求越来越高，种类繁多的控制设备和过程监控装置在工业领域的应用，使得传统的工业控制软件已无法满足用户的各种需求。在开发传统的工业控制软件时，当工业被控对象一旦有变动，就必须修改其控制系统的源程序，导致其开发周期长；已开发成功的工控软件又由于每个控制项目的不同而使其重复使用率很低，导致它的价格非常昂贵；在修改工控软件的源程序时，倘若原来的编程人员因工作变动而离去时，则必须同其他人员或新手进行源程序的修改，因而更是相当困难。通用工业自动化组态软件的出现为解决上述实际工程问题提供了一种崭新的方法，因为它能够很好地解决传统工业控制软件存在的种种问题，使用户能根据自己的控制对象和控制目的的任意组态，完成最终的自动化控制工程。

组态(Configuration)为模块化任意组合。通用组态软件主要特点：

(1) 延续性和可扩充性：通用组态软件开发的应用程序，当现场(包括硬件设备或系统结构)或用户需求发生改变时，不需做很多修改而方便地完成软件的更新和升级。

(2) 封装性(易学易用)：通用组态软件所能完成的功能都用一种方便用户使用的方法包装起来，对于用户，不需掌握太多的编程语言技术(甚至不需要编程技术)，就能很好地完成一个复杂工程所要求的所有功能。

(3) 通用性：每个用户根据工程实际情况，利用通用组态软件提供的底层设备(PLC、智能仪表、智能模块、板卡、变频器等)的 I/O Driver、开放式的数据库和画面制作工具,就能完成一个具有动画效果、实时数据处理、历史数据和曲线并存、具有多媒体功能和网络功能的工程,不受行业限制。

2.2 组态软件的功能

组态软件指一些数据采集与过程控制的专用软件,它们是在自动控制系统监控层一级的软件平台和开发环境,能以灵活多样的组态方式(而不是编程方式)提供良好的用户开发界面和简捷的使用方法,它解决了控制系统通用性问题。其预设置的各种软件模块可以非常容易地实现和完成监控层的各项功能,并能同时支持各种硬件厂家的计算机和 I/O 产品,与高可靠的工控计算机和网络系统结合,可向控制层和管理层提供软硬件的全部接口,进行系统集成。

组态软件通常有以下几方面的功能:

1. 强大的界面显示组态功能。目前,工控组态软件大都运行于 Windows 环境下,充分利用 Windows 的图形功能完善界面美观的特点,可视化的 m 风格界面、丰富的工具栏,操作人员可以直接进入开发状态,节省时间。丰富的图形控件和工况图库,既提供所需的组件,又是界面制作向导。提供给用户丰富的作图工具,可随心所欲地绘制出各种工业界面,并可任意编辑,从而将开发人员从繁重的界面设计中解放出来,丰富的动画连接方式,如隐含、闪烁、移动等,使界面生动、直观。

2. 良好的开放性。社会化的大生产,使得系统构成的全部软硬件不可能出自同一家公司的产品,“异构”是当今控制系统的主要特点之一。开放性是指组态软件能与多种通信协议互联,支持多种硬件设备。开放性是衡量一个组态软件好坏的重要指标。组态软件向下应能与低层的数据采集设备通信,向上能与管理层通信,实现上位机与下位机的双向通信。

3. 丰富的功能模块。提供丰富的控制功能库,满足用户的测控要求和现场要求。利用各种功能模块,完成实时监控、产生功能报表、显示历史曲线、实时曲线、提醒报警等功能,使系统具有良好的人机界面,易于操作,系统既适用于单机集中式控制、DCS 分布式控制,也可以是带远程遇信能力的远程测控系统。

4. 强大的数据库。配有实时数据库,可存储各种数据,如模拟量、离散量、字符型等,实现与外部设备的数据交换。

5. 可编程的命令语言。有可编程的命令语言,使用户可根据自己的需要编写程序,增强图形界面。

6. 周密的系统安全防范。对不同的操作者,赋予不同的操作权限,保证整个系统的安全可靠运行。

7. 仿真功能。提供强大的仿真功能使系统并行设计,从而缩短开发周期。

2.3 发展情况

1. 监控组态软件日益成为自动化硬件厂商争夺的重点

整个自动化系统中，软件所占比重逐渐提高，虽然组态软件只是其中一部分，但因其渗透能力强、扩展性强，近年来蚕食了很多专用软件的市场。因此，监控组态软件具有很高的产业关联度，是自动化系统进入高端应用、扩大市场占有率的重要桥梁。在这种思路的驱使下，西门子的 WinCC 在市场上取得巨大成功。目前，国际知名的工业自动化厂商如 Rockwell、GE Fanuc、Honeywell、西门子、ABB、施耐德、英维思等均开发了自己的组态软件。

监控组态软件在 DCS 操作站软件中所占比重日益提高。在大学和科研机构，越来越多的人开始从事监控组态软件的相关技术研究。从国内自动化行业学术期刊来看，以组态软件及与其密切相关的新技术为核心的研究课题呈上升趋势。众多研究人员的存在，是组态软件技术发展及创新的重要活跃因素，也一定能够积累很多技术成果。无论是技术成果还是研究人员，都会遵循金字塔的规律，由基础向高端形成过渡。这些研究人员和他们的研究成果为监控组态软件厂商开发新产品提供了有益的经验借鉴，并开拓了他们的思路。基于 Linux 的监控组态软件及相关技术正在迅速发展之中，很多厂商都相继推出成熟的商品，对组态软件业的格局将产生深远的影响。

2. 集成化、定制化

从软件规模上看，大多数监控组态软件的代码规模超过 100 万行，已经不属于小型软件的范畴了。从其功能来看，数据的加工与处理、数据管理、统计分析等功能越来越强。

监控组态软件作为通用软件平台，具有很大的使用灵活性。但实际上很多用户需要“傻瓜”式的应用软件，即需要很少的定制工作量即可完成工程应用。为了既照顾“通用”又兼顾“专用”，监控组态软件拓展了大量的组件，用于完成特定的功能，如批次管理、事故追忆、温控曲线、报表组件、事件管理、GPRS 透明传输组件等。

3. 纵向：功能向上、向下延伸

组态软件处于监控系统的中间位置，向上、向下均具有比较完整的接口，因此对上、下应用系统的渗透能力也是组态软件的一种本能，具体表现为：

向上其管理功能日渐强大，在实时数据库及其管理系统的配合下，具有部分 MIS、MES 或调度功能。尤以报警管理与检索、历史数据检索、操作日志管理、复杂报表等功能较为常见。

向下日益具备网络管理（或节点管理）功能：在安装有同一种组态软件的不同节点上，在设定完地址或计算机名称后，互相间能够自动访问对方的数据库。组态软件的这一功能，与 OPC 规范以及 IEC61850 规约、BACNet 等现场总线的功能类似，反映出其网络管理能力日趋完善的发展趋势。

软 PLC、嵌入式控制等功能：除组态软件直接配备软 PLC 组件外，软 PLC 组件还作为单独产品与硬件一起配套销售，构成 PAC 控制器。这类软 PLC 组件一般都可运行于嵌入式 Linux 操作系统。

OPC 服务软件：OPC 标准简化了不同工业自动化设备之间的互联通讯，无论在国内还是国外，都已成为广泛认可的互联标准。而组态软件同时具备 OPCServer 和 OPCClient 功能，如果将组态软件丰富的设备驱动程序根据用户需要打包为 OPCServe 单独销售，则既丰富了软件产品种类又满足了用户的这方面需求，加拿大的 Matrikon 公司即以开发、销售各种 OPCServer 软件为主要业务，已经成为该领域的领导者。监控组态软件厂商拥有大量的设备驱动程序，因此开展 OPCSever 软件的定制开发具有得天独厚的优势。

工业通信协议网关：它是一种特殊的 Gateway，属工业自动化领域的数据链产品。OPC 标准适合计算机与工业 I/O 设备或桌面软件之间的数据通讯，而工业通信协议网关适合在不同的工业 I/O 设备之间、计算机与 I/O 设备之间需要进行网段隔离、无人值守、数据保密性强等应用场合的协议转换。市场上有专门从事工业通讯协议网关产品开发、销售的厂商，如 Woodhead、Prolinx 等，但是组态软件厂商将其丰富的 I/O 驱动程序扩展一个协议转发模块就变成了通讯网关，开发工作的风险和成本极小。Multi_OPCServer 和通讯网关 pFieldComm 都是力控 ForceControl 组态软件的衍生产品。

4. 横向：监控、管理范围及应用领域扩大

只要同时涉及实时数据通讯（无论是双向还是单向）、实时动态图形界面显示、必要的数据处理、历史数据存储及显示，就存在对组态软件的潜在需求。

除了工业自动化领域，近几年以下领域已经成为监控组态软件的新增长点：

设备管理或资产管理（PAM，Plant Asset Management）。此类软件的代表是爱默生公司的设备管理软件 AMS。PAM 所包含的范围很广，其共同点是实时采集设备的运行状态，累积设备的各种参数（如运行时间、检修次数、负荷曲线等），及时发现设备隐患、预测设备寿命，提供设备检修建议，对设备进行实时综合诊断。

针对过程控制和自动化控制，美国 ICONICS 公司推出了注重设备故障检测和诊断的分析管理软件 Facility AnalytiX，Facility AnalytiX®；是一个带有预测功能的楼宇自动化解决方案，它以 ICONICS 先进的故障检测和诊断（FDD）引擎作为核心。它的内部算法会权衡各种故障可能性，并据此建议管理者、操作人员和维修工采取措施以防设备故障发生或者产生能源浪费。当设备发生故障时，先进的软件技术会自动提供一个可能故障原因的分类列表，这样就可以减少停机时间并降低故障诊断和故障恢复的成本。目前已经在美国电力和园区级楼宇项目得到广泛的应用。

先进控制或优化控制系统：在工业自动化系统获得普及以后，为提高控制质量和控制精度，很多用户开始引进先进控制或优化控制系统。这些系统包括自适应控制、（多变量）预估控制、无模型控制器、鲁棒控制、智能控制(专家系统、模糊控制、神经网络等)、其他依据新控制理论而编写的控制软件等。这些控制软件的常项是控制算法,使用监控组态软件主要解决控制软件的人机界面、与控制设备的实时数据通讯等问题。

工业仿真系统:仿真软件为用户操作模拟对象提供了与实物几乎相同的环境。仿真软件不但节省了巨大的培训成本开销,还提供了实物系统所不具备的智能特性。仿真系统的开发商专长于仿真模块的算法,在实时动态图形显示、实时数据通讯方面不一定有优势,监控组态软件与仿真软件间通过高速数据接口联为一体,在教学、科研仿真应用中应用越来越广泛。

电网系统信息化建设:电力自动化是监控组态软件的一个重要应用领域,电力是国家的基础行业,其信息化建设是多层次的,由此决定了对组态软件的多层次需求。

智能建筑:物业管理的主要需求是能源管理(节能)和安全管理,这一管理模式要求建筑物智能设备必须联网,首先有效地解决信息孤岛问题,减少人力消耗,提高应急反应速度和设备预期寿命,智能建筑行业在能源计量、变配电、安防;门禁、消防系统系统联入 IBMS 服务器方面需求旺盛。

公共安全监控与管理:公共安全的隐患可造成突发事件应急失当,容易造成城市公共设施瘫痪、人员群死群伤等恶性灾难。公共安全监控包括:

人防(车站、广场)等市政工程有毒气体浓度监控及火灾报警。

水文监测:包括水位、雨量、闸位、大坝的实时监控。

重大建筑物(如桥梁等)健康状态监控:及时发现隐患,预报事故的发生。

机房动力环境监控:在电信、铁路、银行、证券、海关等行业以及国家重要的机关部门,计算机服务器的正常工作是业务和行政正常进行的必要条件,因此存放计算机服务器的机房重地已经成为监控的重点,监控的内容包括:UPS 工作参数及状态、电池组的工作参数及状态、空调机组的运行状态及参数、漏水监测、发电机组监测、环境温湿度监测、环境可燃气体浓度监测、门禁系统监测等。

城市危险源实时监测:对存放危险源的场所、危险源行踪的监测。避免放射性物质和剧毒物质失控地流通。

国土资源立体污染监控:对土壤、大气中与农业生产有关的污染物含量进行实时监测,建立立体式实时监测网络。

城市管网系统实时监控及调度:包括供水管网、燃气管网、供热管网等的监控。

任务 3　组态软件的发展趋势

自 2000 年以来，国内监控组态软件产品、技术、市场都取得了飞快的发展，应用领域日益拓展，用户和应用工程师数量不断增多，充分体现了“工业技术民用化”的发展趋势。监控组态软件是工业应用软件的重要组成部分，其发展受到很多因素的制约，归根结底，是应用的带动对其发展起着最为关键的推动作用。

监控组态软件是在信息化社会的大背景下，随着工业 IT 技术的不断发展而诞生、发展起来的。在整个工业自动化软件大家庭中，监控组态软件属于基础型工具平台。监控组态软件给工业自动化、信息化、及社会信息化带来的影响是深远的，它带动着整个社会生产、生活方式的变化，这种变化仍在继续发展。因此组态软件作为新生事物尚处于高速发展时期，目前还没有专门的研究机构就它的理论与实践进行研究、总结和探讨，更没有形成独立、专门的理论研究机构。

近 5 年来，一些与监控组态软件密切相关的技术如 OPC、OPC-XML、现场总线等技术也取得了飞速的发展，是监控组态软件发展的有力支撑。

3.1　组态软件产品本身的变化

作为通用型工具软件，组态软件在自动化系统中始终处于“承上启下”的地位。用户在涉及工业信息化的项目中，如果涉及到实时数据采集，首先会考虑试用组态软件。正因如此，组态软件几乎应用于所有的工业信息化项目当中。应用的多样性，给组态软件的性能指标、使用方式、接口方式都提出了很多新的要求，也存在一些挑战。这些需求对组态软件系统结构带来的冲击是巨大的，对组态软件的发展起到关键的促进作用。

功能变迁：仍以人机界面为主，数据采集、历史数据库、报警管理、操作日志管理、权限管理、数据通讯转发成为其基础功能；功能组件呈分化、集成化、功能细分的发展趋势，以适应不同行业、不同用户层次的多方面需求。

新技术的采用：组态软件的 IT 化趋势明显，大量的最新计算技术、通讯技术、多媒体技术被用来提高其性能，扩充其功能。

注重效率：实际上，有的“组态”工作非常繁琐，用户希望通过模板快速生成自己的项目应用。图形模板、数据库模板、设备模板可以让用户以“复制”方式快速生成目标程序。

组态软件注重数据处理能力和数据吞吐能力的提高：组态软件除了常规的实时数据通讯、人机界面功能外，1 万点以上的实时数据历史存储与检索、100 个以上 C/S 或 B/S 客户端对历史数据库系统的并发访问，对组态软件的性能都是严峻的考验。随着应用深度的提高，这种要求会变得越来越普遍。

与控制系统硬件捆绑：组态软件与自动控制设备实现无缝集成，为硬件“量身定做”。这表明组态软件的渗透能力逐渐加强，自动化系统从来就离不开软件的支持，而整体解决方案利于硬件产品的销售，也利于厂商控制销售价格。

3.2 组态软件其他应用环境的变化

造成组态软件需求增长的另外一个原因是，传感器、数据采集装置、控制器的智能化程度越来越高，实时数据浏览和管理的需求日益高涨，有的用户甚至要求在自己的办公室里监督定货的制造过程。类似OPC这样的组织的出现，以及现场总线，尤其是工业以太网的快速发展，大大简化了异种设备间互联、开发I/O设备驱动软件的工作量。I/O驱动软件也逐渐会朝标准化的方向发展。

虽然组态软件的市场潜力巨大，但是要想得到这个市场却并不容易。一方面，用户对组态软件的要求越来越高，用户的应用水平也在同步提高，相应地对软件的品质要求也越来越高；另一方面，组态软件厂商应该前瞻性地研发具有潜在需求的新功能、新产品。因此市场巨大并不代表所有从事组态软件开发的厂商都有均等的机会，机会永远属于少数优秀厂商。

3.3 组态软件的分布式体系结构

监控组态软件的规模都在100万行以上，这样庞大的软件系统在结构设计上必须采用分布式结构。分布式系统并不是监控组态软件的专利，目前很多大型软件系统都是分布式系统。在组态软件中，重新提起“分布式”这个老话题是必要的，因为规模大于5000点的应用几乎离不开分布式应用的需求。还需要强调，不是因为组态软件缺少分布式结构的产品，而是缺少真正经得起分布式应用考验的产品。

3.4 平台化、模块化的软件技术

平台化、模块化类似于硬件技术的总线技术和PLC模块，它将软件的结构模式进行固化，让开发者像使用配置硬件一样方便地进行软件的配置，模块化的结构可以做到软件的轻量化，用户在购买和安装的时候可以进行选择，让我们实施自动化工程和攒机一样方便，平台类似于电脑的主板，功能模块类似于显卡，声卡。这种软件模式正在被越来越多的组态软件厂商所采用，如组态王。

项目 2　组态王简介

知识目标

(1) 了解组态王的主要功能

(2) 了解组态王的安装过程

(3) 了解组态王的设备驱动的安装方法

学习任务

任务 1　组态王概述

任务 2　组态王程序安装

任务 3　安装组态王设备驱动程序

相关知识

组态王是北京亚控科技发展有限公司在国内率先推出的工业组态软件产品。十余年来，一直是国内通用组态软件的领军品牌，得到了市场的广泛赞誉。在当今市场的发展环境下，公司明确产品定位——面向低端自动化市场及应用，以实现企业一体化为目标，凭借稳定的性能和良好的服务牢牢占据国内组态软件龙头的地位。

亚控科技的最新版本的组态王 KingView 6.55 不仅传承了早期版本功能强大、运行稳定、使用方便的特点，而且完善和扩充了曲线、报表及 Web 发布等功能。经过多年市场实践磨砺，组态王的功能性和易用性有了极大的提高。目前，该产品已广泛应用于大陆的各行各业，同时在中国台湾、美洲、欧洲、日本和东南亚等国际市场被成功应用于市政、交通、环保、大型设备等多个领域。

任务1 组态王概述

1.1 组态王简介

组态王软件是一种通用的工业监控软件，它融过程控制设计、现场操作以及工厂资源管理于一体，将一个企业内部的各种生产系统和应用以及信息交流汇集在一起，实现最优化管理。它基于 Microsoft Windows XP/NT/2000 操作系统，用户可以在企业网络的所有层次的各个位置上都可以及时获得系统的实时信息。采用组态王软件开发工业监控工程，可以极大地增强用户生产控制能力、提高工厂的生产力和效率、提高产品的质量、减少成本及原材料的消耗。

组态王 KingView 是亚控科技根据当前的自动化技术的发展趋势，面向低端自动化市场及应用，以实现企业一体化为目标开发的一套产品。该产品以搭建战略性工业应用服务平台为目标，集成了对亚控科技自主研发的工业实时数据库(KingHistorian)的支持，可以为企业提供一个对整个生产流程进行数据汇总、分析及管理的有效平台，使企业能够及时有效地获取信息，及时地做出反应，以获得最优化的结果。

组态王 KingView6.55 保持了其早期版本功能强大、运行稳定且使用方便的特点，并根据国内众多用户的反馈及意见，对一些功能进行了完善和扩充。组态王 KingView6.55 提供了丰富的、简捷易用的配置界面，提供了大量的图形元素和图库精灵，同时也为用户创建图库精灵提供了简单易用的接口。该款产品的历史曲线、报表及 Web 发布功能进行了大幅提升与改进，软件的功能性和可用性有了很大的提高。

组态王在保留了原报表所有功能的基础上新增了报表向导功能，能够以组态王的历史库或 KingHistorian 为数据源，快速建立所需的班报表、日报表、周报表、月报表、季报表和年报表。此外还可以实现值的行列统计功能。

组态王在 Web 发布方面取得新的突破，全新版的 Web 发布可以实现画面发布、数据发布和 OCX 控件发布，同时保留了组态王 Web 的所有功能。IE 浏览客户端可以获得与组态王运行系统相同的监控画面，IE 客户端与 Web 服务器保持高效的数据同步，通过网络可以在任何地方获得与 Web 服务器上相同的画面和数据显示、报表显示、报警显示等，同时可以方便快捷地向工业现场发布控制命令，实现实时控制的功能。

组态王集成了对 KingHistorian 的支持，且支持数据同时存储到组态王历史库和工业库，极大地提高了组态王的数据存储能力，能够更好地满足大点数用户对存储容量和存储速度的要求。KingHistorian 是亚控科技新近推出的独立开发的工业数据库，具有单个服务器支持高达 100 万点、256 个并发客户同时存储和检索数据、每秒检索单个变量超过 20000 条记录的强大功能。它能够更好地满足高端客户对存储速度和存储容量的要求，完全满足了客户实时查看和检索历史运行数据的要求。

它具有适应性强、开放性好、易于扩展、经济、开发周期短等优点。通常可以把这样的系统划分为控制层、监控层、管理层三个层次结构。其中监控层对下连接控制层，对上连接管理层，它不但实现对现场的实时监测与控制，且在自动控制系统中完成上传下达、组态开发的重要作用。尤其考虑三方面问题：画面、数据、动画。通过对监控系统要求及实现功能的分析，采用组态王对监控系统进行设计。组态软件也为试验者提供了可视化监控画面，有利于试验者实时现场监控。而且，它能充分利用 Windows 的图形编辑功能，方便地构成监控画面，并以动画方式显示控制设备的状态，具有报警窗口、实时趋势曲线等，可便利的生成各种报表。它还具有丰富的设备驱动程序和灵活的组态方式、数据链接功能。

1.2　主要功能

丰富的设备支持库，支持 1000 多个厂家近 4000 种设备，包括主流 PLC、变频器、仪表、特殊模块、板卡及电力、楼宇等协议。

变量导入导出及自动创建变量功能，方便变量定义和修改，大量节省开发时间。

可视化操作界面，真彩显示图形，支持渐进色，并有丰富的图库以及动画连接。

无与伦比的动画和灵活性，拥有全面的脚本与图形动画功能。

强大的脚本语言处理，能够帮助用户实现复杂的逻辑操作和与决策处理。

强大的分布式报警、事件处理，支持分布式报警和历史数据存储，方便的配方处理功能。

全新的 WebServer 架构，全面支持画面发布、实时数据发布、历史数据发布及数据库数据的发布。

灵活实用的报表功能，支持向导式报表快速建立班、日、周、月和年报表。

支持工业库和关系数据库接口；支持多功能趋势曲线。

支持 OCX 控件的全新 Web 发布。

任务 2　组态王程序安装

2.1　组态王系统要求

硬件：主流中、高端 PC 或兼容机。

内存：最少 256MB，推荐 1000MB。

通讯：RS-232C，推荐有串行口一个。

操作系统：推荐 Windows XP 简体中文版。

2.2 安装组态王系统程序

安装组态王之前，应该关闭杀毒与防火墙等软件。将“组态王”软件光盘置于光驱之中，光驱自动运行安装程序 Install. exe，或者用户通过点击安装文件夹中的 Install. exe 启动安装程序启动组态王安装过程向导。“组态王”的安装步骤如下：

第一步：启动安装程序，如图 2-1 所示。

图 2-1 组态王的安装界面

该安装界面左面有一列按钮，将鼠标移动到按钮各个位置上时，会在右边图片位置上显示各按钮中安装内容提示。

左边四个按钮作用分别为：

“安装阅读”按钮：安装前阅读，用户可以获取到关于版本更新信息、授权信息、服务和支持信息等。

“安装组态王程序”按钮：安装组态王程序。

“安装组态王驱动程序”按钮：安装组态王 I/O 设备驱动程序。

“安装加密锁驱动程序”按钮：安装授权加密锁驱动程序。

“退出”按钮：退出安装程序。

注意：只要安装组态王程序，在安装过程中，程序会自动提示是否安装组态王驱动程序与加密锁驱动程序。

第二步：开始安装。点击“安装组态王程序”按钮，将自动安装“组态王”软件到用户的硬盘目录，并建立应用程序组。

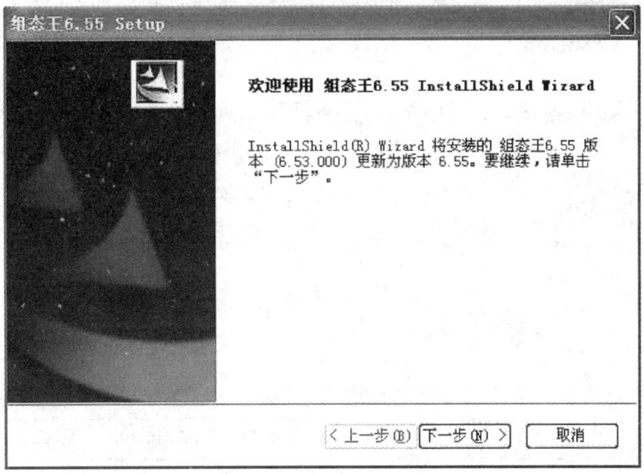

图 2-2　安装界面

继续安装请单击“下一步”按钮，弹出“软件许可证协议”对话框，如图 2-3 所示。该对话框的内容为“北京亚控科技发展有限公司”与“组态王”软件用户之间的法律约定，请用户认真阅读。如果用户同意“协议”中的条款，单击“是”继续安装；如果不同意，单击“否”退出安装。单击“上一步”，返回上一个对话框。

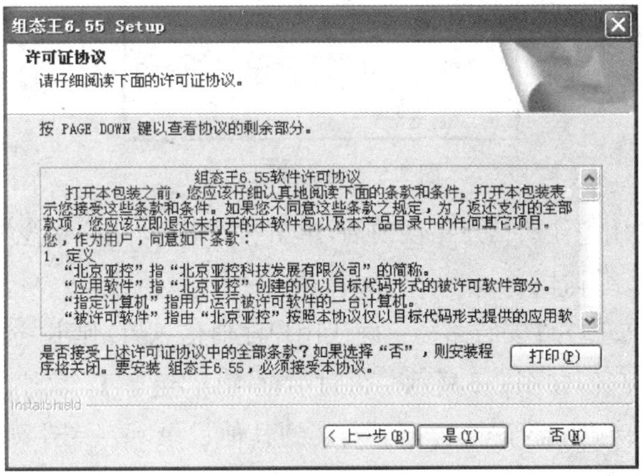

图 2-3　许可证协议

单击“是”，弹出“用户信息”对话框，如图 2-4 所示。

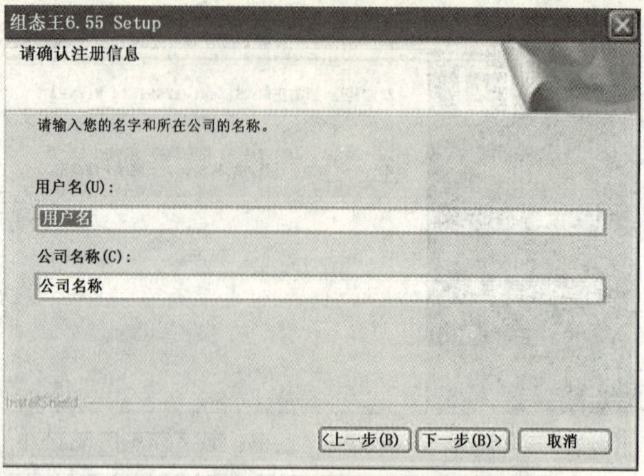

图 2-4　输入用户信息

请输入“用户名”和“公司名称”，可以随意填写。单击“下一步”弹出“确认用户信息”对话框，如图 2-5 所示。

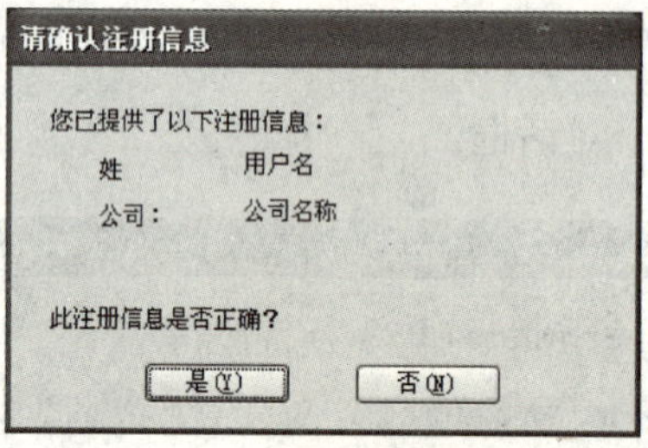

图 2-5　确认注册信息

如果对话框中的用户注册信息错误的话，单击“否”返回“用户信息”对话框。如果正确，单击“是”，进入程序安装阶段。

第三步：选择组态王软件安装路径。确认用户注册信息后，弹出“选择目的地位置”对话框，选择程序的安装路径，如图 2-6 所示。由对话框确认“组态王”软件的安装目录。默认目录为 C:\ProgramFiles\KingView，若希望安装到其他目录，请单击“浏览”按钮。安装程序会按用户的要求创建目标文件夹。

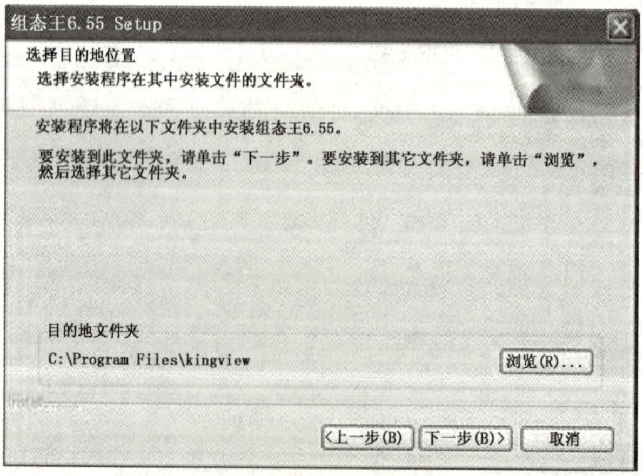

图 2-6　确认安装路径

第四步：选择安装类型。安装方式共三种：典型安装、压缩安装和自定义安装。这里选择默认的典型安装。

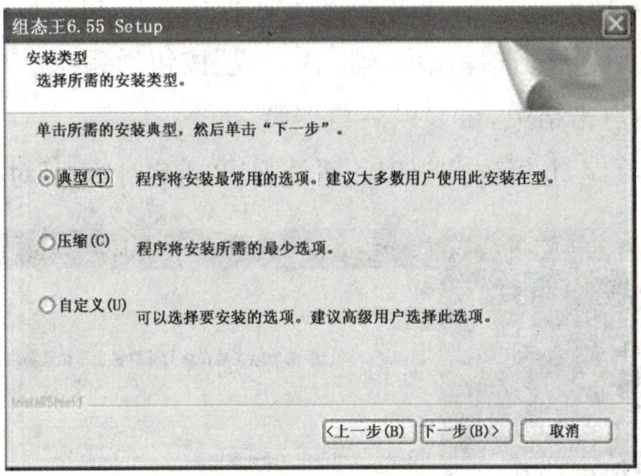

图 2-7 安装类型选择

第五步：点击“下一步”，进入安装界面并创建程序组。

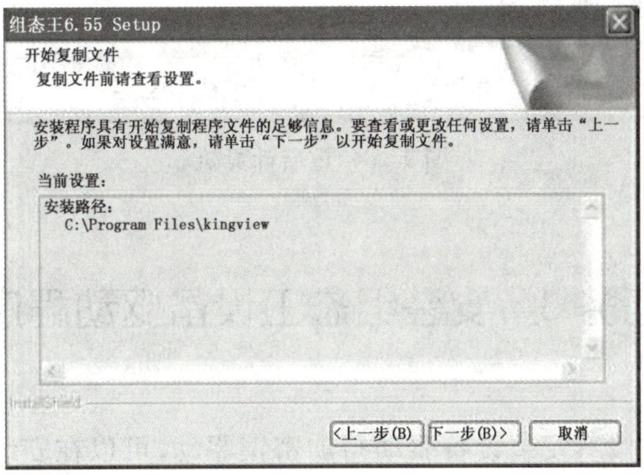

图 2-8 复制文件

第六步：开始安装。安装程序将光盘上的压缩文件解压缩并拷贝到默认或指定目录下，解压缩过程中有显示进度提示。

第七步：安装结束。弹出如图 2-9 所示对话框。

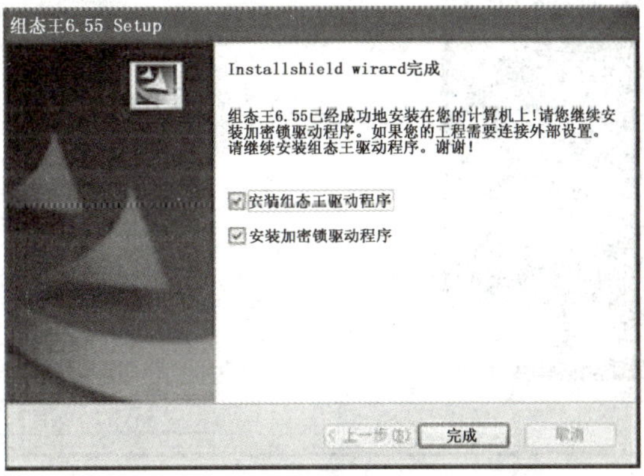

图 2-9 安装结束

在该对话框中有两个选项：

（1）安装组态王驱动程序：选中该项，点击“完成”按钮系统会自动按照组态王的安装路径安装组态王的I/O设备驱动程序；如果不选该项点击结束，可以以后再安装。

（2）安装加密锁驱动程序：选择该项，点击“完成”按钮后系统会自动启动加密锁驱动安装程序。如果不选该项点击结束，可以以后再安装。

如果不选择上述两项，点击“完成”按钮后，系统弹出“重启计算机”对话框，如图2-10所示。

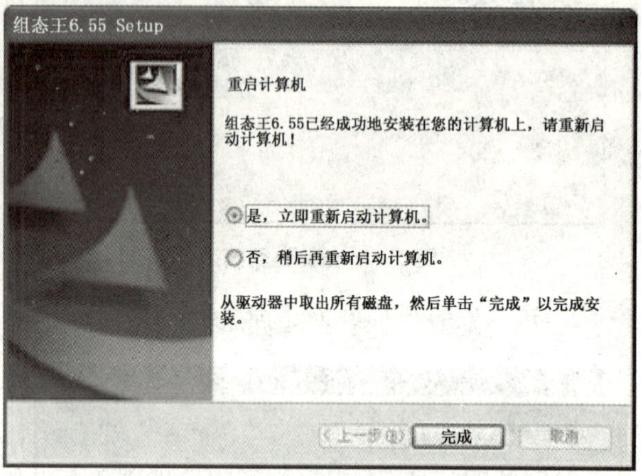

图2-10　重启计算机

任务3　安装组态王设备驱动程序

如果在安装过程中没有安装设备驱动与加密锁驱动，可以在安装完组态王程序后再安装设备驱动与加密锁驱动。

第一步：开始安装设备驱动。单击安装界面的“安装组态王驱动程序”按钮或在组态王主程序安装完成后继续安装。驱动程序开始安装后，按照一般程序安装进行。

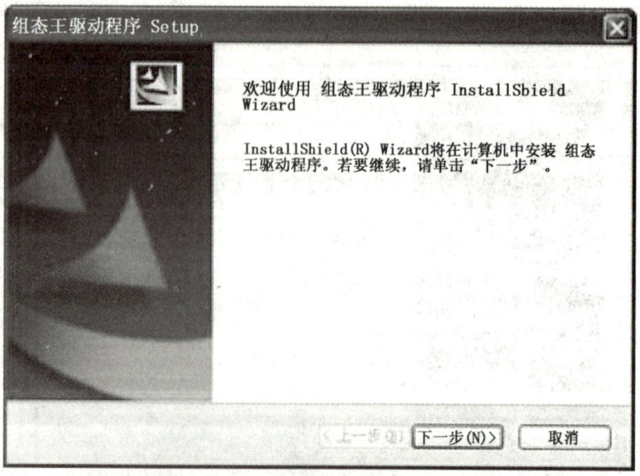

图2-11　安装设备驱动程序

继续安装请单击“下一步”按钮，弹出“组态王驱动程序软件许可协议”对话框，如图 2-12 所示。

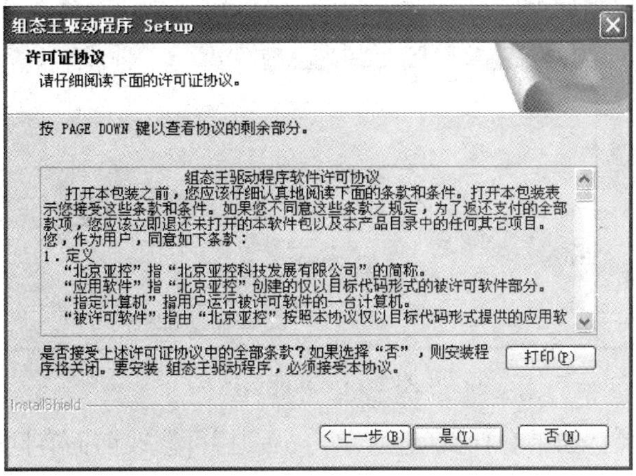

图 2-12　许可证协议

第二步：创建路径。出现“选择目的地位置”对话框，如图 2-13 所示。

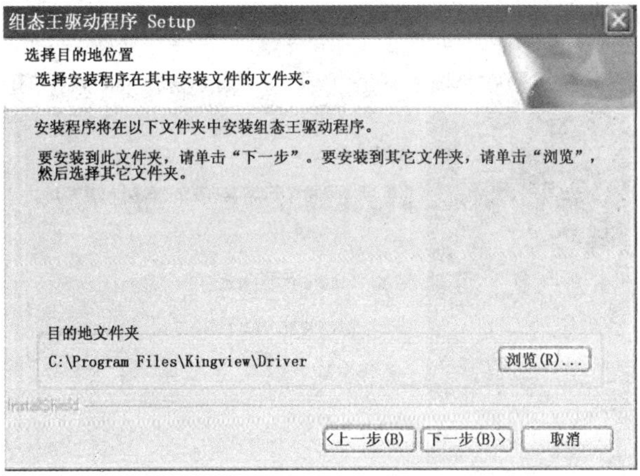

图 2-13　选择安装路径

系统会自动按照组态王的安装路径列出设备驱动程序需要安装的路径。一般情况下，用户无须更改此路径。单击“下一步”按钮。出现对话框，如图 2-14 所示。如果点击“更改”可以对设备驱动进行进一步的选取。

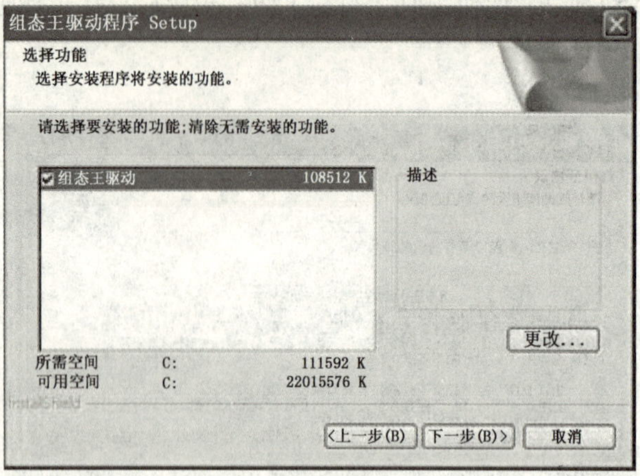

图 2-14　功能选择

第三步:开始安装。如果有什么问题,单击“后退”可修改前面有问题的地方,如果没有问题,单击“下一步”,将开始安装,如安装过程中觉得前面有问题,可单击“取消”停止安装。安装程序将光盘上的压缩文件解压缩并拷贝到默认或指定目录下,解压缩过程中有显示进度提示。

第四步:安装结束,将出现如图 2-15 所示画面。

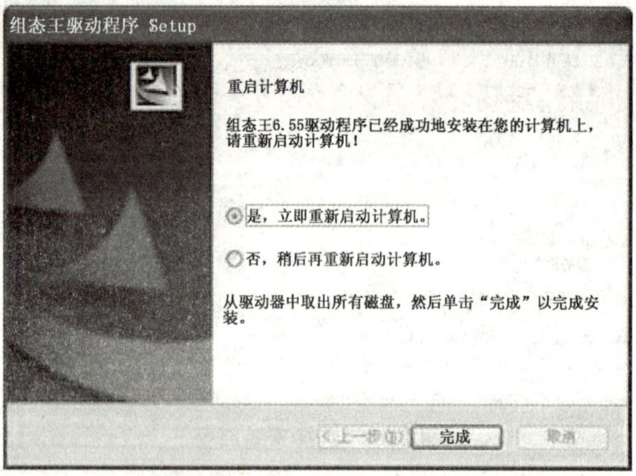

图 2-15　重启计算机

点击“结束”,出现“重启计算机”对话框。为了使系统能够更好的正常运行,这里我们建议用户最好选择重新启动计算机。

加密锁的安装方法这里不再做详细介绍了。

项目 3　创建组态王工程

知识目标

(1) 了解组态王的工程管理器

(2) 了解组态王的工程浏览器

(3) 掌握组态王定义 I/O 设备的方法

(4) 掌握组态王定义数据变量的方法

学习任务

任务 1　组态王的组成

任务 2　建立一个新工程

任务 3　工程浏览器

任务 4　定义外部设备和数据变量

相关知识

组态王软件以优秀的性能、纯中文界面、编程风格简单、实时性能好，且与其他应用程序交换方便，易调试，支持数百种国内流行的外部设备，良好的用户口碑以及快速完善的售后服务体系和极富竞争力的价格优势，在诸多竞争对手中脱颖而出，成为厂家首选。

任务 1　组态王的组成

1.1　组态王软件结构

组态王软件结构由工程管理器、工程浏览器及开发系统三部分构成。

工程管理器：工程管理器用于新工程的创建和已有工程的管理，对已有工程进行搜索、添加、备份、恢复以及实现数据词典的导入和导出等功能。如图 3-1 所示。

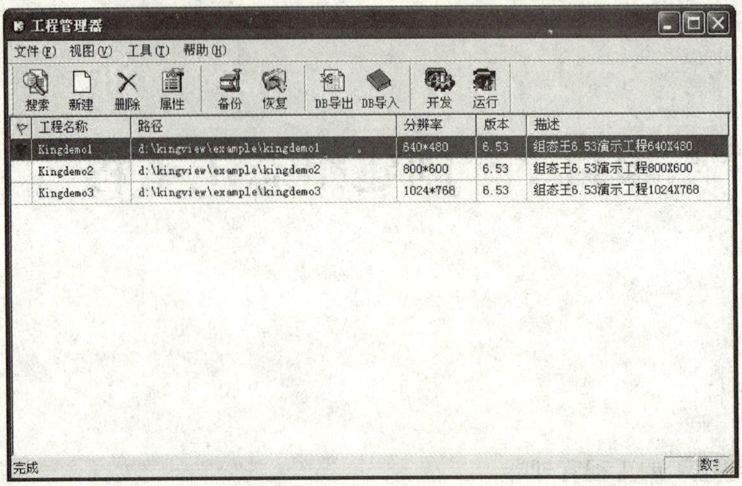

图 3-1　工程管理器

工程浏览器：工程浏览器是一个工程开发设计工具，用于创建监控画面、监控的设备及相关变量、动画链接、命令语言以及设定运行系统配置等的系统组态工具。如图 3-2 所示。

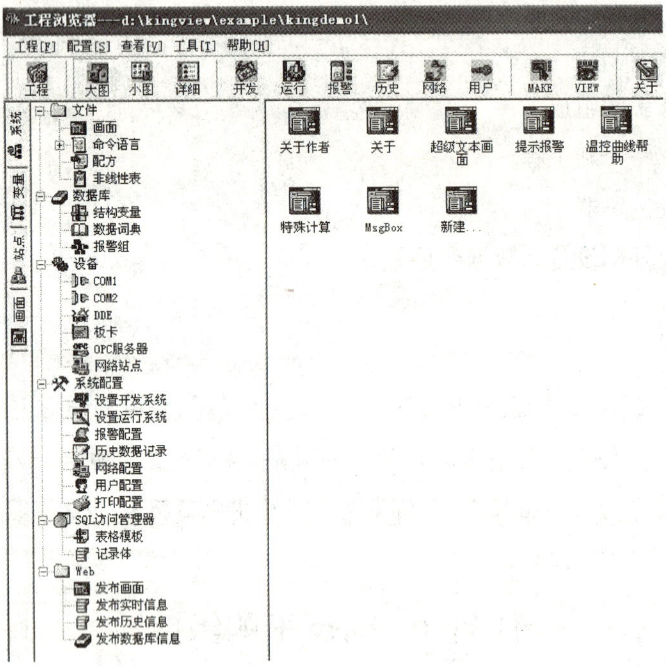

图 3-2　工程浏览器

开发系统：工程运行界面，从采集设备中获得通讯数据，并依据工程浏览器的动画设计显示动态画面，实现人与控制设备的交互操作。组态王开发监控系统软件，是新型的工业自动控制系统，它以标准的工业计算机软、硬件平台构成的集成系统取代传统的封闭式系统。如图 3-3 所示。

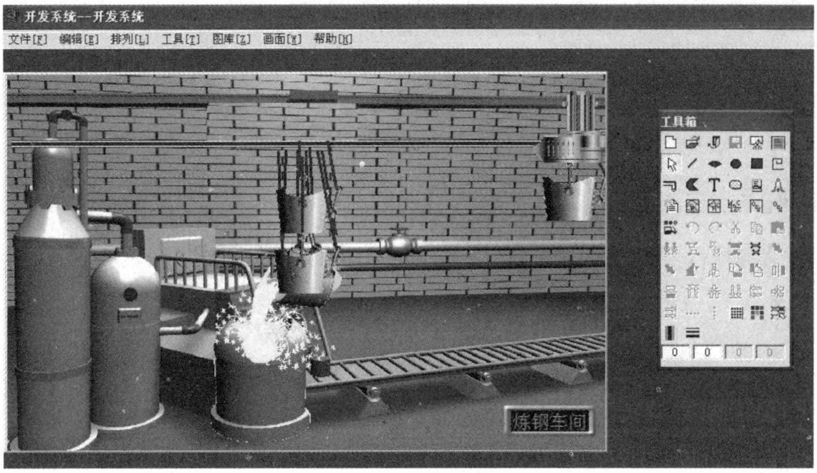

图 3-3　开发系统

1.2　组态王与 I/O 设备管理

组态王软件作为一个开放型的通用工业监控软件，支持与国内外常见的 PLC、智能模块、智能仪表、变频器、数据采集板卡等(如:西门子 PLC、莫迪康 PLC、欧姆龙 PLC、三菱 PLC、研华模块等等)通过常规通讯接口(如串口方式、USB 接口方式、以太网、总线、GPRS 等)进行数据通讯。

组态王软件与 I/O 设备进行通讯一般是通过调用 *.dll 动态库来实现的，不同的设备、协议对应不同的动态库。工程开发人员无须关心复杂的动态库代码及设备通讯协议，只须使用组态王提供的设备定义向导，即可定义工程中使用的 I/O 设备，并通过变量的定义实现与 I/O 设备的关联，对用户来说既简单又方便。

亚控公司在不断地进行新设备驱动的开发，有关支持设备的最新信息以及设备最新驱动的下载可以通过亚控公司的网站 http://www.kingview.com 获取。

1.3　建立应用工程的一般过程

通常情况下，建立一个应用工程大致可分为以下几个步骤:

第一步:创建新工程

为工程创建一个目录用来存放与工程相关的文件。

第二步:定义硬件设备并添加工程变量

添加工程中需要的硬件设备和工程中使用的变量，包括内存变量和 I/O 变量。

第三步:制作图形画面并定义动画连接

按照实际工程的要求绘制监控画面并使静态画面随着过程控制对象产生动态效果。

第四步:编写命令语言

通过脚本程序的编写以完成较复杂的操作上位控制。

第五步:进行运行系统的配置

对运行系统、报警、历史数据记录、网络、用户等进行设置,是系统完成用于现场前的必备工作。

第六步:保存工程并运行

完成以上步骤后,一个可以拿到现场运行的工程就制作完成了。

任务2　建立一个新工程

在组态王中,建立的每一个组态称为一个工程。每个工程反映到操作系统中是一个包括多个文件的文件夹。工程的建立则通过工程管理器完成。组态王工程管理器是用来建立新工程,对添加到工程管理器的工程做统一的管理。工程管理器的主要功能包括:新建、删除工程,对工程重命名,搜索组态王工程,修改工程属性,工程备份、恢复,数据词典的导入导出,切换到组态王开发或运行环境等。通过以下方式启动工程管理器。

点击“开始”→“程序”→“组态王 6.55”→“组态王 6.55”(或直接双击桌面上组态王的快捷方式),启动后的工程管理窗口如图 3-4 所示。

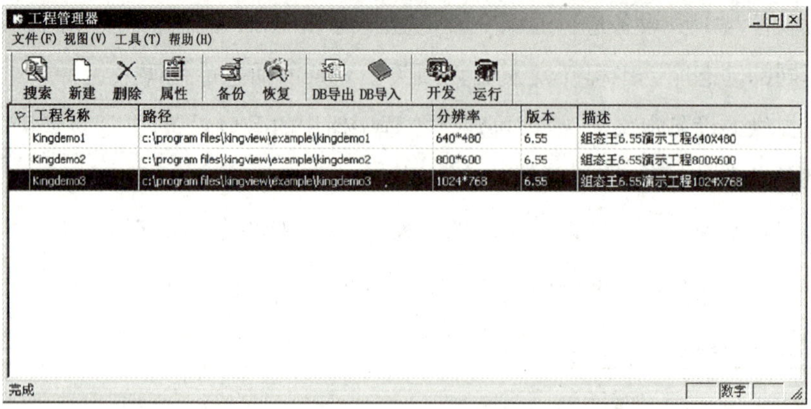

图 3-4　工程管理器

“搜索工程”是用来把某个路径下的所有的工程一起添加到组态王的工程管理器,它能够自动识别所选路径下的组态王工程。点击“搜索”图标,弹出“浏览文件夹”,如图 3-5 所示。

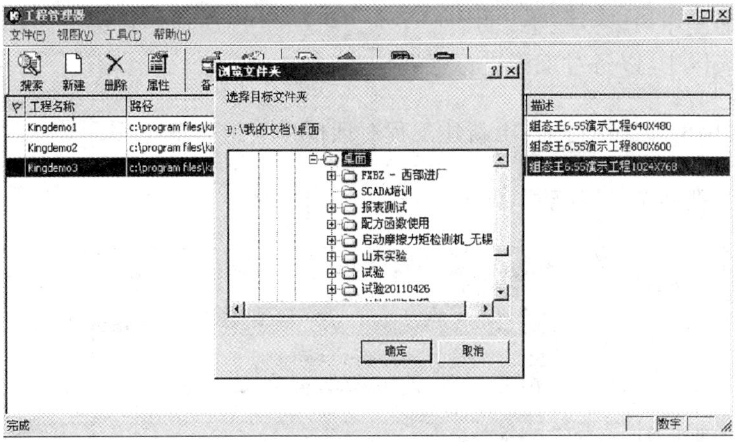

图 3-5　搜索工程

选定要添加工程的路径，如图 3-6 所示。

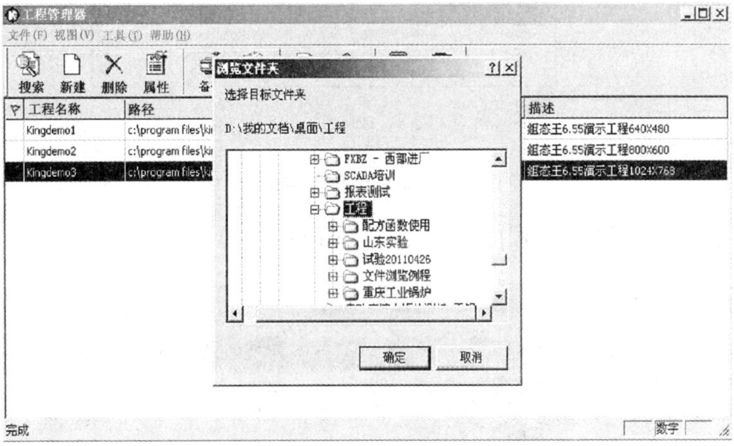

图 3-6　工程路径

将要添加的工程添加到工程管理器中，如图 3-7 所示，方便工程的集中管理。

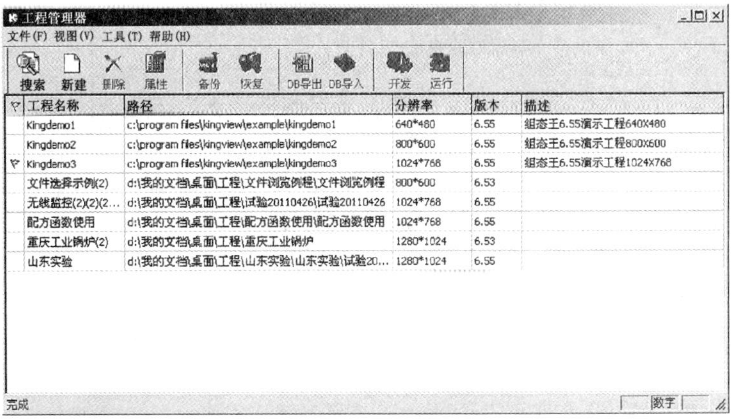

图 3-7　添加工程

单击工程浏览窗口“文件”菜单中的“添加”命令，可将保存在目录中指定的组态王工程添加到工程列表区中，以备对工程进行管理。

新建：单击此快捷键，弹出新建工程对话框建立组态王工程。

点击工程管理器上的“新建”，弹出“新建工程向导之一”，如图 3-8 所示。

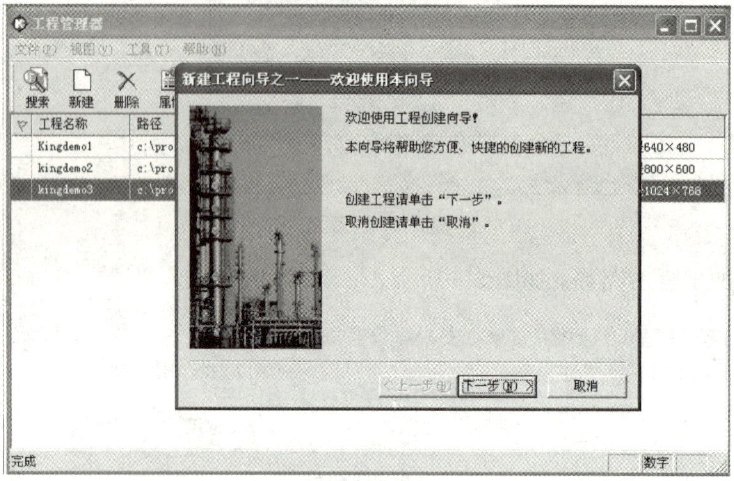

图 3-8　新建工程向导之一

点击“下一步”弹出“新建工程向导之二”，画面如图 3-9 所示。

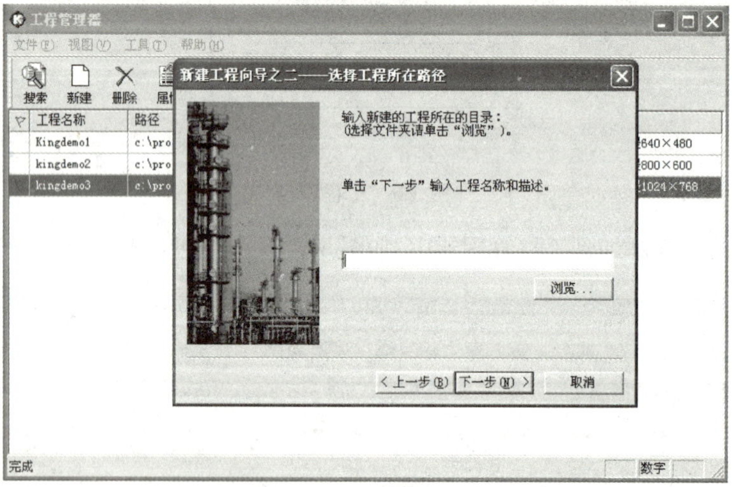

图 3-9　新建工程向导之二

点击“浏览”，选择新建工程所要存放的路径，如图 3-10 所示。

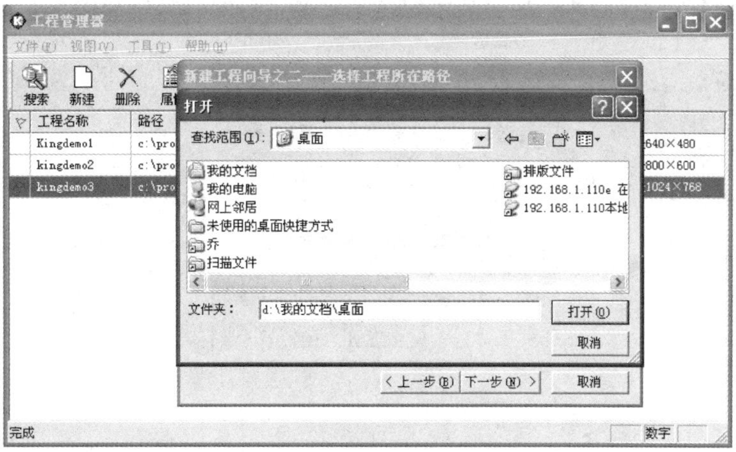

图 3-10　确定存放路径

点击“打开”，选择路径完成，如图 3-11 所示。

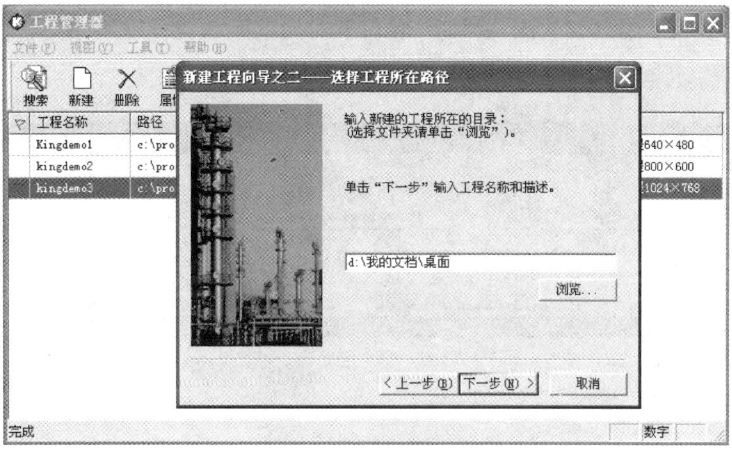

图 3-11　选择路径

点击“下一步”进入“新建工程向导之二”，如图 3-12 所示。在“工程名称”处写上要给工程起的名字。“工程描述”是对工程进详细说明(注释作用)，我们的工程名称是“我的工程”，工程描述是“反应车间监控中心”。

图 3-12　工程向导之三

点击“完成”会出现“是否将新建的工程设为当前工程”的提示，如图 3-13 所示。

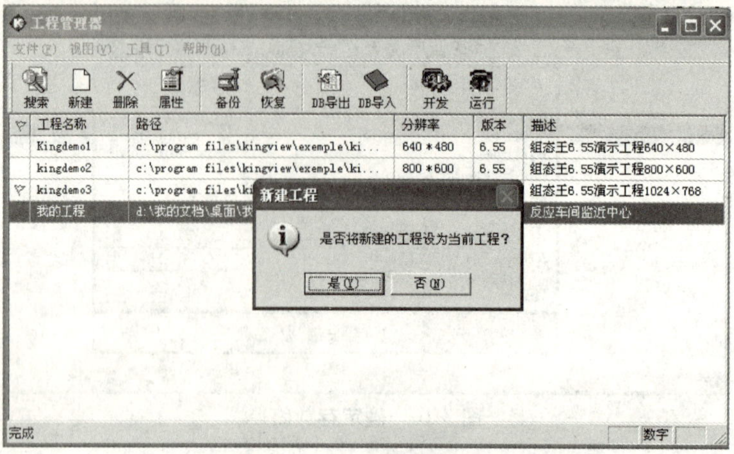

图 3-13　工程建立完成

选择“是”，生成如图 3-14 所示窗口。组态王的当前工程的意义是指直接进入开发或运行所指定的工程。

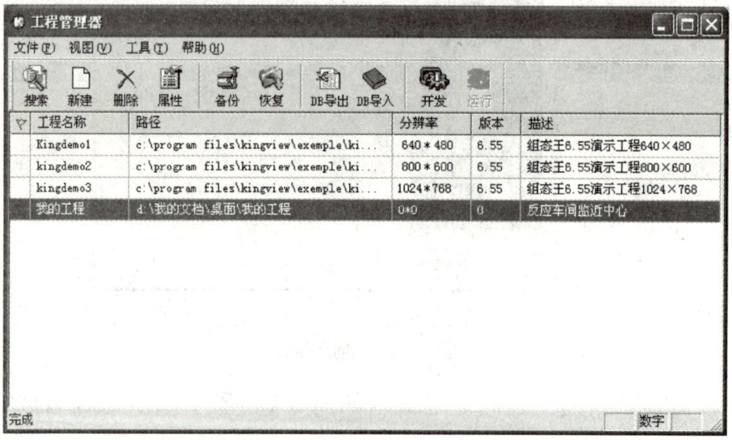

图 3-14　设置为当前工程

点击“开发”可以直接进入组态王工程浏览器。

删除：在工程列表区中选择任一工程后，单击此快捷键删除选中的工程。

属性：在工程列表区中选择任一工程后，单击此快捷键弹出工程属性对话框，如图 3-15所示，在工程属性窗口中查看并修改工程属性。

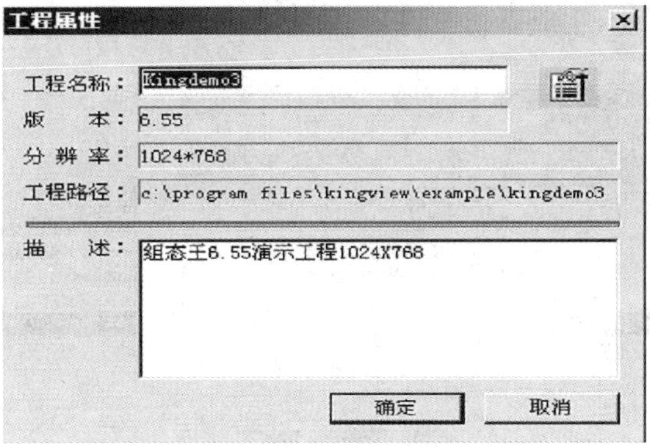

图 3-15　工程属性

备份：工程备份是在需要保留工程文件的时候，把组态王工程压缩成组态王自己的“.cmp”文件。

备份的具体操作如下：点击“工程管理器”上的“备份”图标，弹出“备份工程”，如图 3-16 所示。

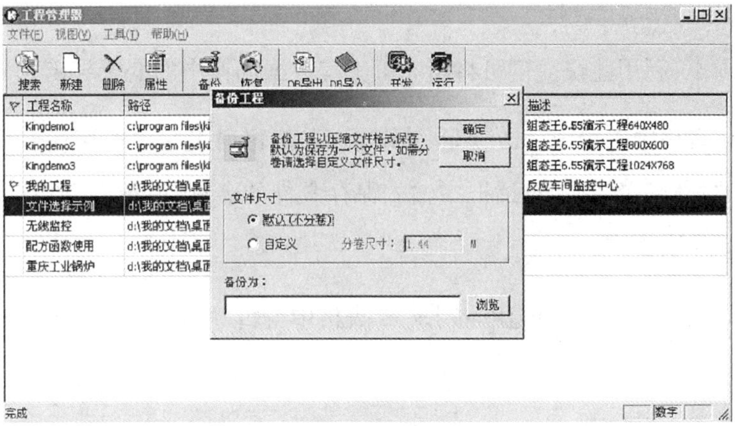

图 3-16　备份工程

选择默认(不分卷)，并单击“浏览”，选择备份要存放的路径，给备份文件起个名字，点击“保存”，如图 3-17 所示。

图 3-17　备份命名

点击“确定”开始备份，生成备份文件，备份完成。如图 3-18 所示。

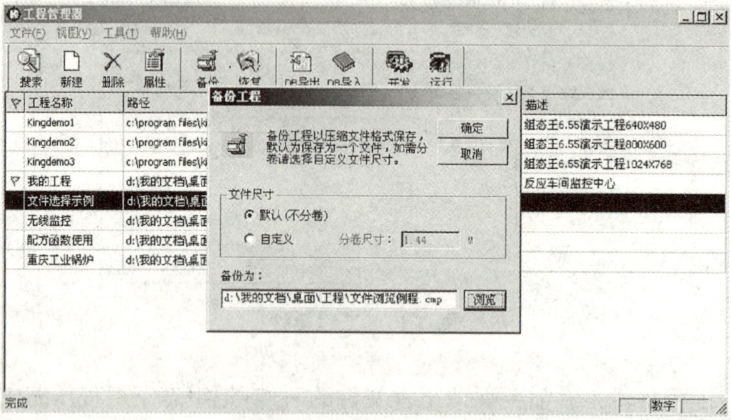

图 3-18　生成备份文件

恢复：单击此快捷键可将备份的工程文件恢复到工程列表区中。

DB 导出：利用此快捷键可将组态王工程数据词典中的变量导出到 Excel 表格中，用户可在 Excel 表格中查看或修改变量的属性。在工程列表区中选择任一工程后，单击此快捷键在弹出的“浏览文件夹”对话框中输入保存文件的名称，系统自动将选中工程的所有变量导出到 Excel 表格中。

DB 导入：利用此快捷键可将 Excel 表格中编辑好的数据或利用“DB 导出”命令导出的变量导入到组态王数据词典中。在工程列表区中选择任一工程后，单击此快捷键在弹出的“浏览文件夹”对话框中选择导入的文件名称，系统自动将 Excel 表格中的数据导入到组态王工程的数据词典中。

开发：在工程列表区中选择任一工程后，单击此快捷键进入工程的开发环境。

运行：在工程列表区中选择任一工程后，单击此快捷键进入工程的运行环境。

任务 3　工程浏览器

3.1　工程浏览器

工程浏览器是组态王 6.55 的集成开发环境。在这里用户可以看到工程的各个组成部分包括 Web、文件、数据库、设备、系统配置、SQL 访问管理器，它们以树形结构显示在工程浏览器窗口的左侧。

工程浏览器的使用和 Windows 的资源管理器类似，如图 3-19 所示：工程浏览器由菜单栏、工具条、工程目录显示区、目录内容显示区、状态条组成。“工程目录显示区”以树形结构图显示大纲项节点，用户可以扩展或收缩工程浏览器中所列的大纲项。

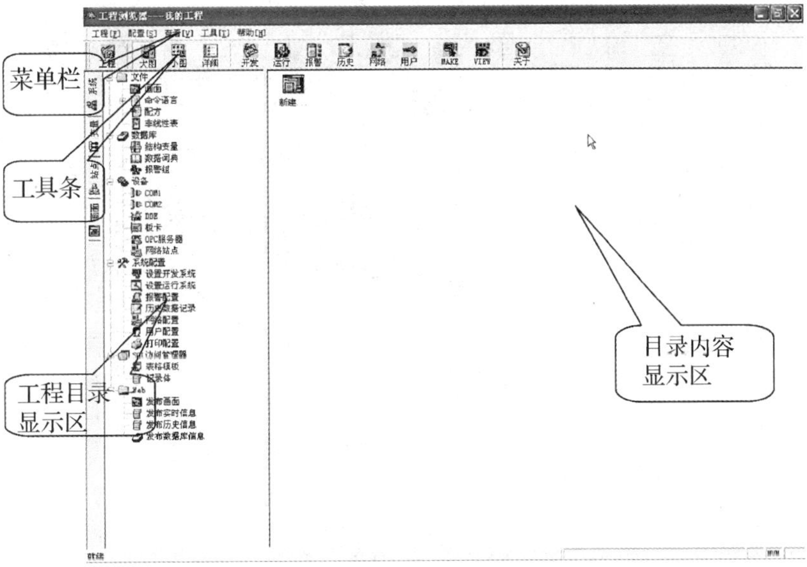

图 3-19　工程浏览器

3.2　工程加密

工程加密是为了保护工程文件不被其他人随意修改，只有设定密码的人或知道密码的人才可以对工程做编辑或修改。加密的步骤如下：

点击“工具”选择“工程加密”，如图 3-20 所示。

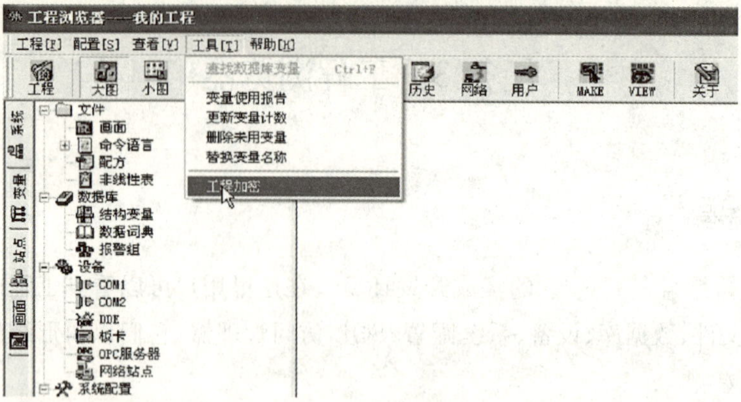

图 3-20 工程加密

弹出“工程加密处理”，设定密码。如图 3-21 所示。

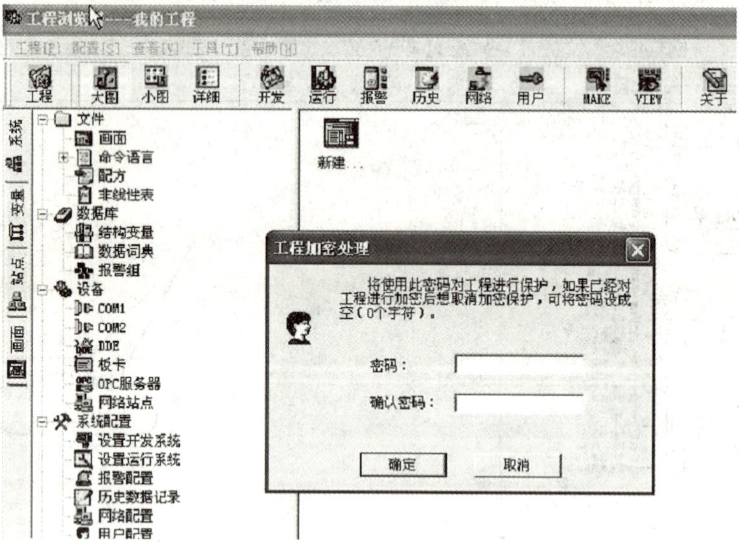

图 3-21 密码设置

点击“确定”，密码设定成功，如果退出开发系统，下次再进的时候就会提示要密码。注意：如果没有密码则无法进入开发系统，工程开发人员一定要牢记密码。

任务 4　定义外部设备和数据变量

4.1　定义外部设备

组态王把那些需要与之交换数据的硬件设备或软件程序都作为外部设备使用。外部硬件设备通常包括 PLC、仪表、模块、变频器、板卡等。外部软件程序通常指包括 DDE、OPC 等服务程序。按照计算机和外部设备的通讯连接方式，则分为：串行通信（RS232/422/485）、以太网、专用通信卡（如 CP5611）等。

在计算机和外部设备硬件连接好后，为了实现组态王和外部设备的实时数据通讯，必须在组态王的开发环境中对外部设备和相关变量加以定义。为方便定义外部设备，组态王设计了“设备配置向导”引导用户一步步完成设备的连接。

以组态王软件和亚控公司自行设计的仿真 PLC（仿真程序）的通讯为例来讲解在组态王中如何定义设备和相关变量（实际硬件设备和变量定义方式与其类似）。

在实际的工程中组态王连接现场的实际采集设备，采集现场的数据。

1. 在组态王工程浏览器树型目录中，点击“设备”，在右边的工作区中出现了“新建”图标 

，双击此“新建”图标，弹出“设备配置向导”对话框，如图 3-22 所示。

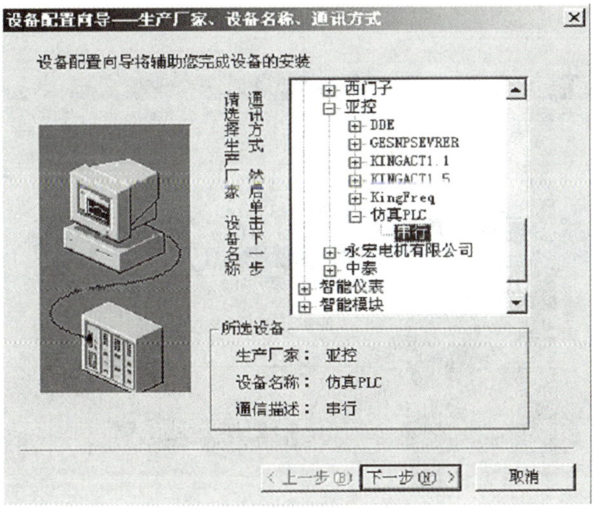

图 3-22　设备配置向导

说明：“设备”下的子项中默认列出的项目表示组态王和外部设备几种常用的通讯方式，如 COM1、COM2、DDE、板卡、OPC 服务器、网络站点。其中 COM1、COM2 表示组态王支持串口的通讯方式，DDE 表示支持通过 DDE 数据传输标准进行数据通讯，其他类似。（特别说明：标准的计算机都有两个串口，所以此处作为一种固定显示形式，这种形式并不表示组态王只支持COM1、COM2,也不表示组态王计算机上肯定有两个串口;并且“设备”项下面也不会显示计算机中实际的串口数目,用户通过设备定义向导选择实际设备所连接的PC串口即可。)

2. 在上述对话框选择亚控公司提供的“仿真PLC”的“串行”项后单击“下一步”弹出对话框,如图3-23所示。

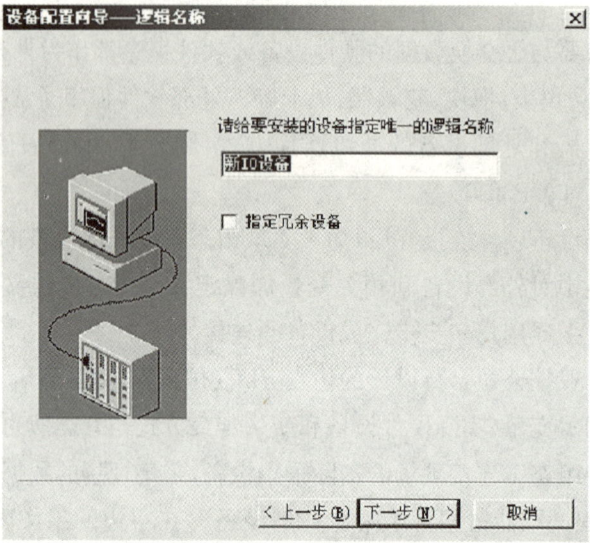

图 3-23 设备命名

3. 为仿真PLC设备取一个名称,如:PLC1,单击“下一步”弹出连接串口对话框,如图3-24所示。

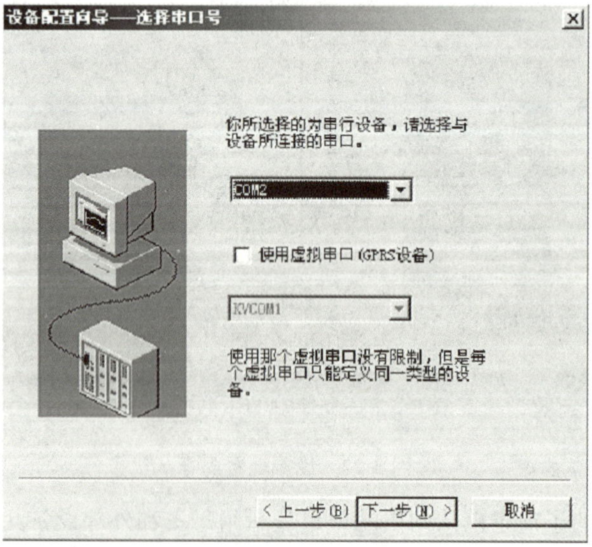

图 3-24 选择通信方式

4. 为设备选择连接的串口为 COM1，单击“下一步”弹出设备地址对话框，如图 3-25 所示。

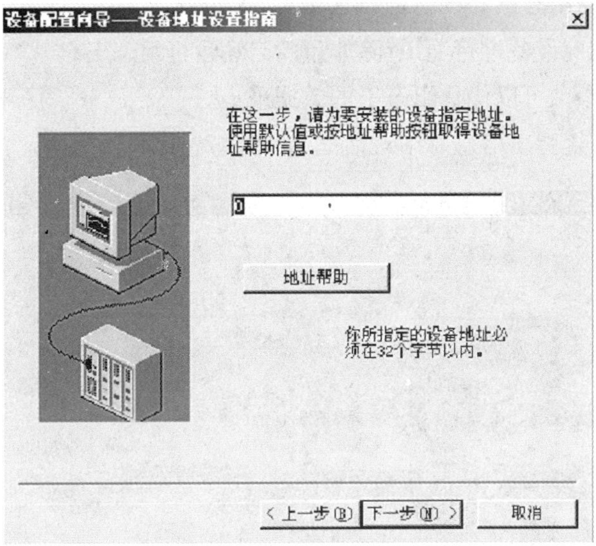

图 3-25 设备地址设置

在连接现场设备时，设备地址处填写的地址要和实际设备地址完全一致。

组态王对所支持的设备及软件都提供了相应的联机帮助，指导用户进行设备的定义，用户在实际定义相关的设备时点击图 3-25 中所显示的”地址帮助”按钮即可获取相关帮助信息。

5. 此处填写设备地址为 0，单击“下一步”，弹出通讯参数对话框，如图 3-26 所示。

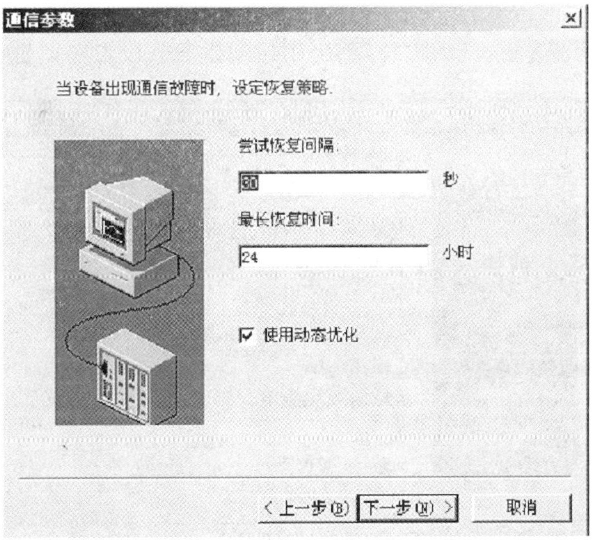

图 3-26 通信参数设置

6. 设置通信故障恢复参数(一般情况下使用系统默认设置即可)。

图 3-26 中的重要设置项说明：

尝试恢复间隔：当组态王和设备通讯失败后，组态王将根据此处设定时间定期和设备尝试通讯一次；

最长恢复时间：当组态王和设备通讯失败后，超过此设定时间仍然和设备通讯不上的，组态王将不再尝试和此设备进行通讯，除非重新启动运行组态王；

动态优化：此项参数可以优化组态王的数据采集。

单击"下一步"系统弹出信息总结对话框，如图 3-27 所示。

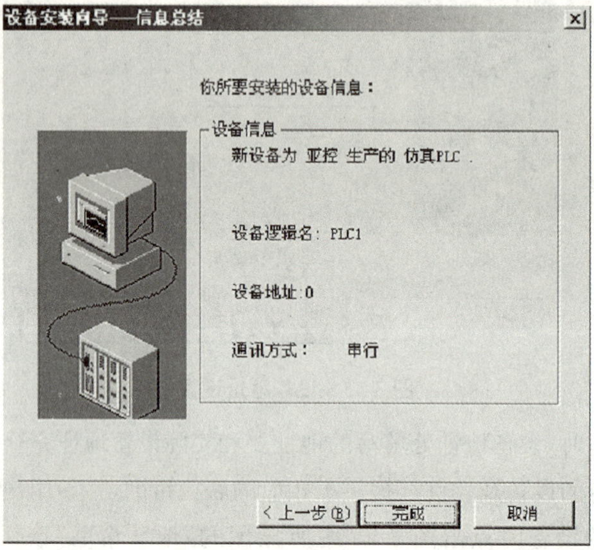

图 3-27　信息总结

7. 请检查各项设置是否正确，确认无误后，单击"完成"。可以在 COM1 项下看到新建的设备"PLC1"。

8. 双击工程浏览器左侧 COM1 口，弹出串口通讯参数设置对话框，如图 3-28 所示。

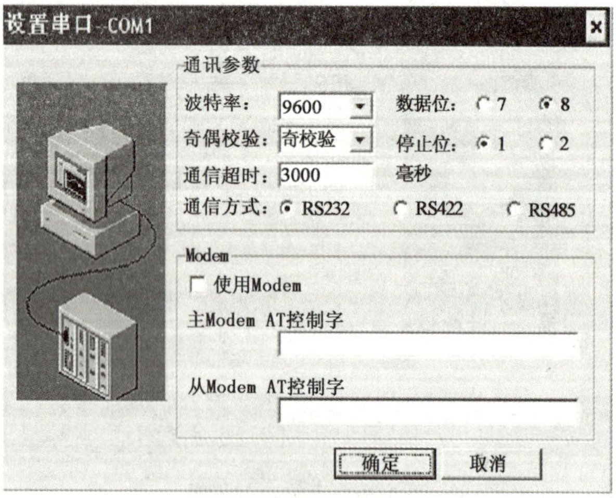

图 3-28　设置通信接口

由于定义的是一个仿真的 PLC 设备，所以串口通讯参数可以不必设置，但在工程中连接实际的 I/O 设备时，必须对串口通讯参数进行设置且设置项要与实际设备中的设置项完全一致(包括波特率、数据位、停止位、奇偶校验选项的设置),否则会导致通讯失败。因此在使用外部设备时,用户一定要对所使用的外部设备有详尽的了解。

4.2 数据库的作用

在组态王工程浏览器中提供了“数据库”项供用户定义设备变量。

数据库是“组态王软件”最核心的部分。在 TouchVew 运行时,工业现场的生产状况要以动画的形式反映在屏幕上,操作者在计算机前发布的指令也要迅速送达生产现场,所有这一切都是以实时数据库为核心,所以说数据库是联系上位机和下位机的桥梁。数据库中变量的集合形象地称为“数据词典”,数据词典记录了所有用户可使用的数据变量的详细信息。

4.3 数据词典中变量的类型

数据词典中存放的是应用工程中定义的变量以及系统变量。

变量可以分为基本类型和特殊类型两大类。

基本类型的变量又分为内存变量和 I/O 变量两种。

只在组态王内使用的变量,比如计算过程的中间变量,就可以设置成“内存变量”。

“I/O 变量”指的是组态王与外部设备或其他应用程序交换的变量。这种数据交换是双向的、动态的,就是说在组态王系统运行过程中,每当 I/O 变量的值改变时,该值就会自动写入外部设备或远程应用程序。

每当外部设备或远程应用程序中的值改变时,组态王系统中的变量值也会自动改变。所以,那些从下位机采集来的数据、发送给下位机的指令,比如反应罐液位、电源开关等变量,都需要设置成“I/O 变量”。

那些不需要和外部设备或其他应用程序交换,只在组态王内使用的变量,比如计算过程的中间变量,就可以设置成“内存变量”。

基本类型的变量也可以按照数据类型分为离散型、实型、整型和字符串型。

1. 内存离散变量、I/O 离散变量

类似一般程序设计语言中的布尔(BOOL)变量,只有 0、1 两种取值,用于表示一些开关量。

2. 内存实型变量、I/O 实型变量

类似一般程序设计语言中的浮点型变量,用于表示浮点数据,取值范围 10E－38～10E＋38,有效值 7 位。

3. 内存整数变量、I/O 整数变量

类似一般程序设计语言中的有符号长整数型变量,用于表示带符号的整型数据,取值范围 2147483648～2147483647。

4. 内存字符串型变量、I/O 字符串型变量

类似一般程序设计语言中的字符串变量,可用于记录一些有特定含义的字符串,如名

称、密码等，该类型变量可以进行比较运算和赋值运算。

特殊变量类型有报警窗口变量、历史趋势曲线变量、系统变量三种。

对于将要建立的演示工程，需要从下位机（即仿真 PLC）采集原料油罐的液位、原料油罐的压力、催化剂液位和成品油液位，所以需要在数据库中定义这四个变量。因为这些数据是通过驱动程序采集来的，所以四个变量的类型都是 I/O 实数变量，变量定义方法如下：

在工程浏览器树型目录中选择“数据词典”，在右侧双击“新建”图标 

，弹出“定义变量”对话框，如图 3-29 所示。

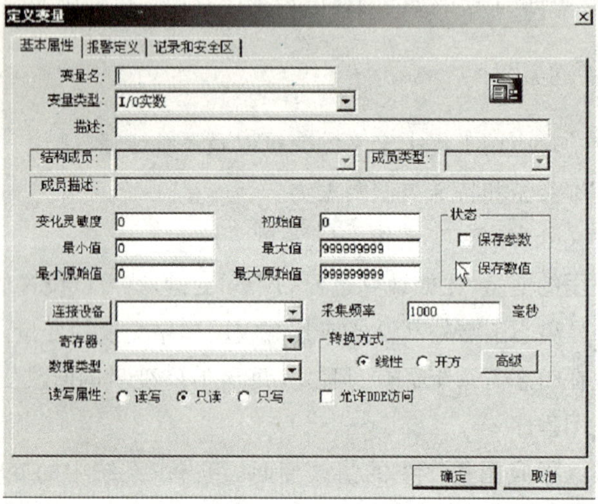

图 3-29　定义变量

在对话框中添加变量如下：

变量名：原料油液位

变量类型：I/O 实数

变化灵敏度：0

初始值：0

最小值：0

最大值：100

最小原始值：0

最大原始值：100

转换方式：线性

连接设备：PLC1

寄存器：DECREA100

数据类型：SHORT

采集频率：1000 毫秒

读写属性：只读

设置完成后单击"确定"。

用类似的方法建立另外三个变量:原料油罐压力、催化剂液位和成品油液位。

此外由于演示工程的需要还须建立三个离散型内存变量为:原料油出料阀、催化剂出料阀、成品油出料阀。

在该演示工程中使用的设备为上述建立的亚控仿真PLC,亚控仿真PLC是亚控公司为了方便用户使用、研究与教学而专门设计的一种虚拟设备。因此不需要连接真实设备,用户就可以使用组态王。

仿真PLC提供四种类型的内部寄存器:INCREA、DECREA、RADOM、STATIC,寄存器INCREA、DECREA、RADOM、STATIC的编号从1－1000,变量的数据类型均为整型(即SHORT)。

递增寄存器INCREA100变化范围0～100,该寄存器的值周而复始的由0递加到100。

递减寄存器DECREA100变化范围0～100,该寄存器的值周而复始的由100递减为0。

随机寄存器RADOM100变化范围0～100,该寄存器的值在0到100之间随机的变动。

静态寄存器STATIC100该寄存器变量是一个静态变量,可保存用户下发的数据,当用户写入数据后就保存下来,并可供用户读出。STATIC100表示该寄存器变量能够接收0－100之间的任意一个整数。

4.4　变量基本属性说明

变化灵敏度:数据类型为实数型或整数型时此项有效,只有当该数据变量的值变化幅度超过设置的"变化灵敏度"时,组态王才更新与之相连接的图素(缺省为0)。

保存参数:选择此项后,在系统运行时,如果用户修改了此变量的域值(可读可写型),系统将自动保存修改后的域值。

当系统退出后再次启动时,变量的域值保持为最后一次修改的域值,无需用户再去重新设置。

保存数值:选择此项后,在系统运行时,当变量的值发生变化后,系统将自动保存该值。当系统退出后再次启动时,变量的值保持为最后一次变化的值。

最小原始值:针对I/O整型、实型变量,为组态王直接从外部设备中读取到的最小值。

最大原始值:针对I/O整型、实型变量,为组态王直接从外部设备中读取到的最大值。

最小值:用于在组态王中将读取到的原始值转化为具有实际工程意义的工程值,并在画面中显示,与最小原始值对应。

最大值:用于在组态王中将读取到的原始值转化为具有实际工程意义的工程值,并在画面中显示,与最大原始值对应。

最小原始值、最大原始值和最小值、最大值这四个数值是用来确定原始值与工程值之间的转换比例(当最小值和最小原始值一样,最大值和最大原始值一样时,则组态王中显示的值和外部设备中对应寄存器的值一样)。原始值到工程值之间的转换方式有线性和平方根两种,线性方式是把最小原始值到最大原始值之间的原始值,线性转换到最小值至最大值之间。工程中比较常用的转换方式是线性转换。

数据类型：

只对 I/O 类型的变量起作用，共有 9 种类型：

Bit：1 位，0 或 1

Byte：8 位，一个字节

Short：16 位，2 个字节

Ushort：16 位，2 个字节

BCD：16 位，2 个字节

Long：32 位，4 个字节

LongBCD：32 位，4 个字节

Float：32 位，4 个字节

String：128 个字符长度

至此，数据变量已经完全建立起来，而对于大批同一类型的变量，组态王还提供了可以快速成批定义变量的方法——即结构变量的定义。

课后复习

练习在新工程中定义几个熟悉的设备和变量。

项目 4　创建组态画面

知识目标

（1）了解如何设计画面

（2）掌握动画连接的方法和一些常用功能的使用

（3）学会使用命令语言

学习任务

任务 1　设计画面

任务 2　动画连接

任务 3　动画属性的介绍

相关知识

组态王软件以具有适应性强、开放性好、易于扩展、开发周期短等优点。尤其考虑三方面问题：画面、数据、动画。通过对监控系统要求及实现功能的分析，采用组态王对监控系统进行设计。组态王为用户提供了可视化监控画面，有利于实时现场监控。而且，它能充分利用图形编辑功能，方便地构成监控画面，并以动画方式显示控制设备的状态，具有报警窗口、实时趋势曲线等，可便利地生成各种报表。

任务 1　设计画面

1.1　建立新画面

为建立一个新的画面请执行以下操作：

1. 在工程浏览器左侧的“工程目录显示区”中选择“画面”选项，在右侧视图中双击“新建”图标 

，弹出新建画面对话框，如图 4-1 所示。

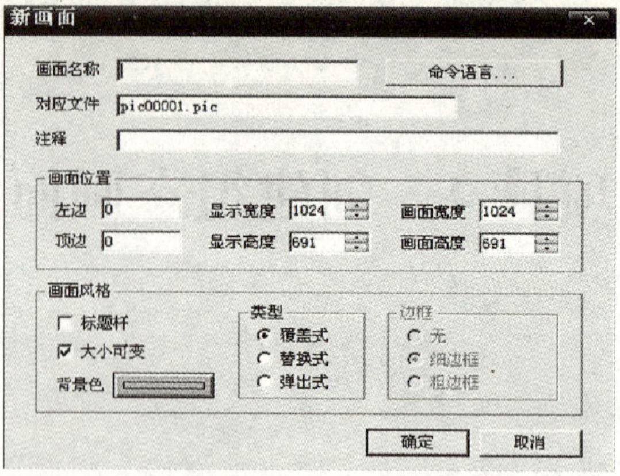

图 4-1 新建画面

2. 新画面属性设置如下：

画面名称：监控中心

对应文件:pic00001. pic（自动生成,也可以由用户自己定义）

注释:反应车间的监控中心——主画面

画面风格:覆盖式

画面位置：

左边:0　　　　　　　　顶边:0

显示宽度:1024　　　　　显示高度:768

画面宽度:1024　　　　　画面高度:768

标题杆:无效（不选）　　　大小可变:有效（选中）

画面的大小要根据用户的计算机显示器的类型而定。

3. 在对话框中单击“确定”

组态王软件将按照用户指定的风格产生出一幅名为“监控中心”的画面。如图 4-2 所示。

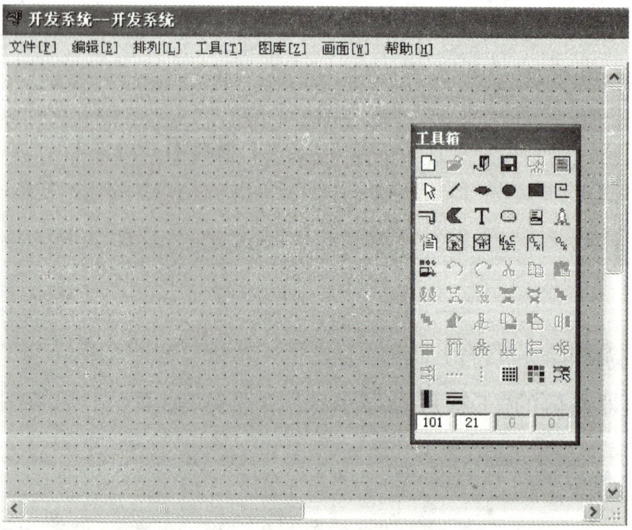

图 4-2 新建的画面与工具箱

1.2　使用工具箱

在此画面中绘制各种图素。绘制图素的主要工具放置在图形编辑工具箱内。当画面打开时，工具箱自动显示。工具箱中的每个工具按钮都有“浮动提示”。

1. 如果工具箱没有出现，选择“工具”菜单中的“显示工具箱”或按 F10 键将其打开，工具箱中各种基本工具的使用方法和 Windows 中的“画笔”很类似，如图 4-3 所示。

2. 在工具箱中单击文本工具 T，在画面上输入文字：反应车间监控画面。

3. 如果要改变文本的字体、颜色和字号，先选中文本对象，然后在工具箱内选择字体工具。在弹出的“字体”对话框中修改文本属性。

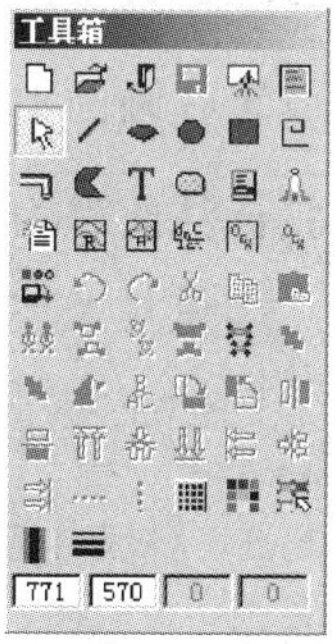

图 4-3　工具箱

1.3　使用调色板

选择“工具”菜单中的“显示调色板”，或在工具箱中选择按钮，弹出调色板画面（注意，再次单击就会关闭调色板画面），如图 4-4 所示。

选中文本，在调色板上按下“对象选择按钮区”中“字符色”按钮（即图 4-4 所示），然后在“选色区”选择某种颜色，则该文本就变为相应的颜色。

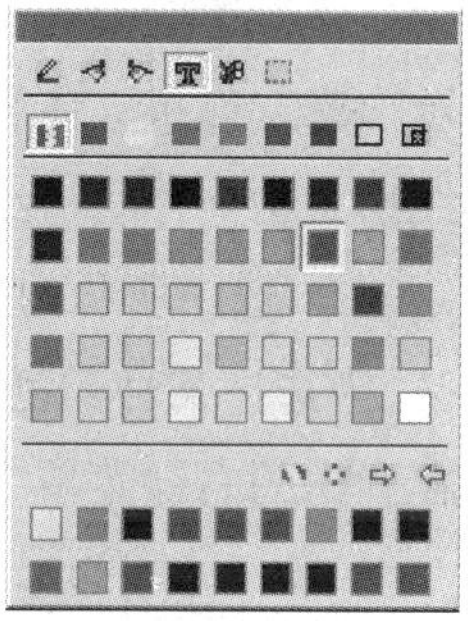

图 4-4　调色板

1.4　使用图库管理器

选择“图库”菜单中“打开图库”命令或按 F2 键打开图库管理器，如图 4-5 所示。

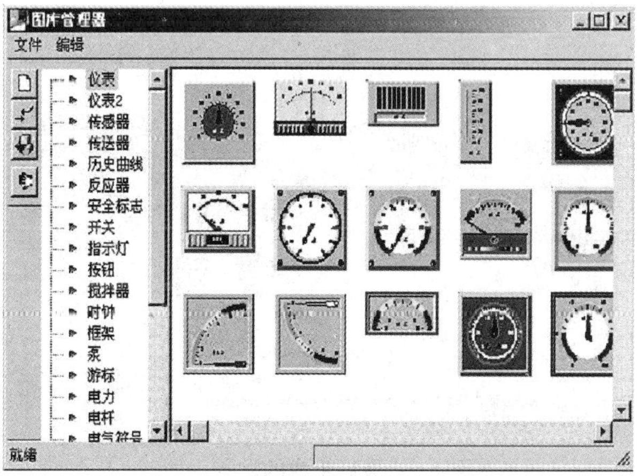

图 4-5　图库管理器

使用图库管理器降低了工程人员设计界面的难度，用户可以更加集中精力于维护数据库和增强软件内部的逻辑控制，缩短开发周期；同时用图库开发的软件将具有统一的外观，方便工程人员学习和掌握。

在图库管理器左侧图库名称列表中选择图库名称“反应器”，选中 后双击鼠标，图库管理器自动关闭，在工程画面上鼠标位置出现一“|_”标志，在画面上单击鼠标，该图素就被放置在画面上作为原料油罐并拖动边框到适当的位置，改变其至适当的大小并利用 T 工具标注此罐为“原料油罐”。

重复上述的操作，在图库管理器中选择不同的图素，分别作为催化剂罐和成品油罐，并分别标注为“催化剂罐”、“成品油罐”。

1.5 继续生成画面

1. 选择工具箱中的立体管道工具 ，在画面上鼠标图形变为“+”形状，在适当位置作为立体管道的起始位置，按住鼠标左键移动鼠标到结束位置后双击，则立体管道在画面上显示出来。如果立体管道需要拐弯，只需在折点处单击鼠标，然后继续移动鼠标，就可实现折线形式的立体管道绘制。

2. 选中所画的立体管道，在调色板上按下“对象选择按钮区”中“线条色”按钮，在“选色区”中选择某种颜色，则立体管道变为相应的颜色。选中立体管道，在立体管道上单击右键在弹出的右键菜单中选择“管道属性”来修改立体管道的宽度等属性。

3. 打开图库管理器，在阀门图库中选择 图素，双击后在反应车间监控画面上单击鼠标，则该图素出现在相应的位置，移动到原料油罐和成品油罐之间的立体管道上，并拖动边框改变其大小，并在其旁边标注文本：原料油出料阀。

重复以上的操作在画面上添加催化剂出料阀和成品油出料阀。

最后生成的画面如图 4-6 所示。

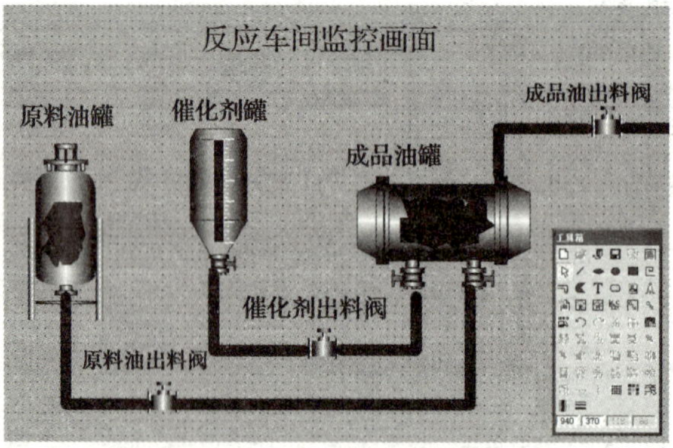

图 4-6　最后生成的监控画面

至此，一个简单的反应车间监控画面就建立起来了。

4. 选择“文件”菜单的“全部存”命令将所完成的画面进行保存。

任务 2　动画连接

2.1　动画连接的作用

所谓“动画连接”就是建立画面的图素与数据库变量的对应关系。

1. 打开“监控中心”画面，在画面上双击“原料油罐” 图形，弹出该图库的动画连接对话框，如图 4-7 所示。

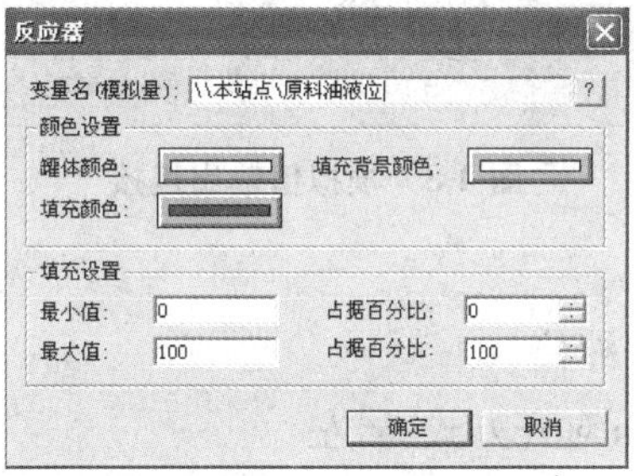

图 4-7　原料油液位的动画连接

对话框设置如下：

变量名(模拟量):\\本站点\原料油液位

填充颜色:绿色

最小值:0　　　　　占据百分比:0

最大值:100　　　　占据百分比:100

2. 单击“确定”按钮，完成原料油罐的动画连接。这样建立连接后原料油罐液位的高度随着变量“原料油液位”的值变化而变化。

用同样的方法设置催化剂罐和成品油罐的动画连接，连接变量分别为:\\本站点\催化剂液位、\\本站点\成品油液位。

作为一个实际可用的监控程序，操作者可能需要知道罐液面的准确高度而不仅是形象的表示，这个功能由“模拟值动画连接”来实现。

3. 在工具箱中选择文本  工具，在原料油罐旁边输入字符串“＃＃＃＃”，这个字符串是任意的，当工程运行时，字符串的内容将被用户需要输出的模拟值所取代。

4. 双击文本对象“＃＃＃＃”，弹出动画连接对话框，在此对话框中选择“模拟值输出”选项弹出模拟值输出动画连接对话框，如图 4-8 所示。

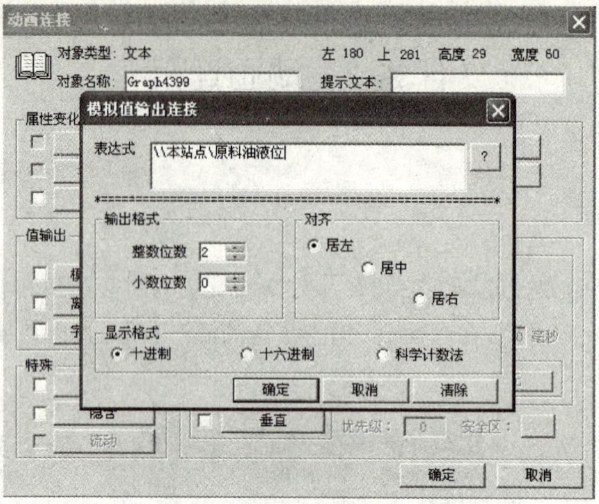

图 4-8　模拟值输出连接

对话框设置如下：

表达式：\\本站点\原料油液位

整数位数：2 ；小数位数：0；对齐方式：居左

5. 单击“确定”按钮完成动画连接的设置。当系统处于运行状态时在文本框“＃＃＃＃”中将显示原料油罐的实际液位值。

用同样方法设置催化剂罐和成品油罐的动画连接，连接变量分别为：\\本站点\催化剂液位、\\本站点\成品油液位。

2.2　阀门动画设置

1. 在画面上双击“原料油出料阀”图形，弹出该图库对象的动画连接对话框，如图 4-9 所示。

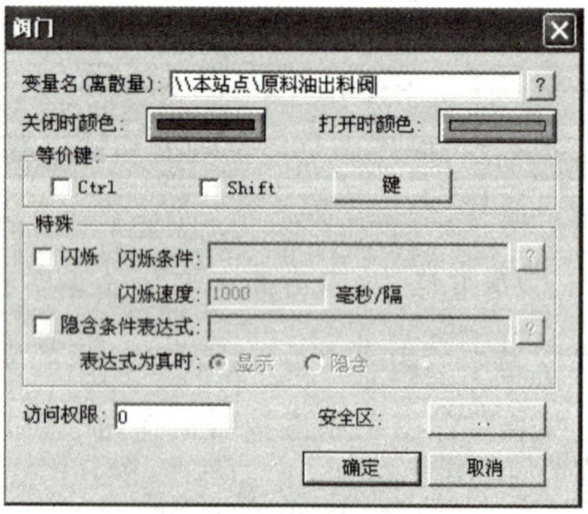

图 4-9　阀门动画设置

对话框设置如下：

变量名(离散量)：\\本站点\原料油出料阀；关闭时颜色：红色；打开时颜色：绿色。

在使用阀门动画之前，需要新建“原料油出料阀”的变量 

，并设置为“内存离散型”。否则会出现“变量未定义”的提示。

2. 单击“确定”按钮后原料油进料阀动画设置完毕，当系统进入运行环境时鼠标单击此阀门，其变成绿色，表示阀门已被打开，再次单击关闭阀门，从而达到了控制阀门的目的。

3. 用同样方法设置催化剂出料阀和成品油出料阀的动画连接，连接变量分别为：\\本站点\催化剂出料阀、\\本站点\成品油出料阀。

2.3 液体流动动画设置

1. 数据词典中定义一个内存整型变量：

变量名：控制水流；变量类型：内存整型；初始值：0；最小值：0；最大值：100

2. 选择工具箱中的“立体管道”工具，在画面上画一管道，或单击鼠标选中已经画好的管道如图 4-10 所示。

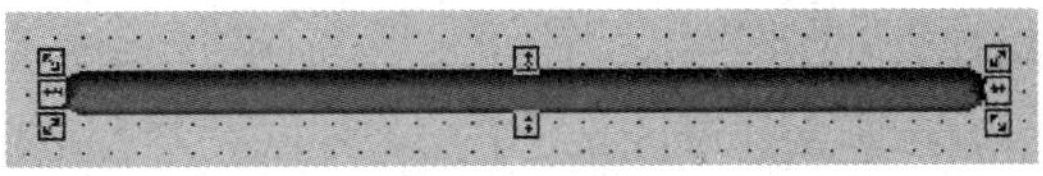

图 4-10　绘制管道

3. 在画面上双击管道弹出动画连接对话框，在对话框中单击“流动”选项，弹出管道流动连接设置对话框，如图 4-11 所示。

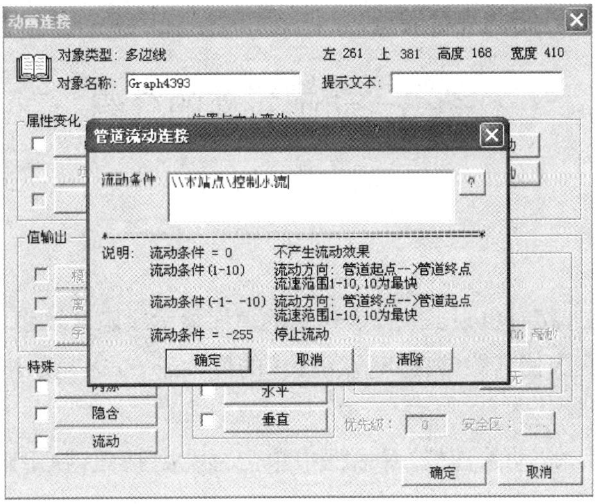

图 4-11　管道流动连接

对话框设置如下：

流动条件：\\本站点\控制水流

单击“确定”按钮完成动画连接的设置。

4. 上述“表达式”中连接的\\本站点\控制水流变量是一个内存变量，在画面上放一文本，双击该文本在弹出的动画连接对话框中选择“模拟值输出”按钮，弹出模拟值输出连接对话框，点击“?”选择控制水流变量，如图 4-12 所示。

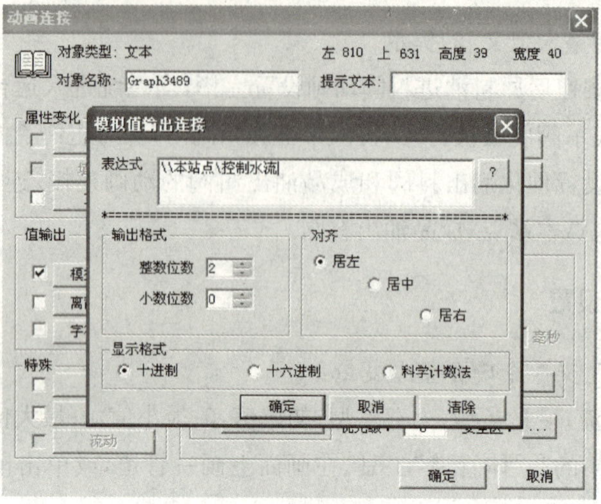

图 4-12　模拟值输出连接

同样把模拟值输入也连上，单击“确定”按钮完成文本动画连接的设置。

5. 全部保存，切换到运行画面。修改文本的值，可以看到管道中水流的效果，如图 4-13 所示。

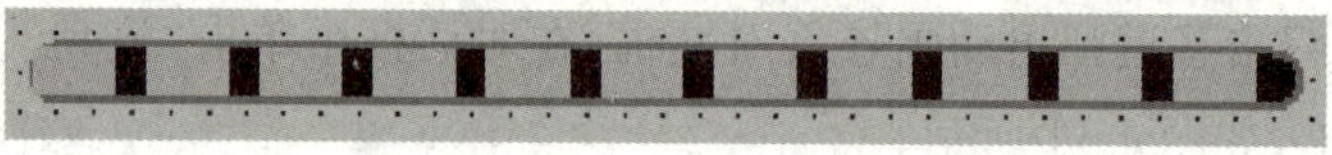

图 4-13　水流的效果

任务 3　动画属性的介绍

3.1　隐含连接

隐含连接是使被连接对象根据条件表达式的值而显示或隐含。建立一个表示危险状态的文本对象“液位过高”，使其能够在变量“液位”的值大于 90 时显示出来。图 4-14 是在组态王开发系统中的设计状态。

双击红色的圆圈，在“动画连接”对话框中单击“隐含”按钮，弹出隐含连接对话框如图 4-15 所示。

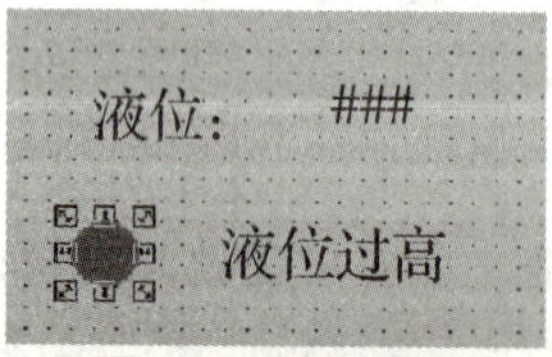

图 4-14　绘制圆圈

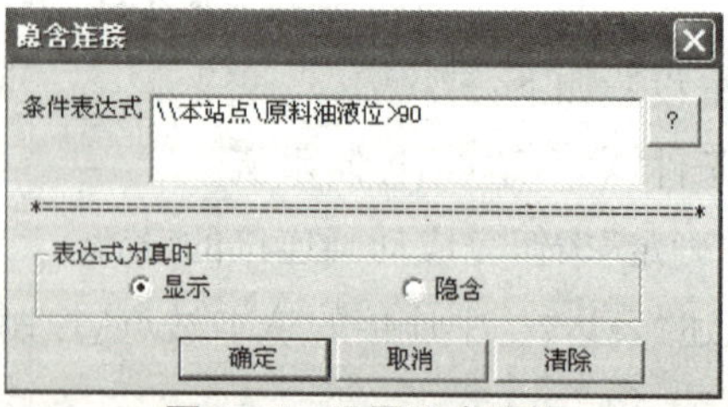

图 4-15　设置隐含连接

输入显示或隐含的条件表达式，单击“?”可以查看已定义的变量名和变量域。当条件表达式值为 1(TRUE)时，被连接对象是显示还是隐含。

3.2 闪烁连接

闪烁连接是使被连接对象在条件表达式的值为真时闪烁。闪烁效果易于引起注意，故常用于出现非正常状态时的报警。

建立一个表示报警状态的红色圆形对象，使其能够在变量“液位”的值大于 90 时闪烁。图 4-16 是在组态王开发系统中的设计状态。运行中当变量“液位”的值大于 90 时，红色对象开始闪烁，如图 4-16 所示。闪烁连接的设置方法是：在“动画连接”对话框中单击“闪烁”按钮，弹出对话框，如图 4-17 所示。

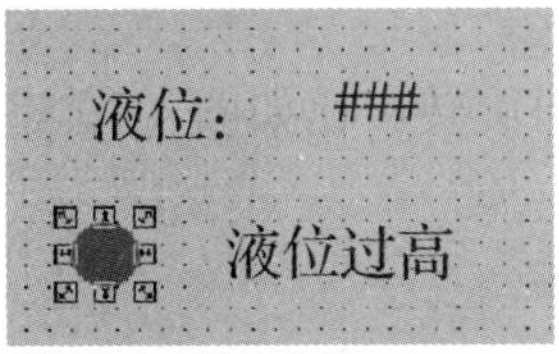

图 4-16 绘制圆圈

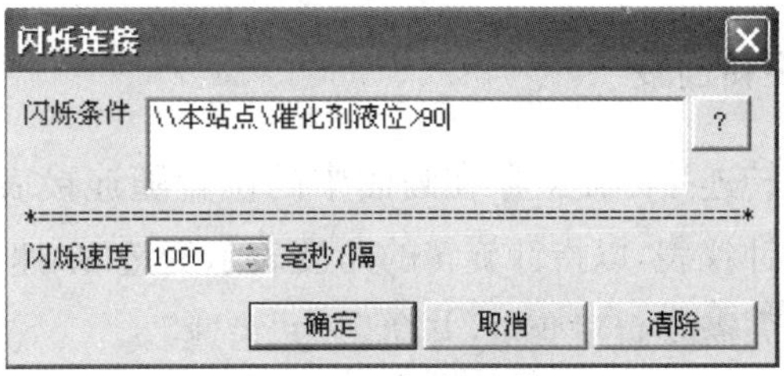

图 4-17 闪烁连接

输入闪烁的条件表达式，当此条件表达式的值为真时，图形对象开始闪烁。表达式的值为假时闪烁自动停止。单击“?”按钮可以查看已定义的变量名和变量域。

3.3 缩放连接

缩放连接是使被连接对象的大小随连接表达式的值而变化，比如建立一个温度计，用一矩形表示水银柱(将其设置“缩放连接”动画连接属性)，以反映变量“温度”的变化。(事先需要新建变量，并命名为“温度”。)

在“动画连接”对话框中单击“缩放连接”按钮，弹出对话框缩放连接，如图 4-18 所示。

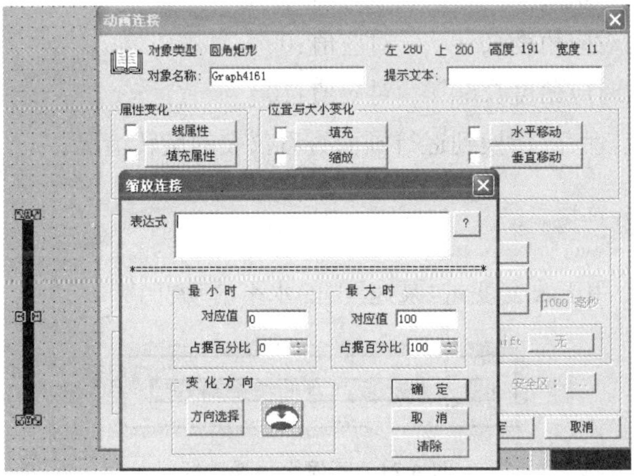

图 4-18 缩放连接

在表达式编辑框内输入合法的连接表达式，单击“?”按钮可以查看已定义的变量名和变量域。

表达式：\\本站点\温度

最小时：

对应值：0；占据百分比：0

最大时：

对应值：100 ；占据百分比：100

选择缩放变化的方向，变化方向共有五种，用“方向选择”按钮旁边的指示器来形象地表示。箭头是变化的方向，蓝点是参考点。单击“方向选择”按钮，可选择五种变化方向之一。单击“确定”，保存，切换到运行画面，可以看到温度计的缩放效果。

3.4 旋转连接

旋转连接是使对象在画面中的位置随连接表达式的值而旋转。比如图 4-19 建立了一个有指针仪表，以指针旋转的角度表示变量“泵速”的变化。

事先需要新建变量，并命名为“泵速”。

在“动画连接”对话框中单击“旋转连接”按钮，弹出对话框如图 4-20 所示。

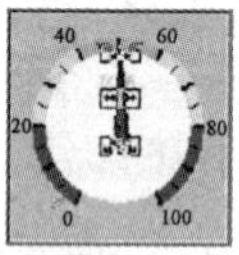

图 4-19 指针图

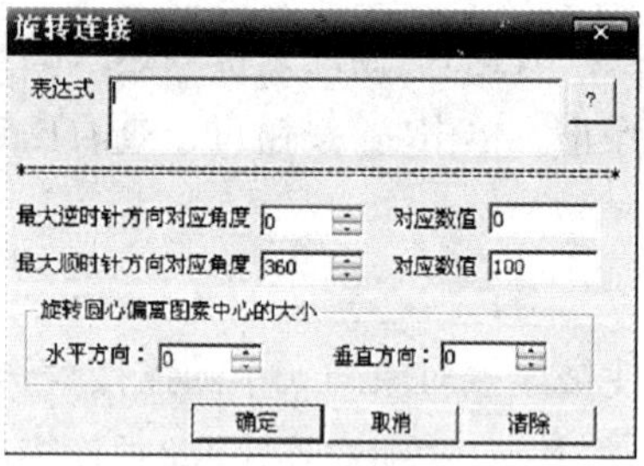

图 4-20 旋转连接

在编辑框内输入合法的连接表达式，单击“?”按钮可以查看已定义的变量名和变量域。

表达式：\\本站点\泵速

最大逆时针方向对应角度：0 ；　　对应值：0

最大顺时针方向对应角度：360 ；　对应值：100

单击“确定”按钮，保存，切换到运行画面查看仪表的旋转情况。

3.5 水平滑动杆输入连接

图 4-21 建立一个用于改变变量“泵速”值的水平滑动杆。

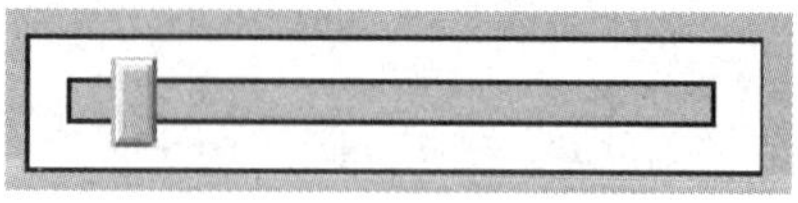

图 4-21 新建水平滑动杆

在“动画连接”对话框中单击“水平滑动杆输入”按钮，弹出对话框如图 4-22 所示。

图 4-22　水平滑动杆输入连接

输入与图形对象相联系的变量，单击“?”可以查看已定义的变量名和变量域。

变量名：\\本站点\泵速

移动距离：　　　向左：0 ；　　　向右：100

对应值：　　　　最左边：0 ；　　最右边：100

单击“确定”按钮，保存，切换到运行画面。当有滑动杆输入连接的图形对象被鼠标拖动时，与之连接的变量的值将会被改变。当变量的值改变时，图形对象的位置也会发生变化。

用同样的方法可以设置垂直滑动杆的动画连接。

3.6　点位图

1. 准备一张图片。如图 4-23 所示。

图 4-23　点位图

2. 进入组态王开发系统，单击工具箱中“点位图”图标，移动鼠标，在画面上画出一个矩形方框，如图 4-24 所示。

图 4-24　绘制矩形方框

3. 选中该点位图对象，单击鼠标右键，弹出浮动式菜单，如图 4-25 所示。

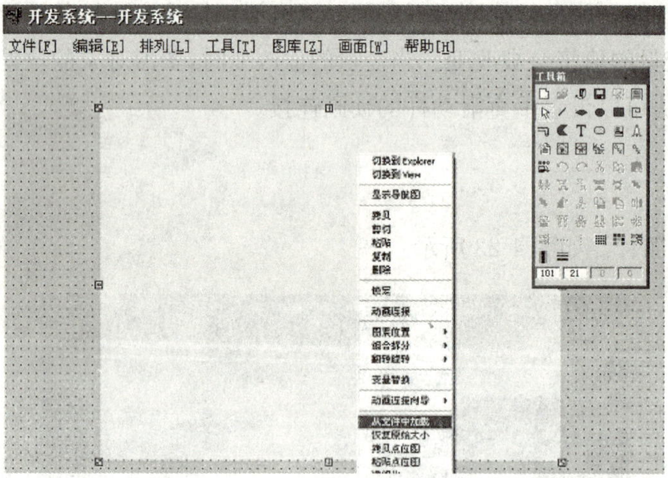

图 4-25　菜单操作

4. 选择“从文件中加载”命令即可将事先准备好的图片粘贴过来，如图 4-26 所示。

图 4-26　加载点位图

课后思考

1. 制作工程画面。
2. 熟悉组态王提供的各种动画连接的使用。

项目 5　使用命令语言

知识目标

（1）了解各种命令语言功能
（2）了解命令语言常用的函数

学习任务

任务 1　命令语言概述
任务 2　常用功能

相关知识

命令语言的句法和C语言非常类似，可以说是C的一个简化子集，具有完备的词法语法查错功能和丰富的运算符、数学函数、字符串函数、控件函数、SQL 函数和系统函数。命令语言是靠事件触发执行的，如定时、数据的变化、键盘的敲击、鼠标的点击等。根据事件与功能的不同，命令语言包括应用程序命令语言、热键命令语言、事件命令语言、数据改变命令语言、自定义函数命令语言和画面命令语言等。使用命令语言，可以编写出灵活、适用且功能强大的监控程序。

任务 1　命令语言概述

组态王除了在定义动画连接时支持连接表达式，还允许用户编写命令语言来扩展应用程序的功能，极大地增强了应用程序的可用性。

命令语言的格式类似 C 语言的格式，工程人员可以利用其来增强应用程序的灵活性。组态王的命令语言编辑环境已经编好，用户只要按规范编写程序段即可，它包括：应用程序命令语言、热键命令语言、事件命令语言、数据改变命令语言、自定义函数命令语言和画面命令语言等。

命令语言的句法和 C 语言非常类似，可以说是 C 的一个简化子集，具有完备的词法语法查错功能和丰富的运算符、数学函数、字符串函数、控件函数、SQL 函数和系统函数。各种命令语言通过“命令语言编辑器”编辑输入并进行语法检查，在运行系统中进行编译执行。

命令语言有六种形式，其区别在于命令语言执行的时机或条件不同。

1. **应用程序命令语言**

可以在程序启动时、关闭时或在程序运行期间周期执行。如果希望周期执行，还需要指定时间间隔。

2. **热键命令语言**

被链接到设计者指定的热键上，软件运行期间，操作者随时按下热键都可以启动这段命令语言程序。

3. **事件命令语言**

规定在事件发生、存在、消失时分别执行的程序。离散变量名或表达式都可以作为事件。

4. **数据改变命令语言**

只链接到变量或变量的域。在变量或变量的域值变化到超出数据字典中所定义的变化灵敏度时，它们就被触发执行一次。

5. **自定义函数命令语言**

提供用户自定义函数功能。用户可以根据组态王的基本语法及提供的函数自己定义各种功能更强的函数，通过这些函数能够实现工程特殊的需要。

6. **画面、按钮命令语言**

可以在画面显示时、隐含时或在画面存在期间定时执行画面命令语言。

在定义画面中的各种动画连接时，可以进行命令语言的连接。

如何退出组态王运行系统，返回到 Windows 呢？可以通过 Exit()函数来实现。

1. 选择工具箱中的工具，在画面上画一个按钮，选中按钮并单击鼠标右键，在弹出的下拉菜单中执行“字符串替换”命令，设置按钮文本为：系统退出。

2. 双击按钮，弹出动画连接对话框，在此对话框中选择“弹起时”选项弹出命令语言编辑框，在编辑框中输入如下命令语言：Exit(0)；如图 5-1 所示。

注意：不要忘记最后的分号。

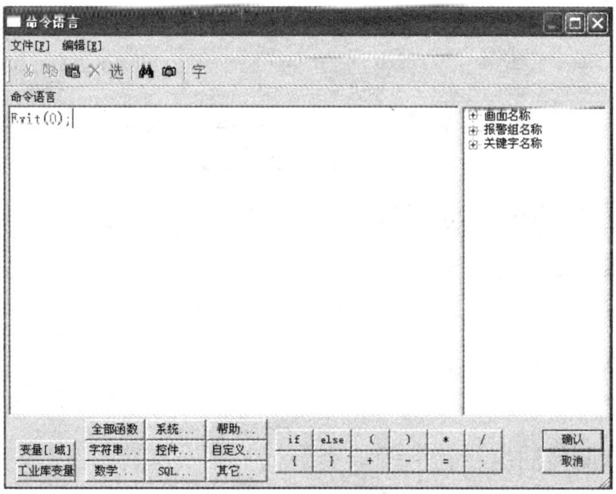

图 5-1　函数的使用

3. 单击“确认”按钮关闭对话框，当系统进入运行状态时单击此按钮系统将退出组态王运行环境。

任务 2　常用功能

2.1　定义热键

在实际的工业现场，为了操作的需要可能需要定义一些热键，当某键被按下时使系统执行相应的控制命令。例如当按下 F1 键时，使原料油出料阀被开启或关闭。这可以使用命令语言的一种热键命令语言来实现。

1. 在工程浏览器左侧的“工程目录显示区”内选择“命令语言”下的“热键命令语言”选项，双击“目录内容显示区”的新建图标 

，弹出“热键命令语言”编辑对话框，如图 5-2 所示。

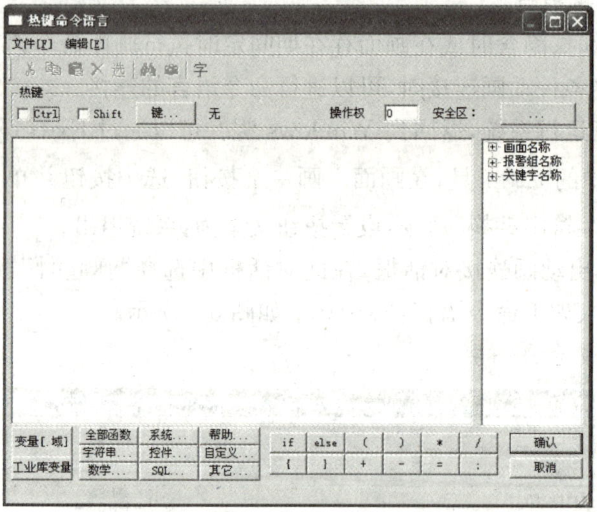

图 5-2　热键命令语言使用

2. 单击“键”按钮，在弹出的“选择键”对话框中选择“F1”键后关闭对话框。

3. 在命令语言编辑区中输入如下命令语言：如图 5-3 所示。

```
if (\\本站点\原料油出料阀 = = 1)
    \\本站点\原料油出料阀 = 0;
else
    \\本站点\原料油出料阀 = 1;
```

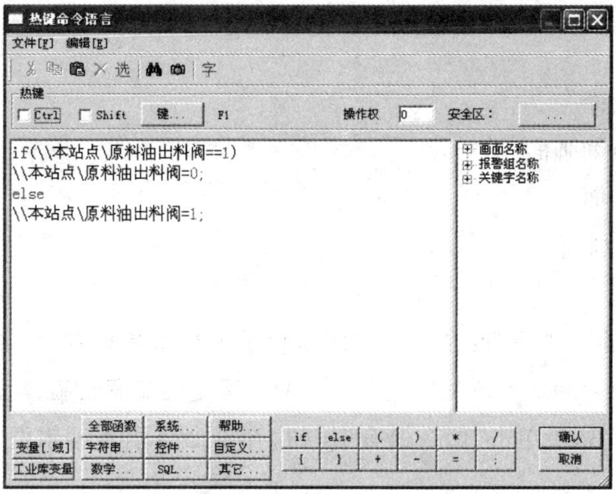

图 5-3 热键命令语言

4. 单击“确认”按钮关闭对话框。当系统进入运行状态时，按下“F1”键执行上述命令语言：首先判断原料油出料阀的当前状态，如果是开启的则将其关闭，否则将其打开，从而实现了按钮开和关的切换功能。

2.2 实现画面切换功能

利用系统提供的“菜单”工具和 ShowPicture()函数能够实现在主画面中切换到其他任一画面的功能。

1. 选择工具箱中的  工具，将鼠标放到监控画面的任一位置并按住鼠标左键画一个按钮大小的菜单对象，双击弹出菜单定义对话框，如图 5-4 所示。

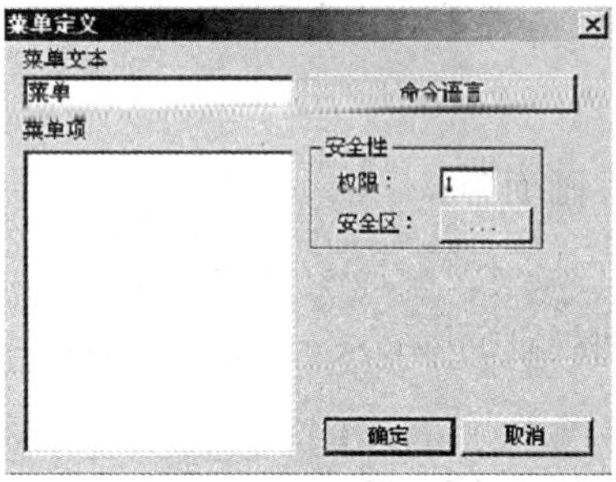

图 5-4 菜单定义

对话框设置如下：

菜单文本：画面切换

菜单项：

报警和事件画面

实时趋势曲线画面

历史趋势曲线画面

XY 控件画面

日历控件画面

实时数据报表画面

实时数据报表查询画面

历史数据报表画面

1 分钟数据报表画面

数据库操作画面

注:“菜单项”的输入方法为:在“菜单项”编辑区中单击鼠标右键,在弹出的下拉菜单中执行“新建项”命令即可编辑菜单项。菜单项中的画面是在工程后面建立的。

2. 菜单项输入完毕后单击“命令语言”按钮,弹出命令语言编辑框,在编辑框中输入如下命令语言:

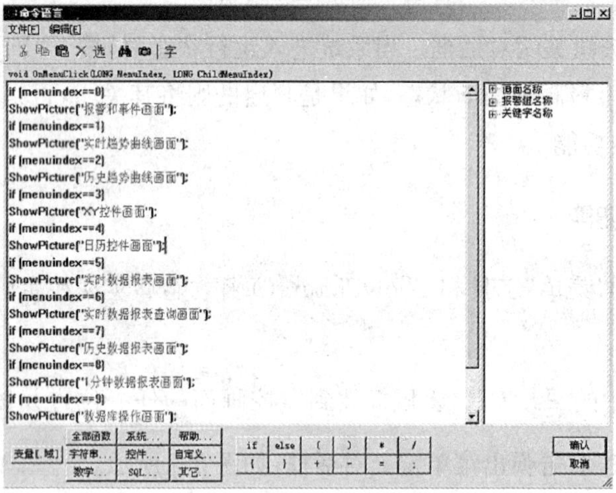

图 5-5　命令语言的编写

if(menuindex==0)

ShowPicture(“报警的事件画面”);

if(menuindex==1)

ShowPicture(“实时趋势曲线画面”);

if(menuindex==2)

ShowPicture(“历史趋势曲线画面”);

if(menuindex==3)

ShowPicture(“XY 控件画面”);

if(menuindex==4)

ShowPicture(“日历控件画面”);

if(menuindex==5)

ShowPicture(“实时数据报表画面”);

……

```
if(menuindex==9)
ShowPicture("数据库操作画面");
```

3. 单击“确认”按钮关闭对话框，当系统进入运行状态时单击菜单中的每一项，进入相应的画面中。

课后思考

1. 熟悉组态王提供的各种动画连接的使用。

2. 熟悉组态王的语言格式及简单的语言，完成工程的画面切换、工程退出等语言编写。

项目 6　报警和事件

知识目标

(1) 了解报警和事件窗口的作用

(2) 掌握报警和事件窗口的设置方法

(3) 掌握运行中的报警和事件窗口的操作方法

学习任务

任务 1　建立报警和事件窗口

任务 2　报警和事件的输出

相关知识

为保证工业现场安全生产，报警和事件的产生和记录是必不可少的，组态王提供了强有力的报警和事件系统。

组态王中的报警和事件主要包括变量报警事件、操作事件、用户登录事件和工作站事件。通过这些报警和事件用户可以方便地记录和查看系统的报警和各个工作站的运行情况。当报警和事件发生时，在报警窗中会按照设置的过滤条件实时地显示出来。

为了分类显示产生的报警和事件，可以把报警和事件划分到不同的报警组中，在指定的报警窗口中显示报警和事件信息。

任务 1　建立报警和事件窗口

1.1　定义报警组

1. 在工程浏览器窗口左侧“工程目录显示区”中选择“数据库”中的“报警组”选项，在右侧“目录内容显示区”中双击“进入报警组”图标 ，弹出“报警组定义”对话框，如图 6-1 所示。

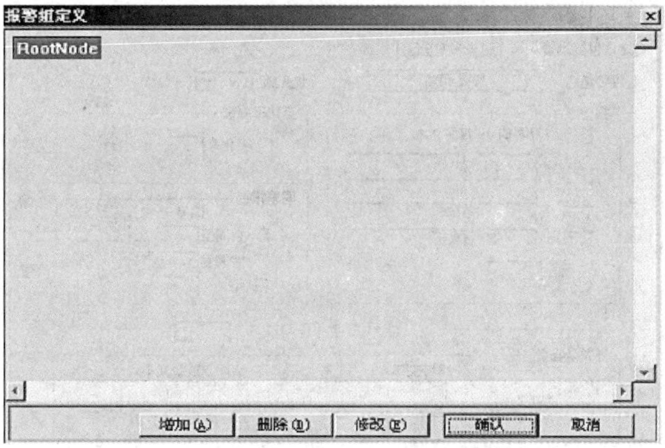

图 6-1　报警组定义对话框

2. 单击“修改”按钮，将名称为“RootNode”的报警组改名为“化工厂”。

3. 选中“化工厂”报警组，单击“增加”按钮增加此报警组的子报警组，名称为：反应车间。

4. 单击“确认”按钮关闭对话框，结束对报警组的设置，如图 6-2 所示。

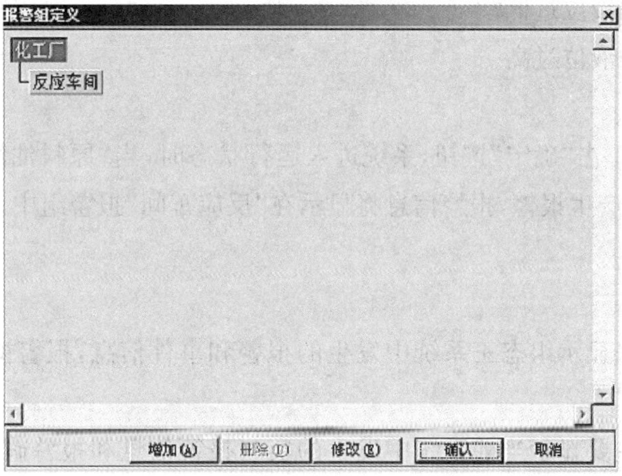

图 6-2　设置完毕的报警组窗口

注：报警组的划分以及报警组名称的设置是由用户根据实际情况指定。

1.2　设置变量的报警属性

1. 在数据词典中选择“原料油液位”变量，双击此变量，在弹出的“定义变量”对话框中单击“报警定义”选项卡，如图 6-3 所示。

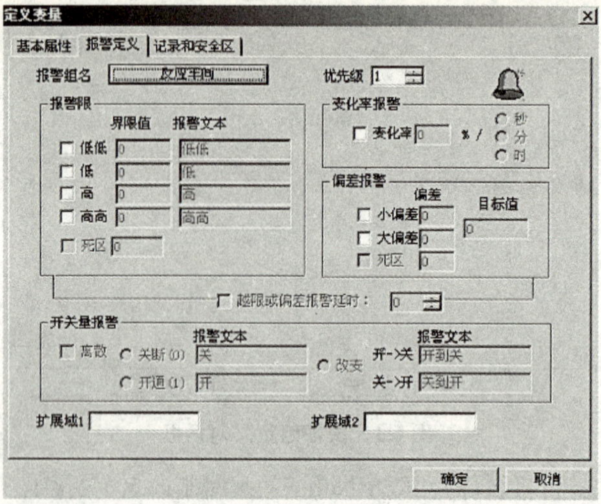

图 6-3　报警属性定义窗口

对话框设置如下：

点击报警组名按钮,“报警组”选择“反应车间”

低:10　原料油液位过低

高:90　原料油液位过高

优先级：100

2. 设置完毕后单击“确定”按钮,系统进入运行状态时,当“原料油液位”的高度低于 10 或高于 90 时系统将产生报警,报警信息将显示在“反应车间”报警组中。

1.3　建立报警窗口

报警窗口是用来显示组态王系统中发生的报警和事件信息,报警窗口分实时报警窗口和历史报警窗口。

实时报警窗口主要显示当前系统中发生的实时报警信息和报警确认信息,一旦报警恢复后将从窗口中消失。历史报警窗口中显示系统发生的所有报警和事件信息,主要用于对报警和事件信息进行查询。

报警窗口建立过程如下：

1. 新建一画面,名称为:报警和事件画面,类型为:覆盖式。

2. 选择工具箱中的工具,在画面上输入文字:报警和事件。

3. 选择工具箱中的工具,在画面中绘制一报警窗口,如图 6-4 所示。

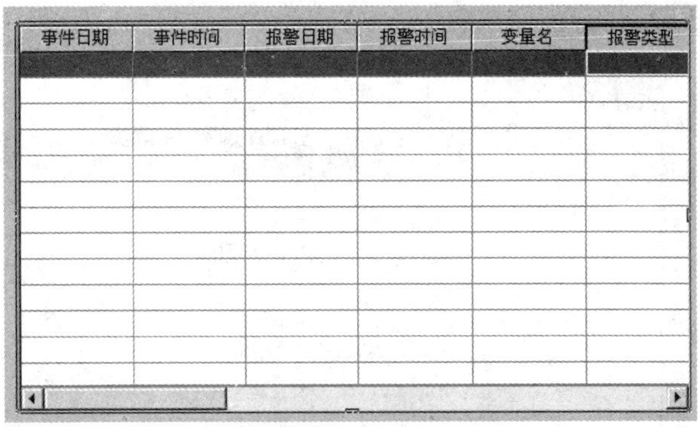

图 6-4　报警窗口

4. 双击“报警窗口”对象，弹出报警窗口配置对话框，如图 6-5 所示。

注：报警窗口的名称必须填写，否则运行时将无法显示报警窗口。

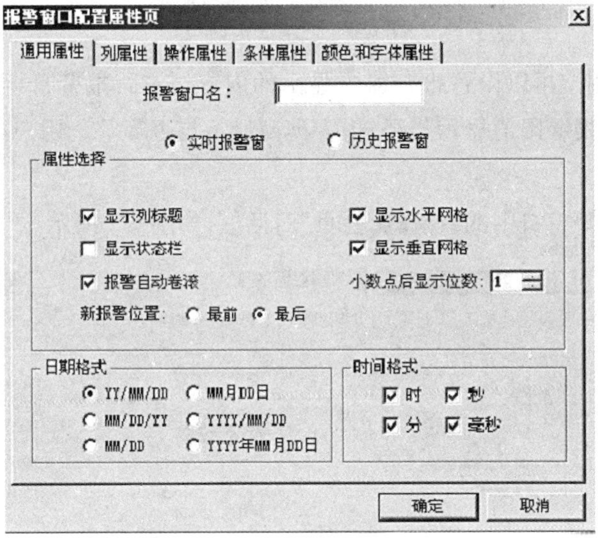

图 6-5　报警窗口配置对话框

报警窗口分为五个属性页：通用属性页、列属性页、操作属性页、条件属性页、颜色和字体属性页。

通用属性页：在此属性页中用户可以设置窗口的名称、窗口的类型（实时报警窗口或历史报警窗口）、窗口显示属性以及日期和时间显示格式等。

列属性页：报警窗口中的“列属性页”对话框，如图 6-6 所示。

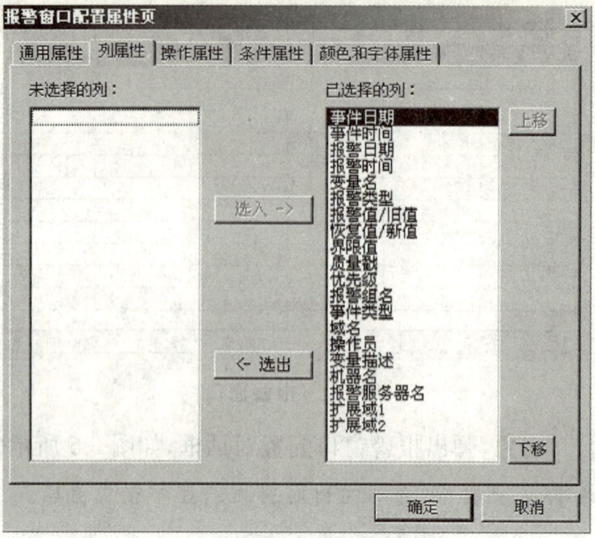

图 6-6　列属性页窗口

在此属性页中用户可以设置报警窗中显示的内容，包括：报警日期时间显示与否、报警变量名称显示与否、报警限值显示与否、报警类型显示与否等等。用户可以有选择地使用列属性。

操作属性页：报警窗口中的“操作属性页”对话框，如图 6-7 所示。

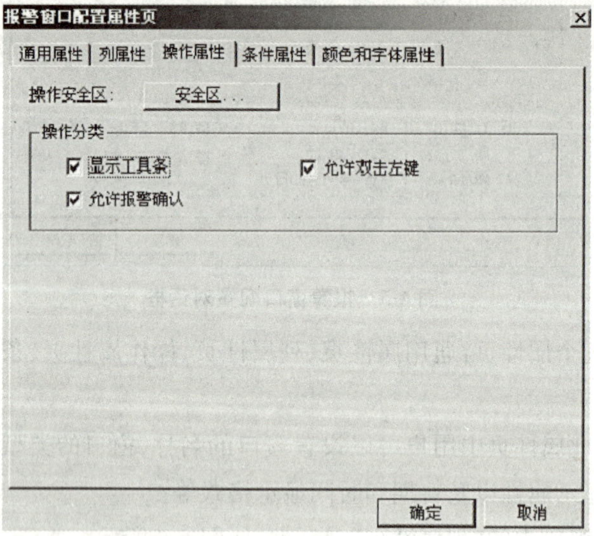

图 6-7　操作属性页窗口

在此属性页中用户可以对操作者的操作权限进行设置。单击“安全区”按钮，在弹出的“选择安全区”对话框中选择报警窗口所在的安全区，只有登录用户的安全区包含报警窗口的操作安全区时，才可执行如下设置的操作，如：双击左键操作、工具条的操作和报警确认的操作。

条件属性页：报警窗口中的“条件属性页”对话框，如图 6-8 所示。

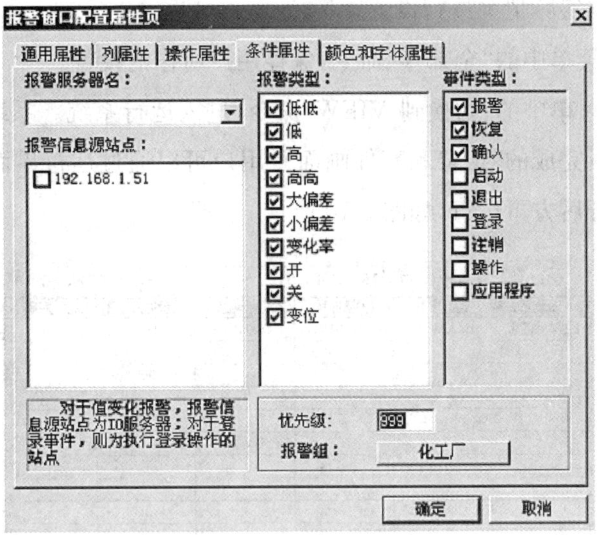

图 6-8　条件属性页窗口

在此属性页中用户可以设置何种类型的报警或事件发生时才在此报警窗口中显示，并设置其优先级和报警组。

优先级：999

报警组：反应车间

这样设置完后，满足如下条件的报警点信息会显示在此报警窗口中：

a. 在变量报警属性中设置的优先级高于 999；

b. 在变量报警属性中设置的报警组名为反应车间。

颜色和字体属性页：报警窗口中的“颜色和字体属性页”对话框，如图 6-9 所示。

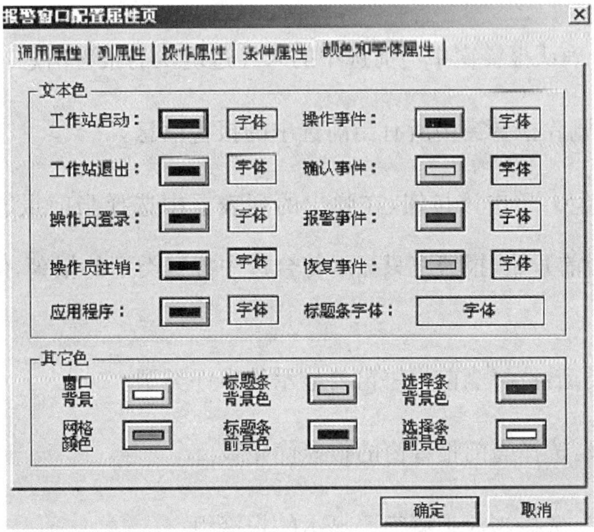

图 6-9　颜色和字体属性页窗口

在此属性页中用户可以设置报警窗口的各种颜色以及信息的显示颜色;报警窗口的上述属性可由用户根据实际情况进行设置。

5. 单击“文件”菜单中的“全部存”命令,保存用户所作的设置。

6. 单击“文件”菜单中的“切换到 VIEW”命令,进入运行系统。系统默认运行的画面可能不是用户刚刚编辑完成的“报警和事件画面”,用户可以通过运行界面中“画面”菜单中的“打开”命令将其打开后方可运行,如图 6-10 所示。

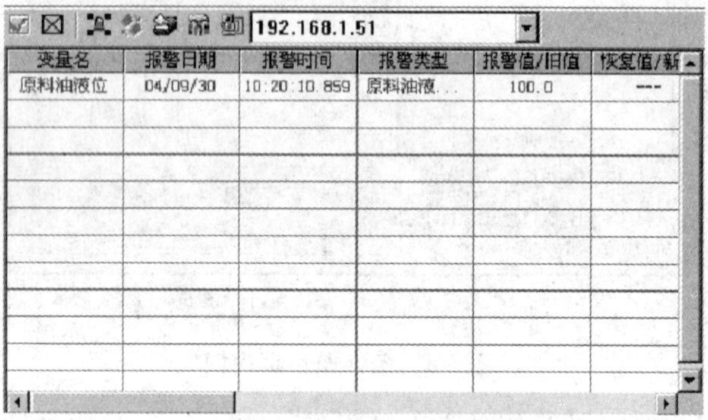

图 6-10 运行中的报警窗口

1.4 报警窗口的操作

当系统处于运行状态时,用户可以通过报警窗口上方的工具箱对报警信息进行操作,如图 6-11 所示。

图 6-11 报警信息操作工具箱

 报警确认:确认报警窗中当前选中的未经过确认的报警信息。

 报警删除:删除报警窗中所有当前选中的报警信息。

 更改报警类型:单击该按钮,在弹出的列表框中选择当前报警窗要显示的报警类型,选择完毕后,从当前开始,报警窗只显示符合选中报警类型的报警,但不影响其他类型报警信息的产生。

 更改事件类型:选择当前报警窗要显示的事件类型。

 更改优先级:选择当前报警窗的报警优先级。

 更改报警组:选择当前报警窗要显示的报警组。

 更改站点名:选择当前报警窗要显示哪个工作站站点的事件信息。

 更改报警服务器名：选择当前报警窗要显示哪个报警服务器的报警信息。

注：只有登录用户的权限符合操作权限时才可操作此工具箱。否则不显示此工具箱。

1.5　报警窗口自动弹出

使用系统提供的“$新报警”变量可以实现当系统产生报警信息时将报警窗口自动弹出，操作步骤如下：

1. 在工程浏览窗口中的“工程目录显示区”中选择“命令语言”中的“事件命令语言”选项，在右侧“目录内容显示区”中双击“新建”图标 

，弹出“事件命令语言”编辑框，设置如图 6-12 所示。

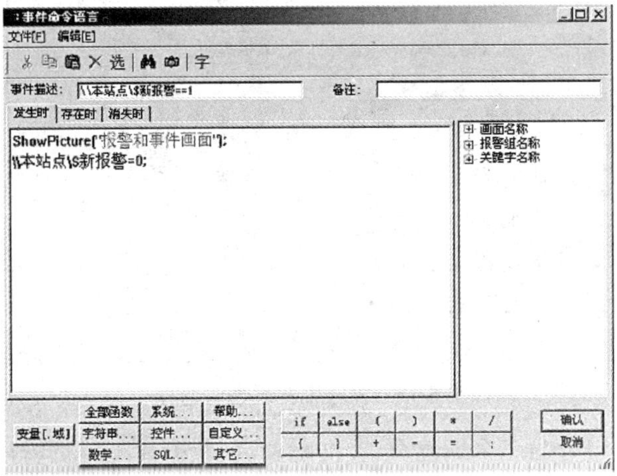

图 6-12　事件命令语言编辑框

输入如下的命令：

ShowPicture(“报警和事件画面”)；

\\本站点\$新报警＝0；

2. 单击“确认”按钮关闭编辑框。当系统有新报警产生时即可弹出报警窗口。

任务 2　报警和事件的输出

对于系统中的报警和事件信息不仅可以输出到报警窗口中还可以输出到文件、数据库和打印机中。此功能可通过报警配置属性窗口来实现，配置过程如下：

1. 在工程浏览器窗口左侧的“工程目录显示区”中双击“系统配置”中的“报警配置”选项  报警配置 弹出“报警配置属性”对话框，如图 6-13 所示。

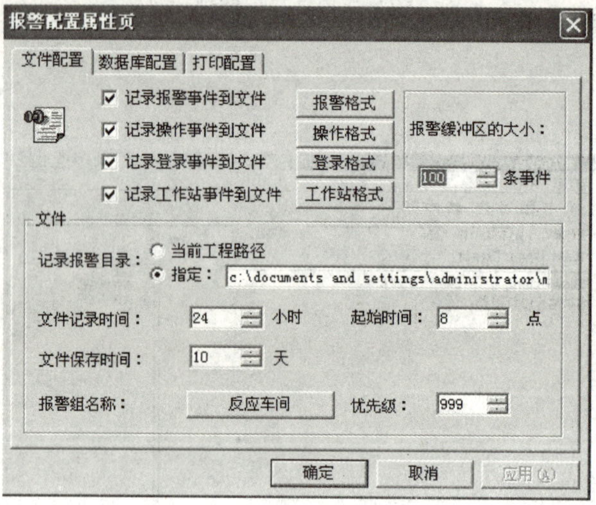

图 6-13　报警配置属性对话框

报警配置属性窗口分为三个属性页：文件配置页、数据库配置页、打印配置页。

文件配置页：在此属性页中用户可以设置将哪些报警和事件记录到文件中以及记录的格式、记录的目录、记录时间、记录哪些报警组的报警信息等等，文件记录格式如下：

示例：工作站事件文件记录：

[工作站日期：2013 年 4 月 28 日][工作站时间：14 时 24 分 7 秒][事件类型：工作站启动][机器名：本站点]

[工作站日期：2013 年 4 月 28 日][工作站时间：14 时 24 分 14 秒][事件类型：工作站退出][机器名：本站点]

注：这里提到的“文件”是组态王定义的内部文件。

数据库配置页：数据库配置页对话框，如图 6-14 所示。

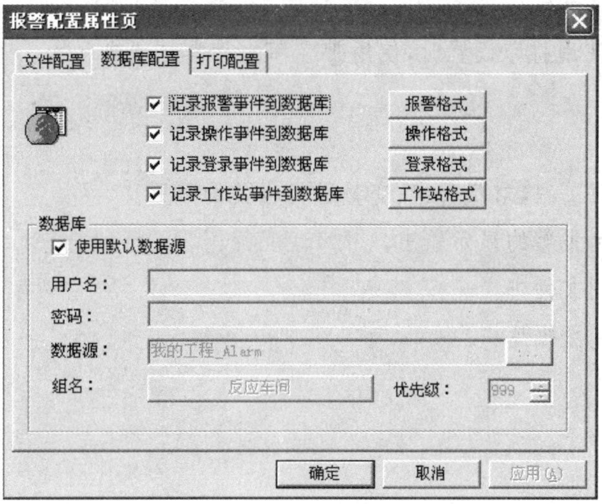

图 6-14　数据库配置页

在此属性页中用户可以设置将哪些报警和事件记录到数据库中以及记录的格式、数据源的选择、登录数据库时的用户名和密码等等。

注：在 6.53 及以上版本中勾选使用默认数据源，可以自动创建报警数据库以及数据源。

打印配置页：打印配置页对话框，如图 6-15 所示。

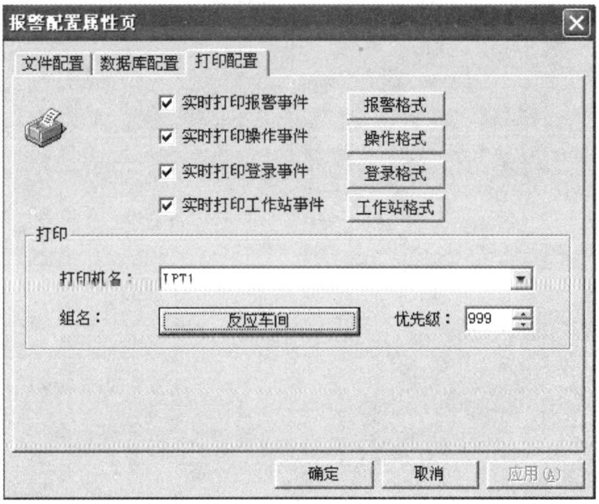

图 6-15　打印配置页

在此属性页中用户可以设置将哪些报警和事件输出到打印机中以及打印的格式、打印机的端口号等，打印输出格式如下：

示例：工作站事件打印：

〈工作站日期：2013 年 4 月 28 日〉/〈工作站时间：14 时 24 分 7 秒〉/〈事件类型：工作站启动〉/〈机器名：本站点〉

〈工作站日期：2013 年 4 月 28 日〉/〈工作站时间：14 时 24 分 14 秒〉/〈事件类型：工作站

退出 〉/〈机器名:本站点〉

注:建议用户在使用打印设置时,使用带字库的针式打印机。

课后练习

1. 完善你的练习工程,对报警组、变量进行相关的配置。
2. 在画面中得到报警的显示输出。
3. 将报警记录到文件中。
4. 将报警记录到数据库中。

项目 7　趋势曲线

知识目标

(1) 了解实时趋势曲线和历史趋势曲线的作用

(2) 掌握实时趋势曲线的使用方法

(3) 掌握历史趋势曲线的使用方法

学习任务

任务 1　使用 XY 控件

任务 2　日历控件

相关知识

通过实时趋势曲线，用户可以直接看到目前的数据变化情况，并作出当前数据是否正常的判断。组态王提供三种形式的历史趋势曲线。第一种是从图库中调用已经定义好各功能按扭的历史趋势曲线，对于这种历史趋势曲线，用户只需要定义几个相关变量，适当调整曲线外观即可完成历史趋势曲线的复杂功能。第二种是调用历史趋势曲线控件，对于这种历史趋势曲线，功能很强大，使用比较简单。第三种是从工具箱中调用历史趋势曲线，对于这种历史趋势曲线，用户需要对曲线的各个操作按扭进行定义，即建立命令语言连接才能操作历史曲线。

任务 1　实时趋势曲线

趋势曲线用来反应变量随时间的变化情况。趋势曲线有实时趋势曲线和历史趋势曲线两种。

1. 新建一画面，名称为：实时趋势曲线画面。

2. 选择工具箱中的  工具，在画面上输入文字：实时趋势曲线。

3. 选择工具箱中的  工具，在画面上绘制一实时趋势曲线窗口，如图 7-1 所示。

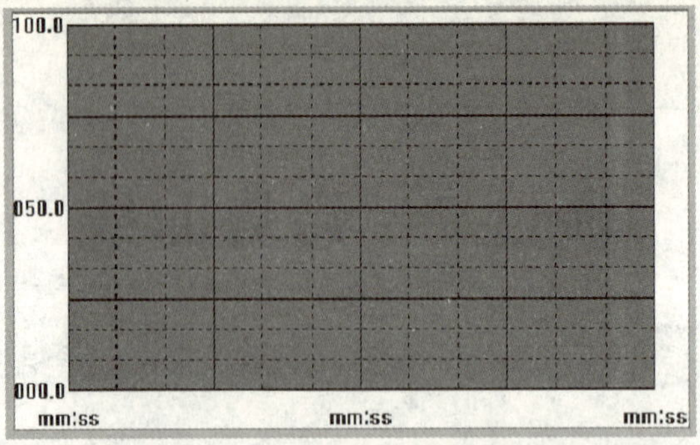

图 7-1　定义实时趋势曲线

双击“实时趋势曲线”对象，弹出“实时趋势曲线”设置窗口，如图 7-2 所示。

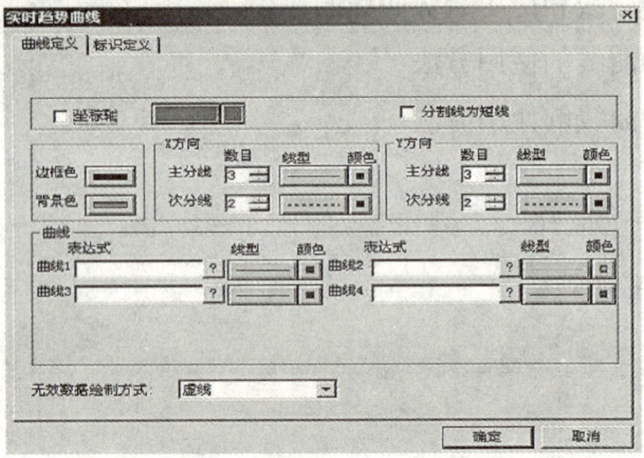

图 7-2　实时趋势曲线的设置

实时趋势曲线设置窗口分为两个属性页：曲线定义属性页、标识定义属性页。

曲线定义属性页：在此属性页中用户不仅可以设置曲线窗口的显示风格，还可以设置趋势曲线中所要显示的变量。单击“曲线 1”编辑框后的 ? 按钮，在弹出的“选择变量名”对话框中选择变量\\本站点\原料油液位，曲线颜色设置为：红色。

标识定义属性页：标识定义属性页，如图 7-3 所示。

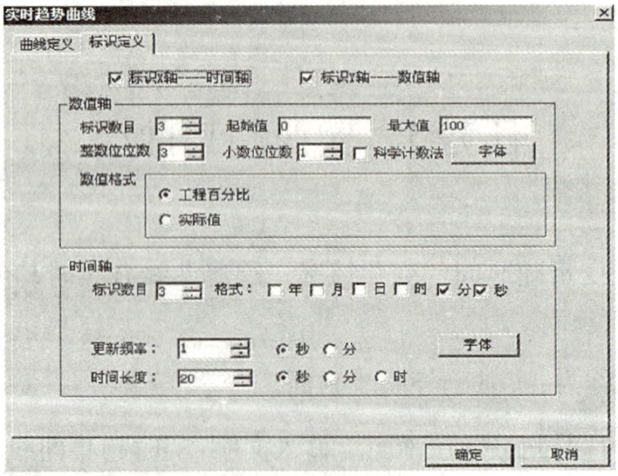

图 7-3　实时趋势曲线标识设置

在此属性页中用户可以设置数值轴和时间轴的显示风格。

设置如下：

标识 X 轴——时间轴：有效

标识 Y 轴——数据轴：有效

起始值：0

最大值：100

时间轴：分、秒有效

更新频率：1 秒

时间长度：30 秒

4. 设置完毕后单击“确定”按钮关闭对话框。

5. 单击“文件”菜单中的“全部存”命令，保存用户所作的设置。

6. 单击“文件”菜单中的“切换到 VIEW”命令，进入运行系统，通过运行界面中“画面”菜单中的“打开”命令将“实时趋势曲线画面”打开后可看到连接变量的实时趋势曲线，如图 7-4 所示。

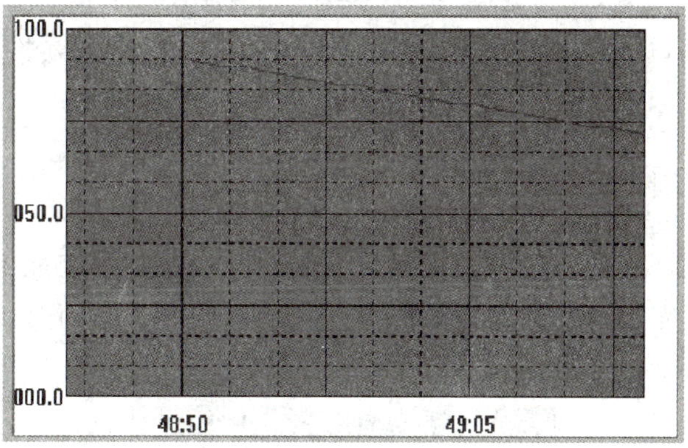

图 7-4 实时趋势曲线的画面

任务 2 历史趋势曲线

组态王的历史趋势曲线以 Active X 控件形式提供的取组态王数据库中的数据绘制历史曲线和取 ODBC 数据库中的数据绘制曲线的工具。通过该控件，不但可以实现历史曲线的绘制，还可以实现 ODBC 数据库中数据记录的曲线绘制，而且在运行状态下，可以实现在线动态增加/删除/隐藏曲线、曲线图表的无级缩放、曲线的动态比较、曲线的打印等。该曲线控件最多可以绘制 16 条曲线。

2.1 设置变量的记录属性

对于要以历史趋势曲线形式显示的变量，必须设置变量的记录属性，设置过程如下：

1. 在工程浏览窗口左侧的“工程目录显示区”中选择“数据库”中的“数据词典”选项，在“数据词典”中选择变量\\本站点\原料油液位，双击此变量，在弹出的“定义变量”对话框中单击“记录和安全区”属性页，如图 7-5 所示。

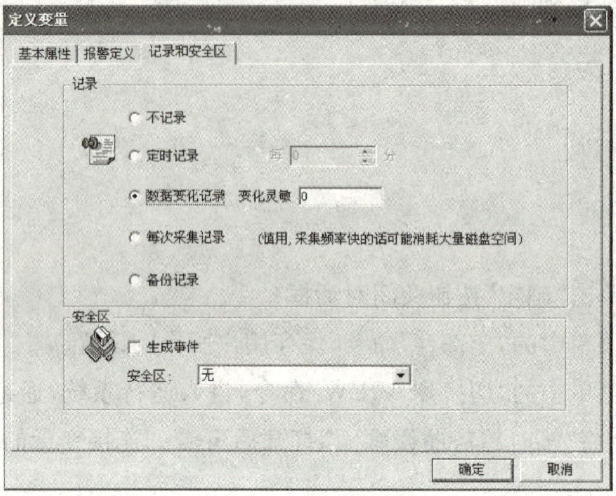

图 7-5　历史趋势曲线的定义

设置变量\\本站点\原料油液位的记录类型为：数据变化记录，变化灵敏为：0。

2. 设置完毕后单击“确定”按钮关闭对话框。

2.2　定义历史数据文件的存储目录

1. 在工程浏览器窗口左侧的“工程目录显示区”中双击“系统配置”中的“历史数据记录”选项，弹出“历史库配置”对话框，如图 7-6 所示，点“配置”按钮，弹出如图 7-7 所示对话框。

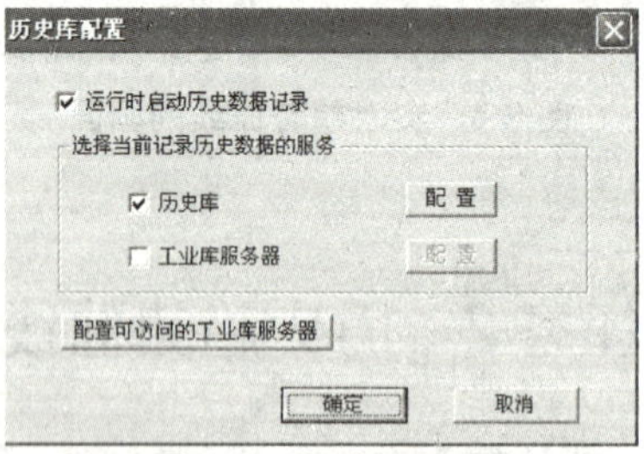

图 7-6　历史库配置

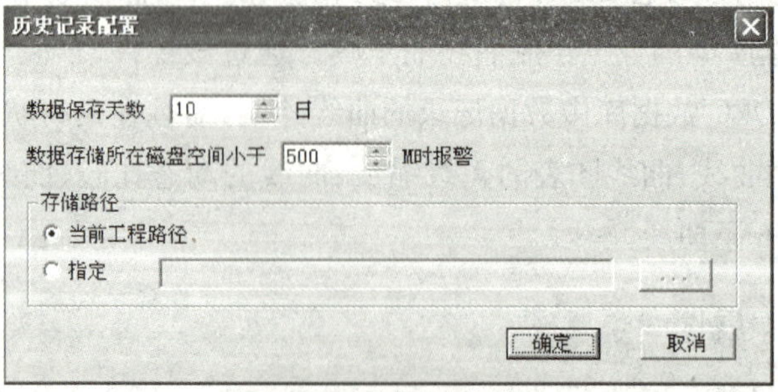

图 7-7　历史记录配置

对话框设置如下：

数据保存天数:10 日

数据存储所在磁盘空间小于 500M 是报警

存储路径:当前工程路径

2. 设置完毕后,单击“确定”按钮关闭图 7-7 对话框。再单击“确定”按钮关闭图 7-6 对话框。当系统进入运行环境时“历史记录服务器”自动启动,将变量的历史数据以文件的形式存储到当前工程路径下。这些文件将在当前工程路径下保存 10 天。

2.3　创建历史曲线控件

历史趋势曲线创建过程如下：

1. 新建一画面,名称为:历时趋势曲线画面。

2. 选择工具箱中的  工具,在画面上输入文字:历史趋势曲线。

3. 选择工具箱中的  通用控件工具,在画面中插入通用控件窗口中的“历史趋势曲线”控件,如图 7-8 所示。

欲想显示历史趋势曲线窗口下方的“工具条”和“列表框”必须将窗口拉伸到足够大。如图 7-9 所示。

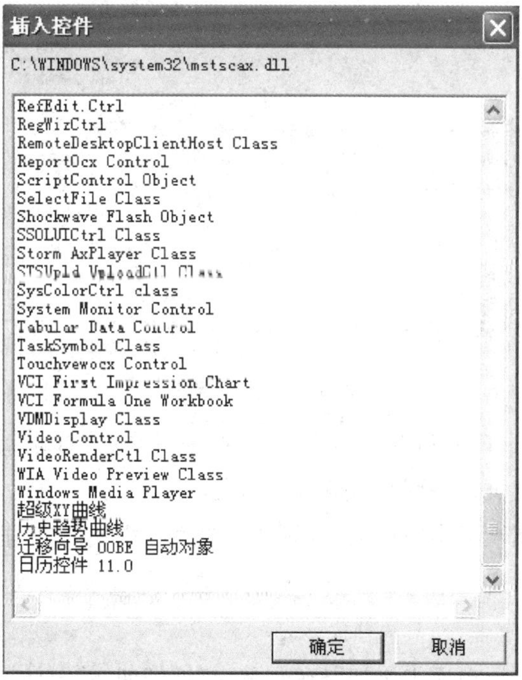

图 7-8　插入通用控件窗口

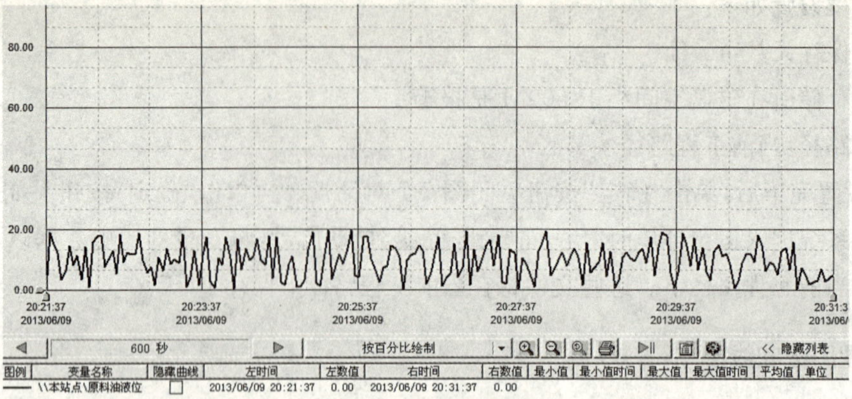

图 7-9　创建历史曲线控件

选中此控件，单击鼠标右键在弹出的下拉菜单中执行“控件属性”命令，弹出控件属性对话框，如图 7-10 所示。

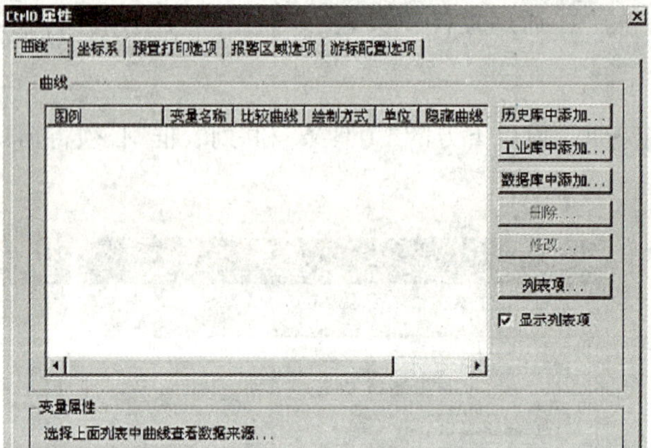

图 7-10　控件属性

历史趋势曲线属性窗口分为五个属性页：曲线属性页、坐标系属性页、预置打印选项属性页、报警区域选项属性页、游标配置选项属性页。

曲线属性页：在此属性页中用户可以利用“历史库中添加”、“工业库中添加”、“数据库中添加”等按钮添加历史曲线变量，并设置曲线的采样间隔（即：在历史曲线窗口中绘制一个点的时间间隔）。

单击此属性页中的“历史库中添加”按钮，弹出“增加曲线”对话框如图 7-11 所示。

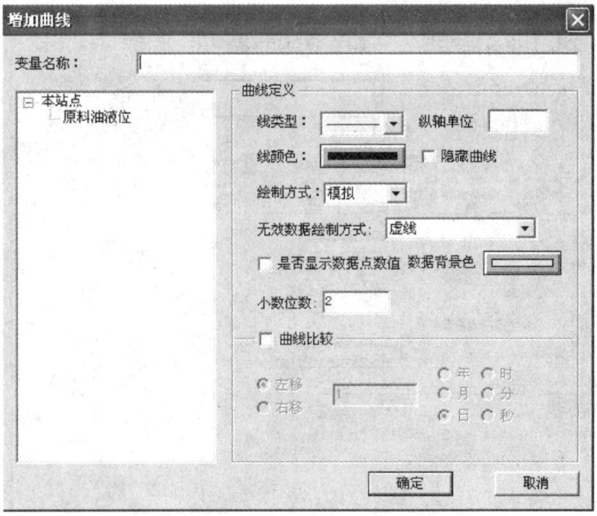

图 7-11 添加曲线

单击“本站点”左侧的“+”符号，系统将工程中所有设置了记录属性的变量显示出来，选择“原料油液位”变量后，此变量自动显示在“变量名称”后面的编辑框中。

其他属性设置如下：

线类型；线颜色；绘制方式：模拟。

单击“确定”按钮后关闭此窗口，设置的结果会显示在图 7-10 所示的窗口中。

坐标系属性页：历史曲线控件中的“坐标系属性页”对话框，如图 7-12 所示。

在此属性页中用户可以设置历史曲线控件的显示风格如：历史曲线控件背景颜色、坐标轴的显示风格、数据轴、时间轴的显示格式等等。在“数据轴” 中如果“按百分比显示”被选中后历史曲线变量将按照百分比的格式显示，否则按照实际数值显示历史曲线变量。

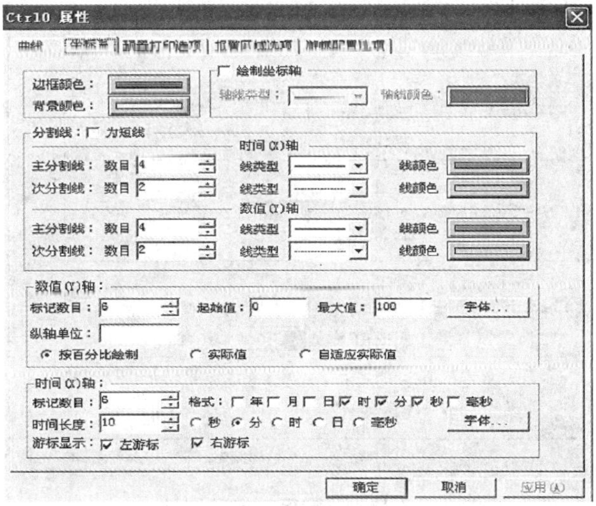

图 7-12 坐标系属性

预置打印选项属性页：历史曲线控件中的“预置打印选项属性页”对话框，如图 7-13 所示。

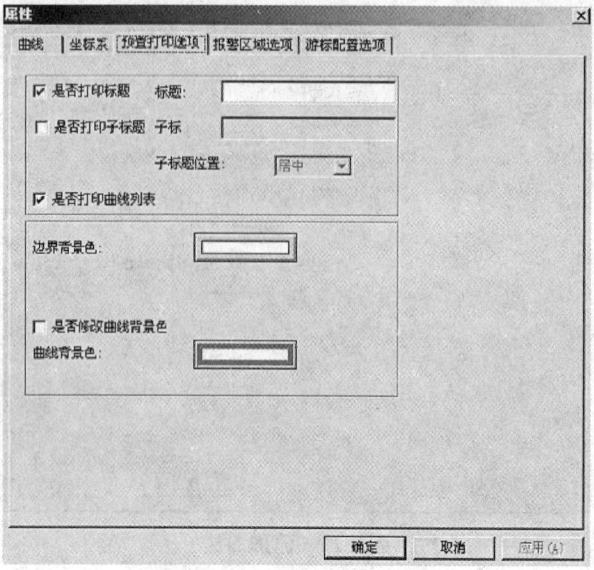

图 7-13　预置打印选项属性

在此属性页中用户可以设置历史曲线控件的打印格式及打印的背景颜色。

报警区域选项属性页：历史曲线控件中的“报警区域选项属性页”对话框，如图 7-14 所示。

在此属性页中用户可以设置历史曲线窗口中报警区域显示的颜色，包括：高高限报警区的颜色、高限报警区的颜色、低限报警区的颜色和低低限报警区的颜色及各报警区颜色显示的范围。通过报警区颜色的设置使用户对变量的报警情况一目了然。

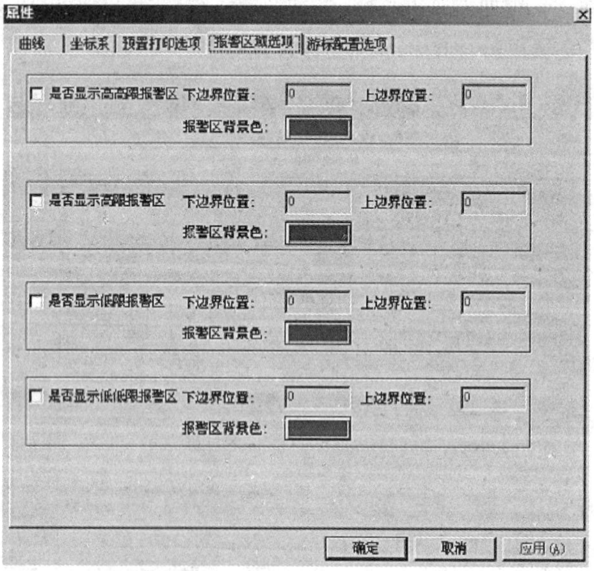

图 7-14　报警区域选项属性

游标配置选项属性页：历史曲线控件中的“游标配置选项属性页”对话框，如图 7-15 所示。

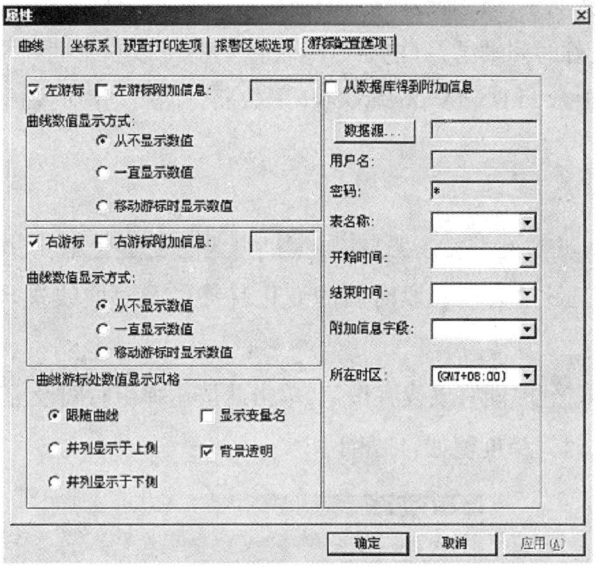

图 7-15　游标配置选项属性

在此属性页中设置历史曲线窗口左右游标在显示数值时的显示风格及显示的附加信息。

上述属性可由用户根据实际情况进行设置。

4. 单击“确定”按钮完成历史曲线控件编辑工作。

5. 单击“文件”菜单中的“全部存”命令，保存用户所作的设置。

6. 单击“文件”菜单中的“切换到 VIEW”命令，进入运行系统。系统默认运行的画面可能不是用户刚刚编辑完成的“历史趋势曲线画面”，用户可以通过运行界面中“画面”菜单中的“打开”命令将其打开后方可运行，如图 7-16 所示。

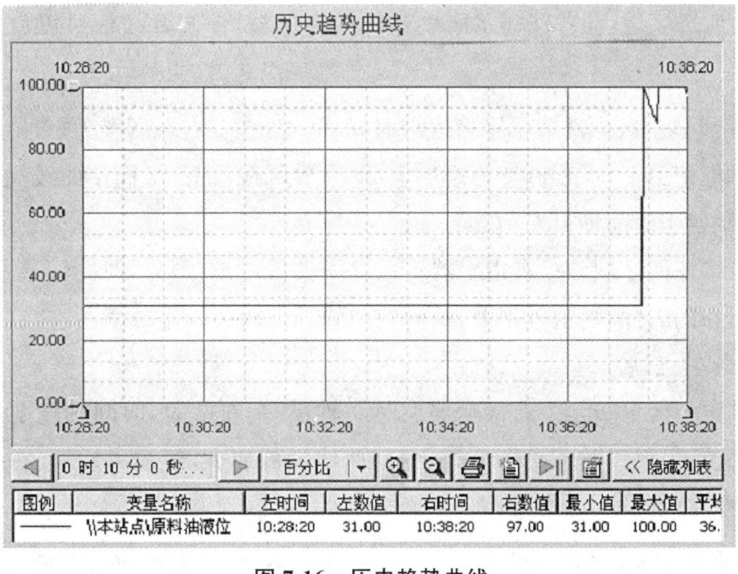

图 7-16　历史趋势曲线

运行时修改控件属性：

数据轴指示器又称数据轴游标，拖动数值轴（Y 轴）指示器，可以放大或缩小曲线在 Y 轴方向的长度，一般情况下，该指示器标记为变量量程的百分比。

时间轴指示器又称时间轴游标，拖动时间轴指示器可以获得曲线与时间轴指示器焦点的具体时间，与可以配合 HTGetValueScooter 函数获得曲线与时间轴指示器焦点的数值。

2.4 工具条的使用

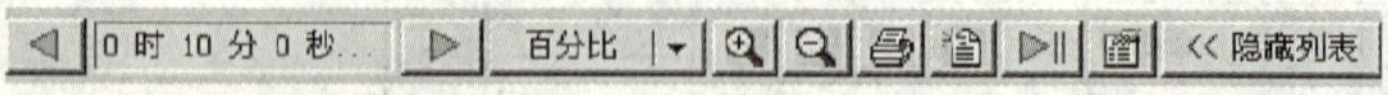

利用历史趋势曲线窗口中的工具条，可以查看变量过去任一段时间的变化趋势以及对曲线进行放大、缩小、打印等操作。

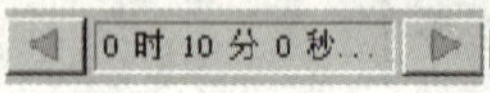

时间跨度设置按钮：单击此按钮弹出时间设置对话框，如图 7-17 所示。在对话框中输入时间跨度值如：1 分钟。

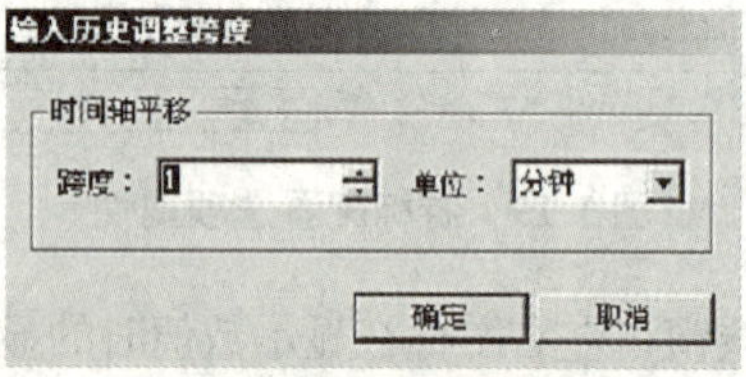

图 7-17　时间跨度设置

单击“确定”按钮后关闭此窗口，当用户点击“”或“”按钮时会向前或向右移动一个时间跨度（即：1 分钟）。

设置 Y 轴标记：设置趋势曲线显示风格：以百分比格式显示或以实际值格式显示。

放大所选区域：在曲线显示区中选择一个区域，单击此按钮可以放大当前区域中的曲线。

A. 当在曲线显示区中选取了矩形区域时，时间轴最左/右端调整为矩形左/右边界所在的时间，数值轴标记最上/下端调整为矩形上/下边界所在数值，从而使曲线局部放大，左/右指示器位置分别置于时间轴最左/右端。

B. 当未选定任何区域，左/右指示器不在时间轴最左/右端时，时间轴最左/右端调整为左/右指示器所在的时间，数值轴不变，从而使曲线局部放大。经放大后左/右指示器位置分别置于时间轴最左/右端。

C. 当未选定任何区域，左/右指示器在时间轴最左/右端时，时间轴宽度调整为原来的一半，保持中心位置不变，数值轴不变，从而使曲线局部放大，经放大后左/右指示器位置分别置于时间轴最左/右端。

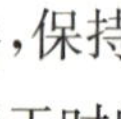缩小所选区域：在曲线显示区中选择一个区域，单击此按钮可以缩小当前区域中的

曲线。

A. 当在曲线显示区中选取了矩形区域时，矩形左/右边界所在的时间调整为时间轴最左/右端所在的时间，矩形上/下边界所在数值调整为数值轴最上/下端所在数值，从而使曲线局部缩小。经缩小后左/右指示器位置分别置于时间轴最左/右端。

B. 当未选定任何区域，左/右指示器不在时间轴最左/右端时，左/右指示器所在的时间调整为时间轴最左/右端所在的时间，数值轴不变，从而使曲线局部缩小。经缩小后左/右指示器位置分别置于时间轴最左/右端。

C. 当未选定任何区域，左/右指示器在时间轴最左/右端时，时间轴宽度调整为原来的二倍，保持中心位置不变，数值轴不变，从而使曲线局部缩小。经缩小后左/右指示器位置分别置于时间轴最左/右端。

打印窗口：单击此按钮打印当前曲线窗口。

将时间轴右端设为当前时间：单击此按钮将历史趋势曲线窗口时间轴右端的时间设置为当前时间。

设置参数：单击此按钮弹出参数设置对话框，如图 7-18 所示。

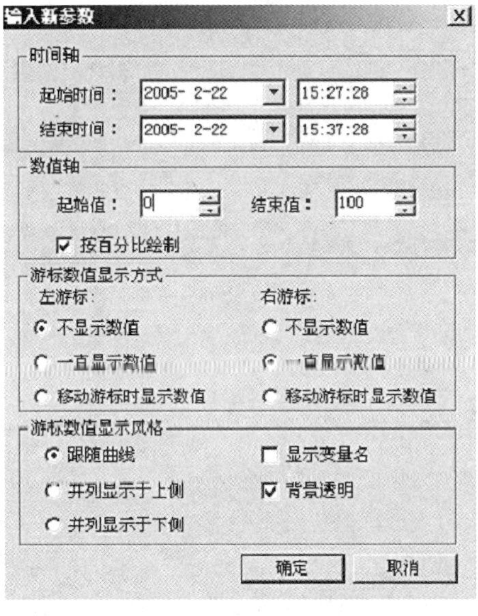

图 7-18 输入新参数

在此对话框中输入历史趋势曲线窗口的起止时间（即用户想查询历史曲线的时间）、数据轴的量程范围及游标显示风格等等。

显示/隐藏列表：单击此按钮可显示或隐藏变量列表区。

变量列表区主要用于显示变量的信息包括：变量名称、变量的最大值、最小值、平均值以及动态显示/隐藏指定的曲线等等。

在变量列表区上单击右键弹出下拉菜单,如图 7-19 所示。通过此下拉菜单可对历史曲线窗口中的曲线进行编辑。

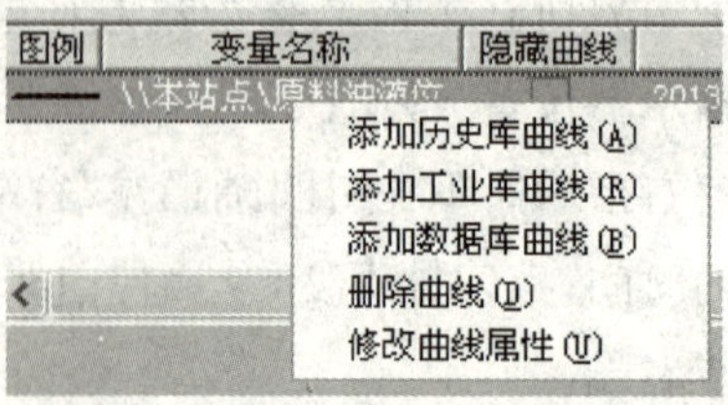

图 7-19 变量列表操作

课后复习

1. 在用户的工程中添加一个实时曲线画面。
2. 在用户的工程中添加一个历史曲线画面,熟悉通用历史曲线控件的各种使用方法。
3. 阅读组态王在线帮助中的历史趋势曲线控件的属性方法。

项目8　控　件

知识目标

（1）掌握控件的相关知识

（2）掌握控件的设置及使用方法

学习任务

任务1　使用XY控件

任务2　日历控件

相关知识

控件可以作为一个相对独立的程序单位被其他应用程序重复调用。控件的接口是标准的，凡是满足这些接口条件的控件，包括第三方软件供应商开发的控件，都可以被组态王直接调用。组态王中提供的控件在外观上类似于组合图素，工程人员只需把它放在画面上，然后配置控件的属性进行相应的函数连接，控件就能完成其复杂的功能。

任务1　使用XY控件

下面利用XY控件显示原料油液位与原料油罐压力之间的关系曲线，操作过程如下：

1. 新建一画面，名称为：XY控件画面。

2. 选择工具箱中的工具，在画面上输入文字：XY控件。

3. 单击工具箱中的“插入控件”工具，在弹出的创建控件窗口中双击“趋势曲线”类中的“X－Y轴曲线”控件。如图8-1所示。

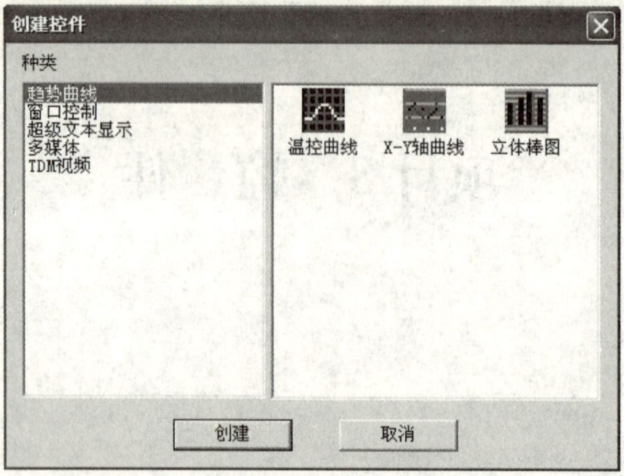

图 8-1　创建控件

在画面上绘制 XY 曲线窗口，如图 8-2 所示。

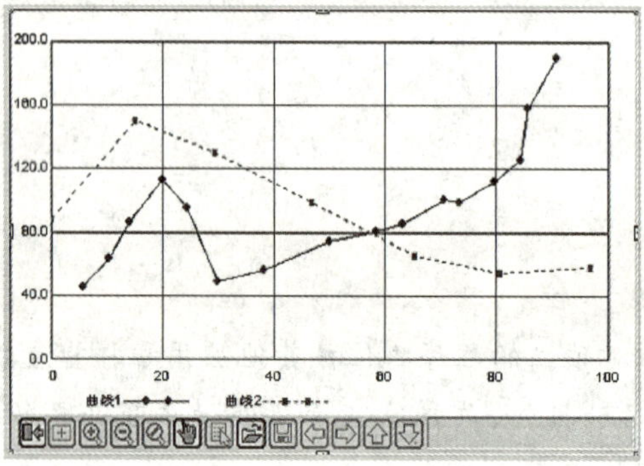

图 8-2　XY 曲线控件窗口

4. 选中并双击此控件，弹出控件属性设置对话框，如图 8-3 所示。

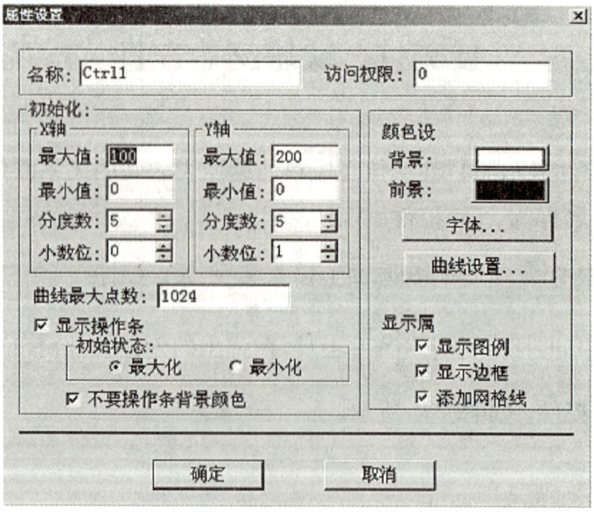

图 8-3　XY 控件属性设置对话框

在此窗口中用户可对控件的名称(名称设置为:控件 1)及控件窗口的显示风格进行设置。为使 XY 曲线控件实时反应变量值,需要为该控件添加命令语言。在本画面上单击右键,选中“画面属性”。单击“画面属性”的“命令语言”中输入如下脚本语言:

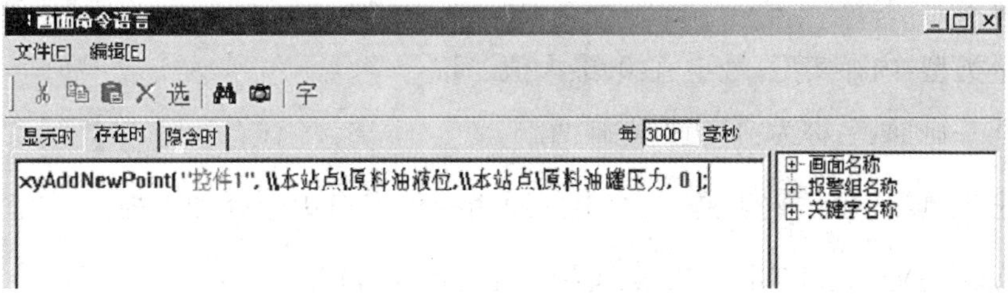

图 8-4　画面属性命令语言

5. 单击“文件”菜单中的“全部存”命令,保存用户所作的设置。

6. 单击“文件”菜单中的“切换到 VIEW”命令,进入运行系统。运行此画面,如图 8-5 所示。

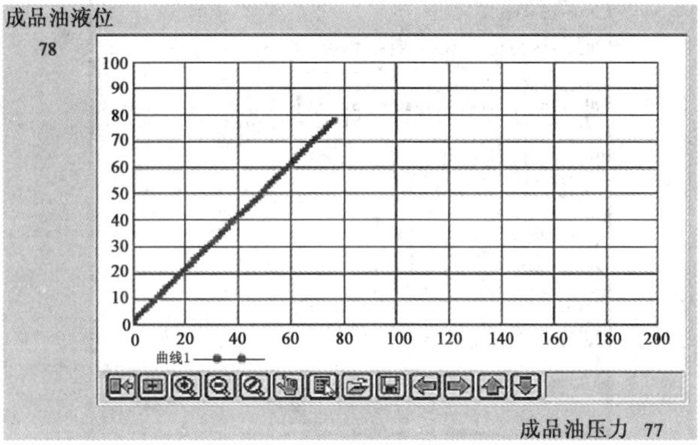

图 8-5　运行中的 XY 控件

任务 2　日历控件

组态王除了支持本身提供的各种控件外,还支持 Windows 标准的 Active X 控件,包括 Microsoft 提供的标准 Active X 控件和用户自制的 Active X 控件。Active X 控件的引入在很大程度上方便了用户,用户可以灵活地编制一个符合自身需要的控件或调用 个已有的标准控件来完成一项复杂的任务,而无须在组态王中做大量的复杂的工作。一般的 Active X 控件都具有属性、方法、事件,用户通过设置控件的这些属性、事件、方法来完成工作。

利用日历控件可实现在组态王中设置任一时间的功能,操作过程如下:

1. 在工程浏览器窗口的数据词典中定义三个内存实型变量:

a. 变量名:年变量

变量类型:内存实型;最小值:0;最大值:10000;

b. 变量名:月变量

变量类型:内存实型;最小值:0;最大值:12;

c. 变量名:日变量

变量类型:内存实型;最小值:0;最大值:31;

2. 新建一画面,名称为:日历控件画面。

3. 单击工具箱中的  工具,在弹出的通用控件窗口中选择如下控件,如图 8-6 所示。选择“Microsoft Date and Time Picker Control 6.0 (sp4)”。

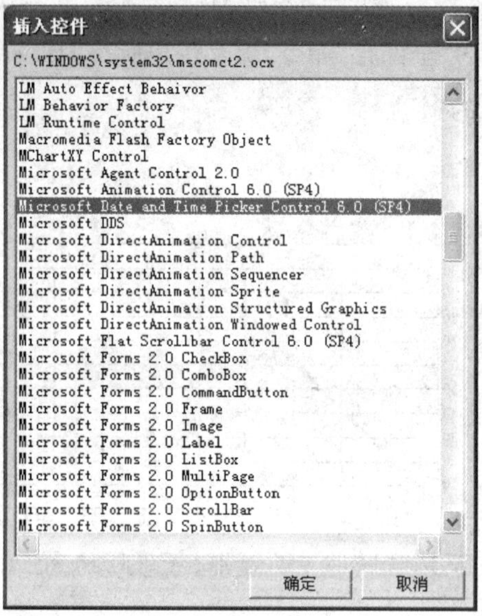

图 8-6 通用控件对话框

单击“确定”按钮,在画面中绘制一日历控件,如图 8-7 所示。

图 8-7 日历控件

如果组态王提示“无法创建控件”,应该在计算机上安装 Microsoft Office 2003 或 Visual Basic 6.0,并重启计算机。

4. 双击此控件弹出动画连接属性对话框,如图 8-8 所示。

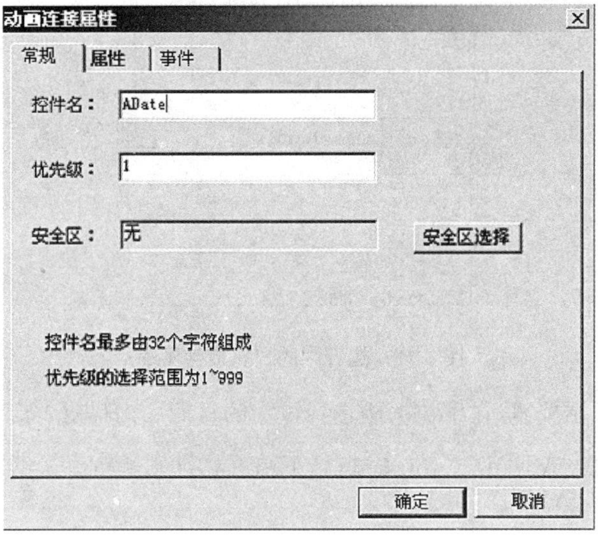

图 8-8　控件动画连接属性对话框

性控件名设置为：ADate

双击“事件”属性卡中的“CloseUp”事件，在弹出的事件命令语言对话框中输入如下命令语言，如图 8-9 所示。

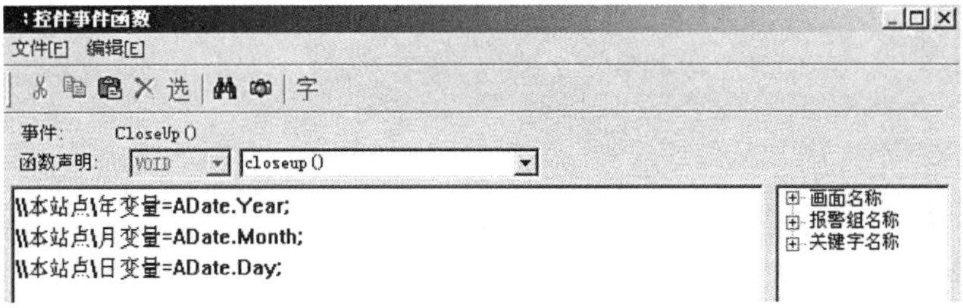

图 8-9　事件命令语言对话框

5. 关闭对话框，在画面中添加三个文本框，在文本框的“模拟值输出”动画中分别连接变量\\本站点\年变量、\\本站点\月变量、\\本站点\日变量，分别显示在日历控件中选择日期的年、月、日。

6. 单击“文件”菜单中的“全部存”命令，保存用户所作的设置。

7. 单击“文件”菜单中的“切换到 VIEW”命令，进入运行系统。运行此画面，如图 8-10 所示。

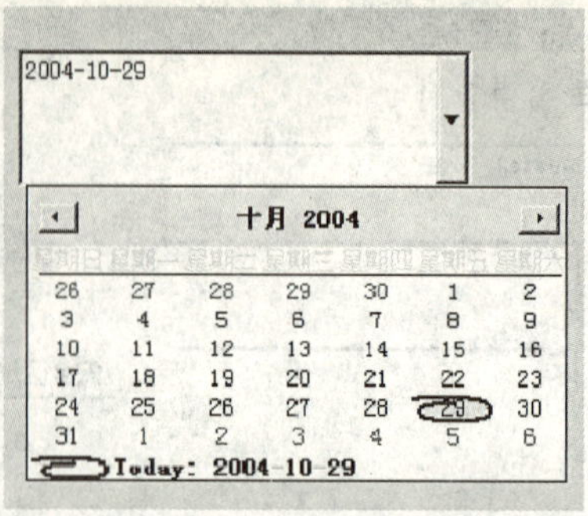

图 8-10　运行中的日历控件画面

单击控件中的下拉按钮,在下拉框中选择设定的日期后,日期的年、月、日分别显示在变量\\本站点\\ 年变量、\\本站点\\月变量、\\本站点\\日变量所连接的文本框中。

课后复习

1. 掌握温控曲线控件的使用。

2. 掌握日历控件的使用方法。

项目 9　报表系统

知识目标

（1）掌握实时报表的创建过程

（2）掌握历史报表的创建、查询过程

（3）了解报表向导工具并能创建日月年报等

学习任务

任务 1　实时数据报表

任务 2　历史数据报表

相关知识

数据报表是反映生产过程中的过程数据、运行状态等，并对数据进行记录、统计的一种重要工具，是生产过程必不可少的重要环节。它既能反映系统实时的生产情况又能对长期的生产过程数据进行统计、分析，使管理人员能够掌握和分析生产过程情况。

组态王提供内嵌式报表系统，工程人员可以任意设置报表格式，对报表进行组态。组态王为工程人员提供了丰富的报表函数，实现各种运算、数据转换、统计分析、报表打印等。既可以制作实时报表又可以制作历史报表。另外，工程人员还可以制作各种报表模板，实现多次使用，以免重复工作。

组态王 6.55 新增了报表向导工具，该工具可以以组态王的历史库或 KingHistorian 为数据源，快速建立所需的班报表、日报表、周报表、月报表、季报表和年报表。此外，还可以实现值的行列统计功能。大大减少了工程人员制作报表时的命令语言的编写。

任务 1　实时数据报表

1.1　创建实时数据报表

实时数据报表创建过程如下：

1. 新建一画面，名称为：实时数据报表画面。

2. 选择工具箱中的  工具，在画面上输入文字：实时数据报表。

3. 选择工具箱中的  工具，在画面上绘制一实时数据报表窗口，如图 9-1 所示。

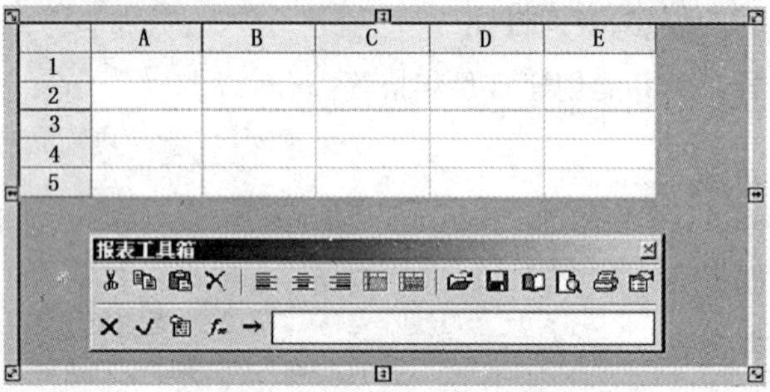

图 9-1　新建实时数据报表

“报表工具箱”会自动显示出来，双击窗口的灰色部分，弹出“报表设计”对话框，如图 9-2 所示。

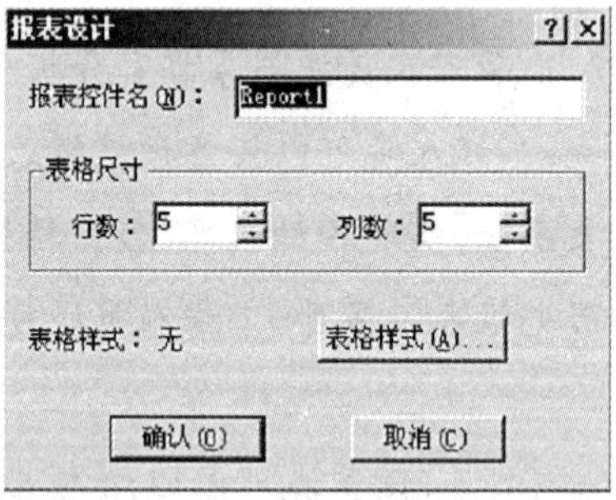

图 9-2　报表设计

对话框设置：报表控件名：Report1；行数：6；列数：10。

4. 输入静态文字：选中 A1 到 J1 的单元格区域，执行“报表工具箱”中的“合并单元格”命令并在合并完成的单元格中输入：实时数据报表演示。利用同样方法输入其他静态文字，如图 9-3 所示。

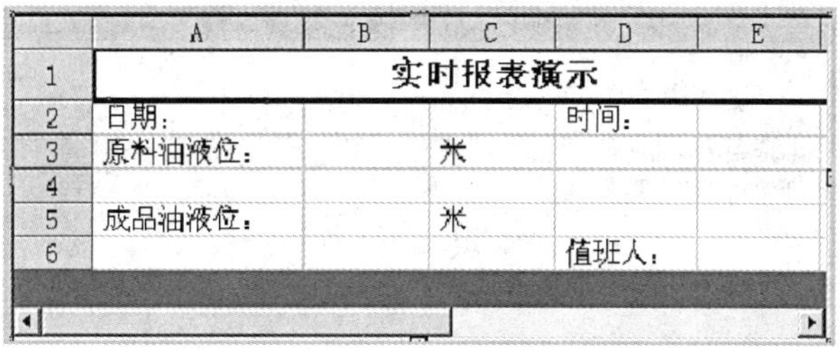

	A	B	C	D	E
1	实时报表演示				
2	日期:			时间:	
3	原料油液位:		米		
4					
5	成品油液位:		米		
6				值班人:	

图 9-3　输入静态文字

5. 插入动态变量:合并 B2 和 C2 单元格,并在合并完成的单元格中输入:=\\本站点\$日期。(变量的输入可以利用“报表工具箱”中的“插入变量”按钮实现)利用同样方法输入其他动态变量,如图 9-4 所示。

	A	B	C	D	E	F	G
1	实时报表演示						
2	日期:	=\\本站点\$日期		时间:	=\\本站点\$时间		
3	原料油液位:	=\\本站点\原料油液位	米				
4							
5	成品油液位:	=\\本站点\成品油液位	米				
6				值班人:	=\\本站点\$用户名		

图 9-4　插入动态变量

注:如果变量名前没有添加“=”符号的话此变量被当作静态文字来处理。

6. 单击“文件”菜单中的“全部存”命令,保存用户所作的设置。

7. 单击“文件”菜单中的“切换到 VIEW”命令,进入运行系统。系统默认运行的画面可能不是用户刚刚编辑完成的“实时数据报表画面”,通过运行界面中“画面”菜单中的“打开”命令将其打开后方可运行,如图 9-5 所示。

实时报表演示				
日期:	2006-11-12		时间:	19:14:06
原料油液位:	81.00	米		
成品油液位:	79.00	米		
			值班人:	无

图 9-5　运行效果

1.2　实时数据报表打印

一、实时数据报表自动打印设置

1. 在“实时数据报表画面”中添加一按钮,按钮文本为:实时数据报表自动打印。

2. 在按钮的弹起事件中输入如下命令语言:ReportPrint2(“Report1”,1);,如图 9-6 所示。

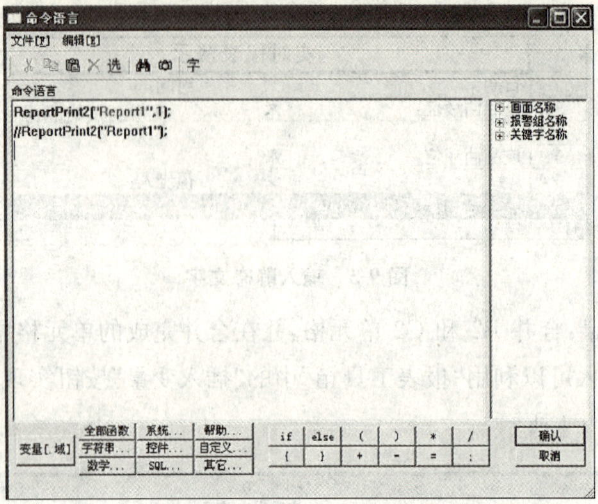

图 9-6　实时数据报表自动打印

3. 单击“确认”按钮关闭命令语言编辑框。当系统处于运行状态时，单击此按钮数据报表将被打印出来。

二、实时数据报表手动打印设置

1. 在“实时数据报表画面”中添加一按钮，按钮文本为：实时数据报表手动打印。

2. 在按钮的弹起事件中输入如下命令语言：ReportPrint2(“Report1”,0);，如图 9-7 所示。

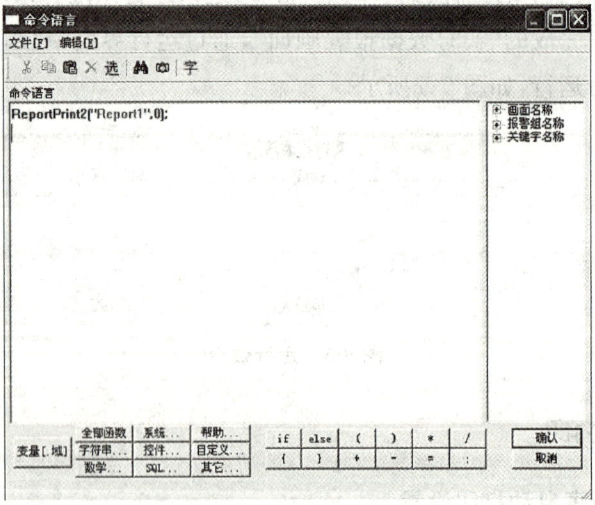

图 9-7　实时数据报表手动打印

3. 单击“确认”按钮关闭命令语言编辑框。

4. 当系统处于运行状态时，单击此按钮，弹出“打印属性”对话框，如图 9-8 所示。

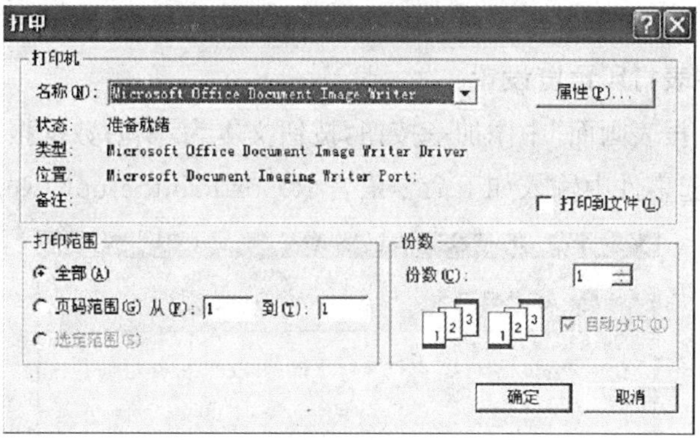

图 9-8　打印属性

5. 在“打印属性”对话框中做相应设置后，单击“确定”按钮，数据报表将被打印出来。

三、实时数据报表页面设置

1. 在“实时数据报表画面”中添加一按钮，按钮文本为：实时数据报表页面设置。
2. 在按钮的弹起事件中输入如下命令语言：ReportPageSetup(“Report1”);，如图 9-9 所示。

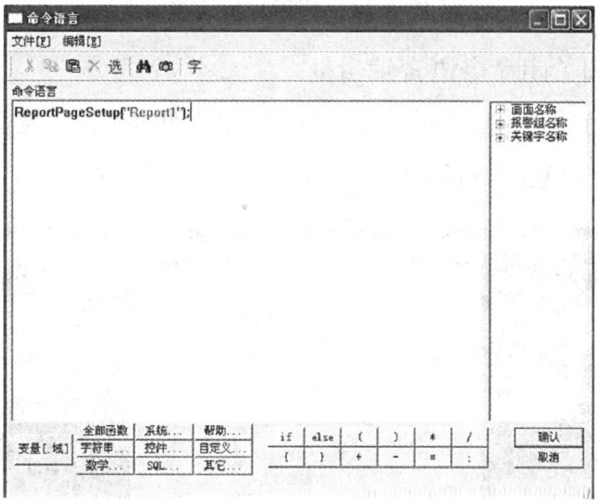

图 9-9　实时数据报表页面设置

3. 单击“确认”按钮关闭命令语言编辑框。
4. 当系统处于运行状态时，单击此按钮，弹出“页面设置”对话框，如图 9-10 所示。

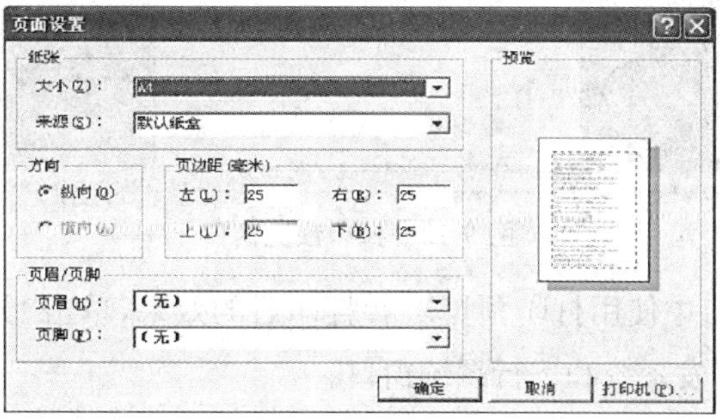

图 9-10　页面设置

5. 在“页面设置”对话框中对报表的页面属性做相应设置后，单击“确定”按钮，完成报表的页面设置。

四、实时数据报表打印预览设置

1. 在“实时数据报表画面”中添加一按钮，按钮文本为：实时数据报表打印预览。

2. 在按钮的弹起事件中输入如下命令语言 ReportPrintSetup(“Report1”);，如图 9-11。

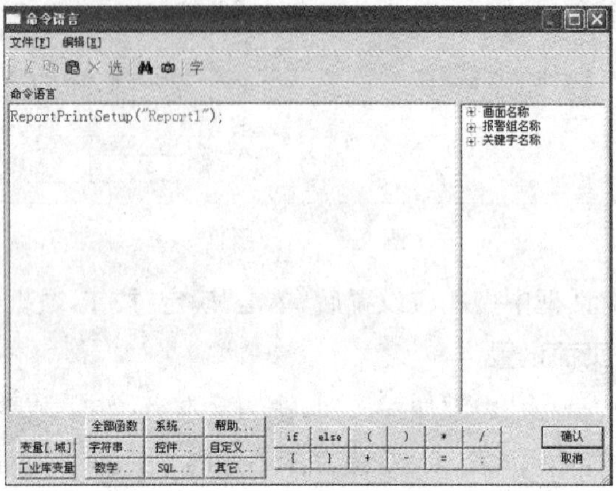

图 9-11　打印预览设置

3. 单击“确认”按钮关闭命令语言编辑框。

4. 当系统处于运行状态时，页面设置完毕后，单击此按钮，系统会自动隐藏组态王的开发系统和运行系统窗口，并进入打印预览窗口，如图 9-12 所示。

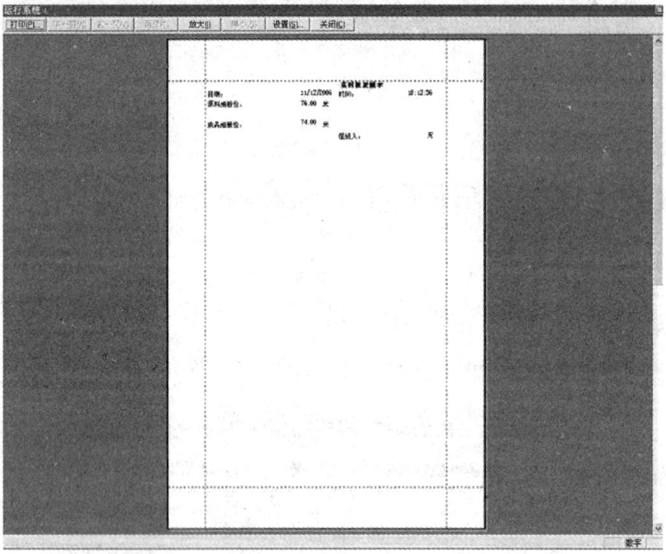

图 9-12　打印预览窗口

5. 在打印预览窗口中使用打印预览查看打印后的效果，单击“关闭”按钮结束预览，系统自动恢复组态王的开发系统和运行系统窗口。

1.3　实时数据报表的存储

实现以当前时间作为文件名将实时数据报表保存到指定文件夹下的操作过程如下：

1. 在当前工程路径下建立一文件夹：实时数据文件夹。
2. 在“实时数据报表画面”中添加一按钮，按钮文本为：保存实时数据报表。
3. 在按钮的弹起事件中输入如下命令语言，如图 9-13 所示。

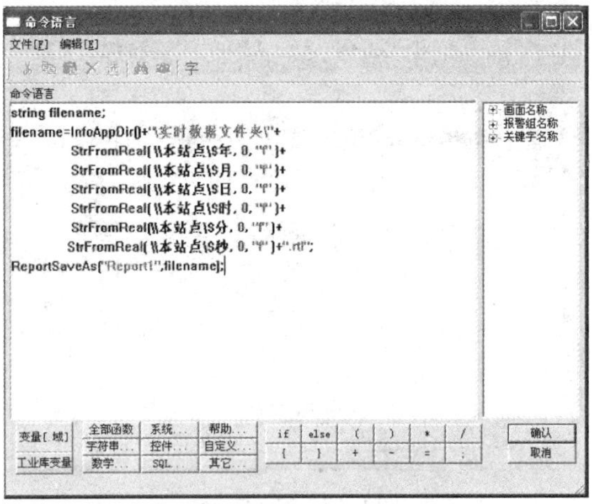

图 9-13　保存实时数据报表

命令语言如下所示：

```
string filename;
filename=InfoAppDir()+"实时数据文件夹\"+
          StrFromReal(\\本站点\$年, 0, "f")+
          StrFromReal(\\本站点\$月, 0, "f")+
          StrFromReal(\\本站点\$日, 0, "f")+
          StrFromReal(\\本站点\$时, 0, "f")+
          StrFromReal(\\本站点\$分, 0, "f")+
          StrFromReal(\\本站点\$秒, 0, "f")+".rtl";
ReportSaveAs("Report1",filename);
```

5. 单击“确认”按钮关闭命令语言编辑框。当系统处于运行状态时，单击此按钮数据报表将以当前时间作为文件名保存实时数据报表。

1.4　实时数据报表的查询

利用系统提供的命令语言可将实时数据报表以当前时间作为文件名保存在指定的文件夹中，对于已经保存到文件夹中的报表文件如何在组态王中进行查询呢？利用组态王提供的下拉式组合框与一报表窗口控件可以实现上述功能。

1. 在工程浏览器窗口的数据词典中定义一个内存字符串变量：
   变量名：报表查询变量；变量类型：内存字符串；初始值：空。
2. 新建一画面，名称为：实时数据报表查询画面。
3. 选择工具箱中的  工具，在画面上输入文字：实时数据报表查询。

4. 选择工具箱中的  工具,在画面上绘制一实时数据报表窗口,控件名称为:Report2。

5. 选择工具箱中的 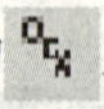 工具,在画面上插入一“下拉式组合框”控件,如图 9-14 所示。

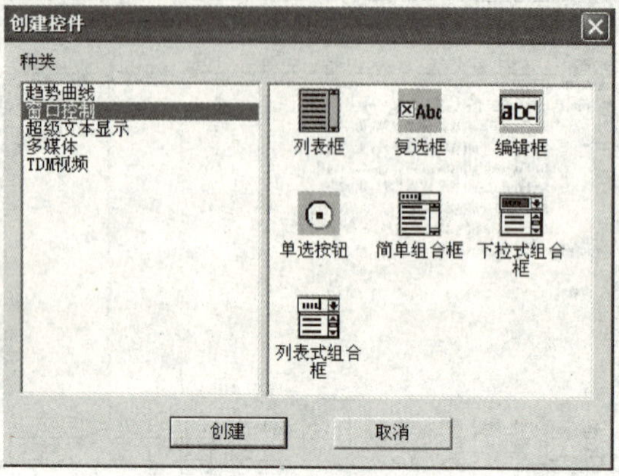

图 9-14 创建控件

双击此控件,打开控件属性设置如图 9-15 所示。

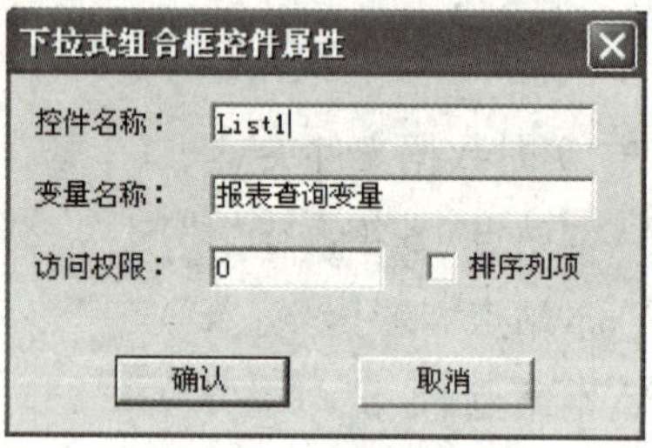

图 9-15 下拉式组合框

6. 在画面中单击鼠标右键,在画面属性的命令语言中输入如下命令语言,如图 9-16 所示。

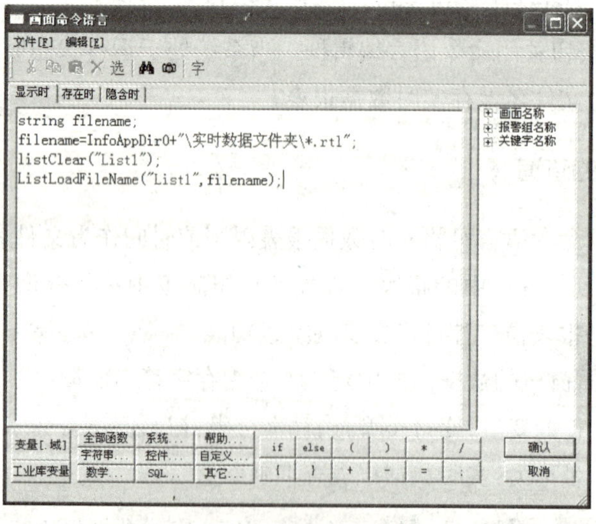

图 9-16 输入命令语言

命令语言如下所示：

string filename;

filename=InfoAppDir()+"\实时数据文件夹\ *.rtl";

ListClear("List1");

ListLoadFileName("List1",filename);

上述命令语言的作用是将已经保存到"当前组态王工程路径下实时数据文件夹"中的实时报表文件名称在下拉式组合框中显示出来。

7. 在画面中添加一按钮，按钮文本为：实时数据报表查询。

8. 在按钮的弹起事件中输入如下命令语言，如图9-17所示。

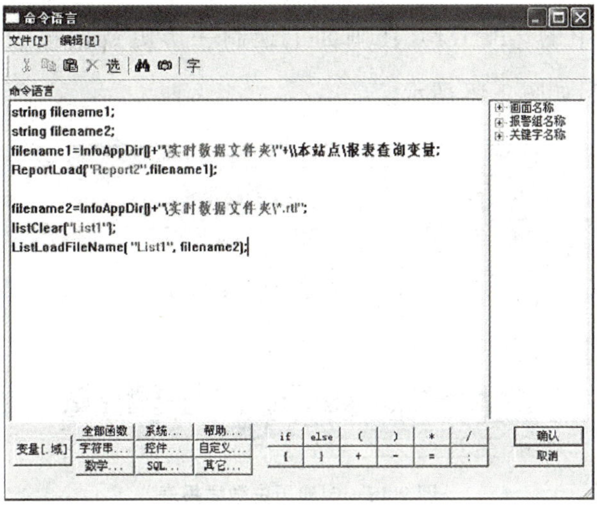

图9-17 输入命令语言

命令语言如下所示：

string filename1;

string filename2;

filename1=InfoAppDir()+"\实时数据文件夹\"+\\本站点\报表查询变量;

ReportLoad("Report2",filename1);

filename2=InfoAppDir()+"\实时数据文件夹\ *.rtl";

ListClear("List1");

ListLoadFileName("List1", filename2);

上述命令语言的作用是将下拉式组合框中选中的报表文件的数据显示在Report2报表窗口中，其中\\本站点\报表查询变量保存了下拉式组合框中选中的报表文件名。

9. 设置完毕后单击"文件"菜单中的"全部存"命令，保存用户所作的设置。

10. 单击"文件"菜单中的"切换到VIEW"命令，运行此画面。当用户单击下拉式组合框控件时保存在指定路径下的报表文件全部显示出来，选择任一报表文件名，单击"实时数据报表查询"按钮后此报表文件中的数据会在报表窗口中显示出来，从而达到了实时数据报表查询的目的。

任务 2　历史数据报表

2.1　创建历史数据报表

历史数据报表创建过程如下：

1. 新建一画面，名称为：历史数据报表画面。

2. 选择工具箱中的 T 工具，在画面上输入文字：历史数据报表。

3. 选择工具箱中的 工具，在画面上绘制一历史数据报表窗口，控件名称为：Report5，并设计表格，如图 9-18 所示。

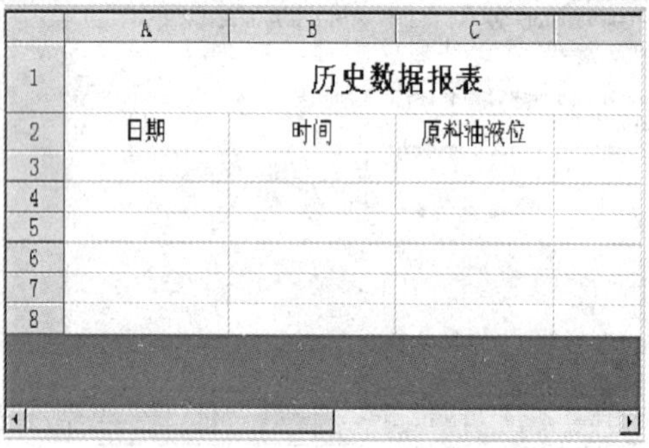

图 9-18　创建历史数据报表

2.2　历史数据报表查询

利用组态王提供的 ReportSetHistData2 函数可从组态王记录的历史库中按指定的起始时间和时间间隔查询指定变量的数据，设置过程如下：

1. 在画面中添加一按钮，按钮文本为：历史数据报表查询。

2. 在按钮的弹起事件中输入如下命令语言：ReportSetHistData2(2,1);，如图 9-19 所示。

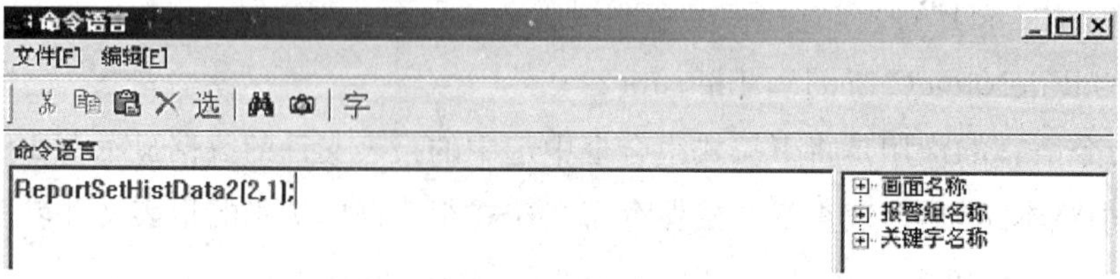

图 9-19　输入命令语言

3. 设置完毕后单击“文件”菜单中的“全部存”命令，保存用户所作的设置。

4. 单击“文件”菜单中的“切换到 VIEW”命令，运行此画面。单击“历史数据报表查询”

按钮，弹出报表历史查询对话框，如图 9-20 所示。

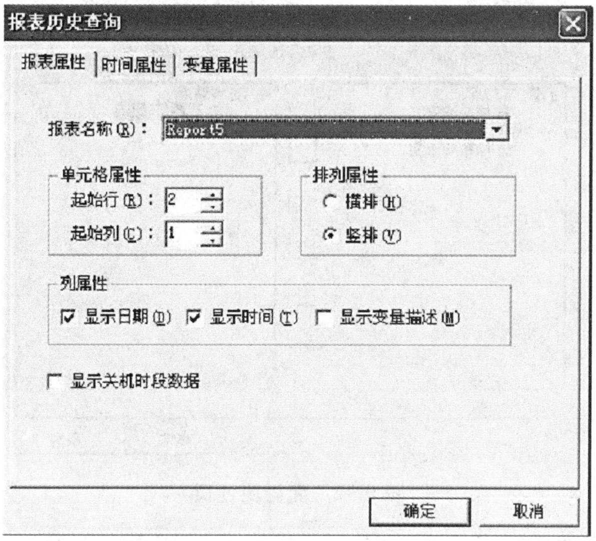

图 9-20　报表历史查询对话框

报表历史查询对话框分三个属性页：报表属性页、时间属性页、变量属性页。

报表属性页：在报表属性页中用户可以设置报表查询的显示格式，此属性页设置如图 9-20所示。

时间属性页：在时间属性页中用户可以设置查询的起止时间以及查询的时间间隔，如图 9-21 所示。

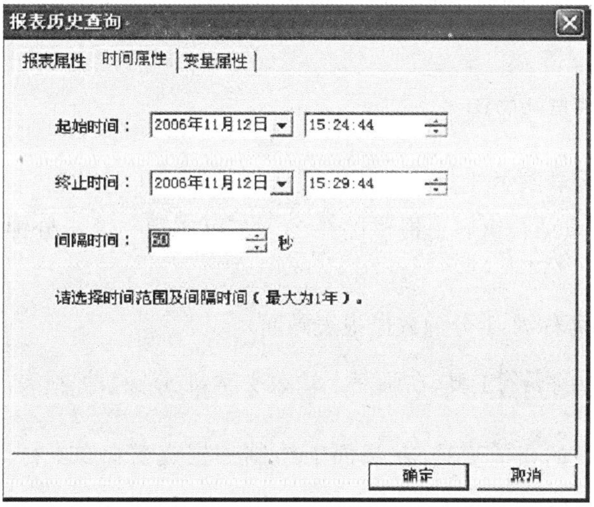

图 9-21　时间属性页

变量属性页：在变量属性页中用户可以选择欲查询历史数据的变量，如图 9-22 所示。

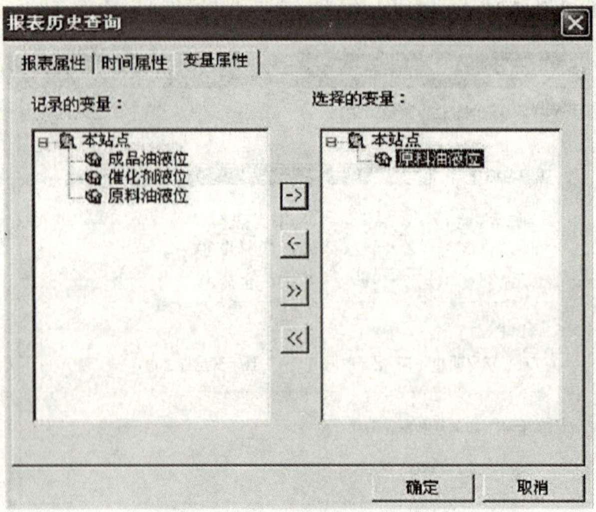

图 9-22　变量属性页

5. 设置完毕后单击“确定”按钮，原料油液位变量的历史数据即可显示在历史数据报表控件中，从而达到了历史数据查询的目的，如图 9-23 所示。

历史数据报表				
日期	时间	原料油液位		
06/11/12	15:24:44	80.00		
06/11/12	15:25:44	31.00		
06/11/12	15:26:44	80.00		
06/11/12	15:27:44	31.00		
06/11/12	15:28:44	80.00		
06/11/12	15:29:44	85.00		

图 9-23　历史数据显示

2.3　历史数据报表的其他应用

一、1 分钟数据报表演示

利用报表窗口工具结合组态王提供的命令语言可实现一个 1 分钟的数据报表，设置过程如下：

1. 新建一画面，名称为：1 分钟数据报表画面。

2. 选择工具箱中的  工具，在画面上输入文字：1 分钟数据报表。

3. 选择工具箱中的  工具，在画面上绘制一报表窗口（64 行 5 列），控件名称为：Report6，并设计表格，如图 9-24 所示。

	A	B	C	D
1	1分钟数据报表演示			
2	日期：			
3	时 间	原料油液位	催化剂液位	成品油液位
4				
5				
6				
7				

图 9-24　创建 1 分钟数据报表

4. 在工程浏览器窗口左侧“工程目录显示区”中选择“命令语言”中的“数据改变命令语言”选项，在右侧“目录内容显示区”中双击“新建”图标，在弹出的编辑框中输入如下脚本语言，如图 9-25 所示。

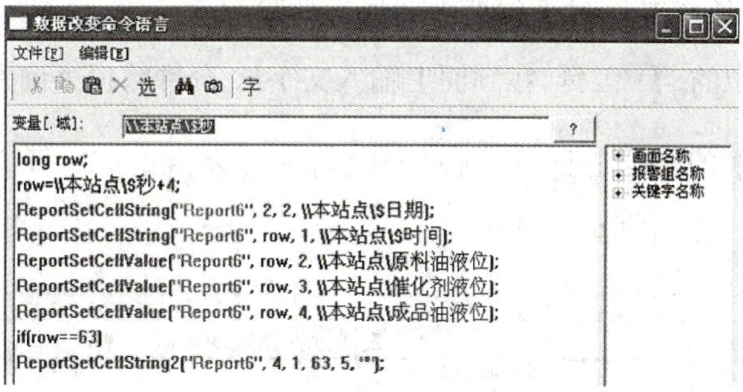

图 9-25　输入命令语言

命令语言如下所示：当系统变量\\本站点\＄秒 变化时，执行该脚本程序

```
long row;
row=\\本站点\＄秒+4;
ReportSetCellString(“Report6”, 2, 2, \\本站点\＄日期);
ReportSetCellString(“Report6”, row, 1, \\本站点\＄时间);
ReportSetCellValue(“Report6”, row, 2, \\本站点\原料油液位);
ReportSetCellValue(“Report6”, row, 3, \\本站点\催化剂液位);
ReportSetCellValue(“Report6”, row, 4, \\本站点\成品油液位);
If(row= =63)
ReportSetCellString2(“Report6”, 5, 1, 63, 5, “”);
```

上述命令语言的作用是将\\本站点\原料油液位、\\本站点\催化剂液位 和\\本站点\成品油液位变量每秒钟的数据自动写入报表控件中。

5. 设置完毕后单击“文件”菜单中的“全部存”命令，保存用户所作的设置。

6. 单击“文件”菜单中的“切换到 VIEW”命令，运行此画面。系统自动将数据写入报表控件中，如图 9-26 所示。

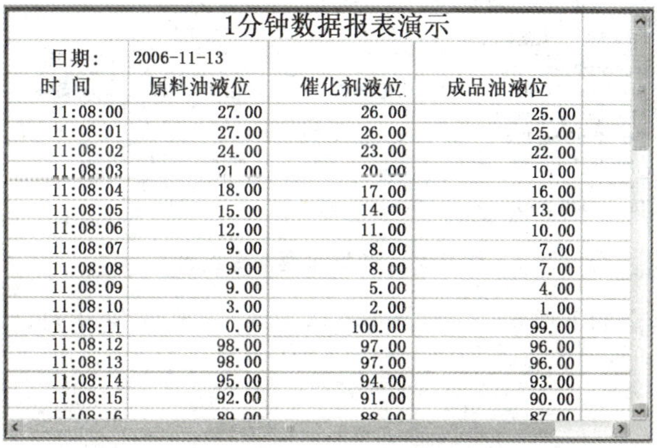

1分钟数据报表演示

日期：	2006-11-13		
时 间	原料油液位	催化剂液位	成品油液位
11:08:00	27.00	26.00	25.00
11:08:01	27.00	26.00	25.00
11:08:02	24.00	23.00	22.00
11:08:03	21.00	20.00	10.00
11:08:04	18.00	17.00	16.00
11:08:05	15.00	14.00	13.00
11:08:06	12.00	11.00	10.00
11:08:07	9.00	8.00	7.00
11:08:08	9.00	8.00	7.00
11:08:09	9.00	5.00	4.00
11:08:10	3.00	2.00	1.00
11:08:11	0.00	100.00	99.00
11:08:12	98.00	97.00	96.00
11:08:13	98.00	97.00	96.00
11:08:14	95.00	94.00	93.00
11:08:15	92.00	91.00	90.00
11:08:16	89.00	88.00	87.00

图 9-26　将数据写入报表控件中

二、1 分钟数据查询报表演示(间隔时间为 2 秒钟)

利用组态王历史数据查询函数 ReportSetHistData() 实现定时自动查询历史数据,并获取 1 分钟数据的平均值,设置过程如下:

1. 新建一画面,名称为:1 分钟数据查询报表画面。

2. 选择工具箱中的  工具,在画面上输入文字:1 分钟数据查询报表。

3. 选择工具箱中的  工具,在画面上绘制一报表窗口(33 行 5 列),控件名称为:Report7,并设计表格,在如图 9-27 所示。

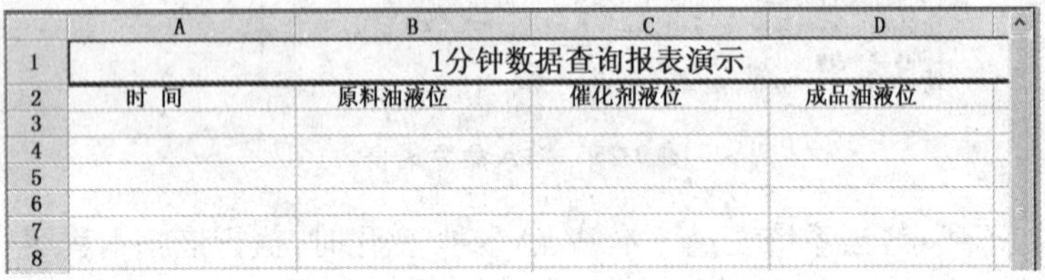

图 9-27　创建控件

4. 在报表窗口的 b33 单元格中填写“=Average(‘b3:b32’)”,c33 单元格中填写“=Average(‘c3:c32’)”,d33 单元格中填写“=Average(‘d3:d32’)”,如图 9-28 所示。

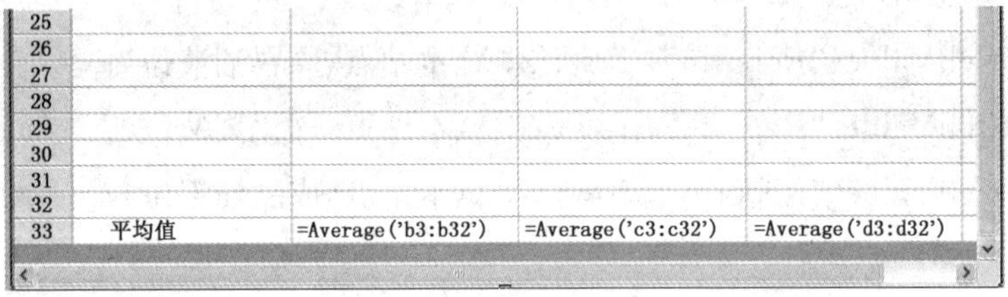

图 9-28　单元格设计

5. 在工程浏览器窗口左侧“工程目录显示区”中选择“命令语言”中的“数据改变命令语言”选项,在右侧“目录内容显示区”中双击“新建”图标,在弹出的编辑框中输入如下脚本语言,如图 9-29 所示。

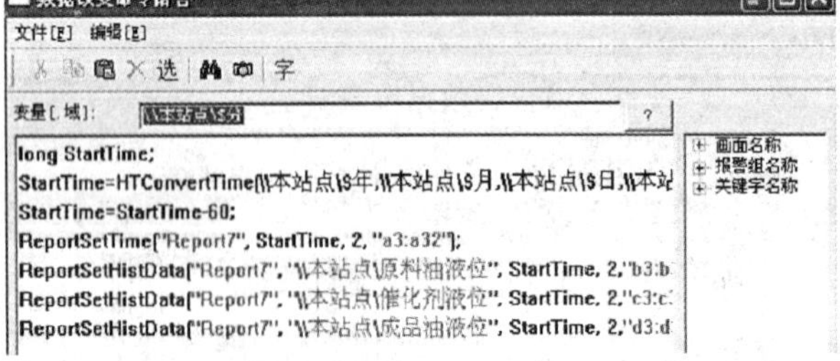

图 9-29　数据改变命令语言

数据改变命令语言如下所示:当系统变量\\本站点\$分 变化时,执行该脚本程序

long StartTime;

StartTime＝HTConvertTime(\\本站点\＄年,\\本站点\＄月,\\本站点\＄日,\\本站点\＄时,\\本站点\＄分,0); StartTime＝StartTime－60;

ReportSetTime("Report7", StartTime, 2, "a3:a32");

ReportSetHistData("Report7", "\\本站点\原料油液位", StartTime, 2,"b3:b32");

ReportSetHistData("Report7", "\\本站点\催化剂液位", StartTime, 2,"c3:c32");

ReportSetHistData("Report7", "\\本站点\成品油液位", StartTime, 2,"d3:d32");

上述命令语言的作用是查询\\本站点\原料油液位、\\本站点\催化剂液位 和\\本站点\成品油液位 变量当前时间前一分钟的数据,查询间隔为 2 秒,把时间显示在报表 Report7 的 a3 到 a32 单元格中,数据的查询结果分别显示在报表 Report7 的 b3 到 b32、c3 到 c32 和 d3 到 d32 单元格中。

6. 设置完毕后单击"文件"菜单中的"全部存"命令,保存用户所作的设置。

7. 单击"文件"菜单中的"切换到 VIEW"命令,运行此画面。系统自动将数据写入报表控件中,如图 9-30 所示。

1分钟数据查询报表演示

时　间	原料油液位	催化剂液位	成品油液位
2006/11/13 12:17:00	63.00	62.00	61.00
2006/11/13 12:17:02	57.00	56.00	55.00
2006/11/13 12:17:04	51.00	50.00	49.00
2006/11/13 12:17:06	48.00	47.00	46.00
2006/11/13 12:17:08	42.00	41.00	40.00
2006/11/13 12:17:10	36.00	35.00	34.00
2006/11/13 12:17:12	33.00	32.00	31.00
2006/11/13 12:17:14	27.00	26.00	25.00
2006/11/13 12:17:16	21.00	20.00	19.00
2006/11/13 12:17:18	18.00	17.00	16.00
2006/11/13 12:17:20	12.00	11.00	10.00
2006/11/13 12:17:22	6.00	5.00	4.00
2006/11/13 12:17:24	3.00	2.00	1.00
2006/11/13 12:17:26	98.00	97.00	96.00
2006/11/13 12:17:28	95.00	94.00	93.00
2006/11/13 12:17:30	89.00	88.00	87.00
2006/11/13 12:17:32	83.00	82.00	81.00
2006/11/13 12:17:34	80.00	79.00	78.00
2006/11/13 12:17:36	74.00	73.00	72.00
2006/11/13 12:17:38	68.00	67.00	66.00
[illegible]	[illegible]	[illegible]	[illegible]

图 9-30　演示结果

8. 在 1 分钟数据查询报表中,\\本站点\原料油液位、\\本站点\催化剂液位 和\\本站点\成品油液位变量的查询结果的平均值分别显示在 b33、c33 和 d33 单元格中,如图 9-31 所示。

2006/11/13 12:18:16	73.00	72.00	71.00
2006/11/13 12:18:18	70.00	69.00	68.00
2006/11/13 12:18:20	64.00	63.00	62.00
2006/11/13 12:18:22	58.00	57.00	56.00
2006/11/13 12:18:24	55.00	54.00	53.00
2006/11/13 12:18:26	49.00	48.00	47.00
2006/11/13 12:18:28	43.00	42.00	41.00
2006/11/13 12:18:30	40.00	39.00	38.00
2006/11/13 12:18:32	34.00	33.00	32.00
2006/11/13 12:18:34	28.00	27.00	26.00
2006/11/13 12:18:36	25.00	24.00	23.00
2006/11/13 12:18:38	19.00	18.00	17.00
2006/11/13 12:18:40	13.00	12.00	11.00
2006/11/13 12:18:42	10.00	9.00	8.00
2006/11/13 12:18:44	4.00	3.00	2.00
2006/11/13 12:18:46	1.00	0.00	100.00
2006/11/13 12:18:48	96.00	95.00	94.00
2006/11/13 12:18:50	93.00	92.00	91.00
2006/11/13 12:18:52	90.00	89.00	88.00
2006/11/13 12:18:54	84.00	83.00	82.00
2006/11/13 12:18:56	78.00	77.00	76.00
2006/11/13 12:18:58	75.00	74.00	73.00
	52.60	51.60	53.97

图 9-31　查询结果

2.4 创建日报表

日报表实现的功能：显示一天 24 小时中整点的数据，并在日报中计算出当天的累积量和平均量。

利用报表向导工具创建日报表过程如下：

1. 新建一画面，名称为：日报表画面。

2. 选择工具箱中的 T 工具，在画面上输入文字：日报表。

3. 选择工具箱中的工具，在画面上绘制一报表窗口，控件名称为：Report8。

4. 选中新建的报表窗口，弹出报表工具箱对话框。单击报表工具箱的 -> 按钮，弹出如图 9-32 所示的对话框。

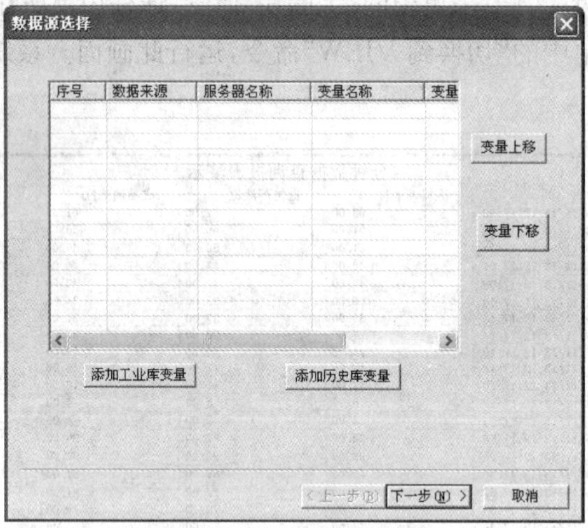

图 9-32　创建日报表

5. 在上面的对话框中，可以选择添加工业库变量（在配置了工业库的情况下）或添加历史库变量。在本教材中，我们以添加历史变量为例进行说明。点击“添加历史变量”按钮，弹出如图 9-33 所示的对话框。

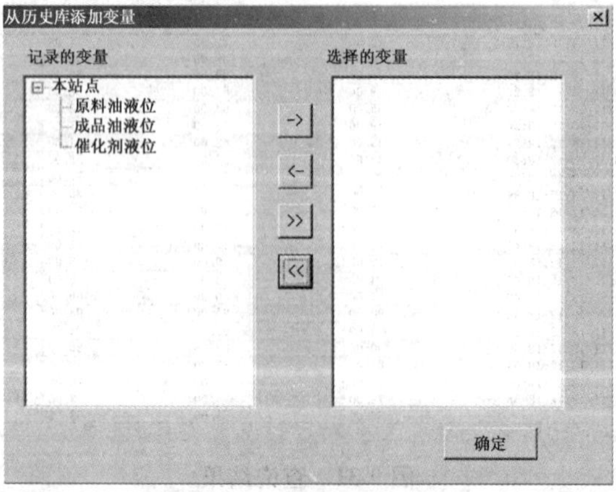

图 9-33　添加历史库变量

6. 在记录的变量列表中选择要添加的历史库变量，单击 -> 按钮将其添加到“选择的变量”列表中，或单击 >> 按钮添加所有变量。添加的变量将会在图 9-33 的选择的变量列表中显示，选择完成后，单击“确定”按钮，显示图 9-34 的对话框。

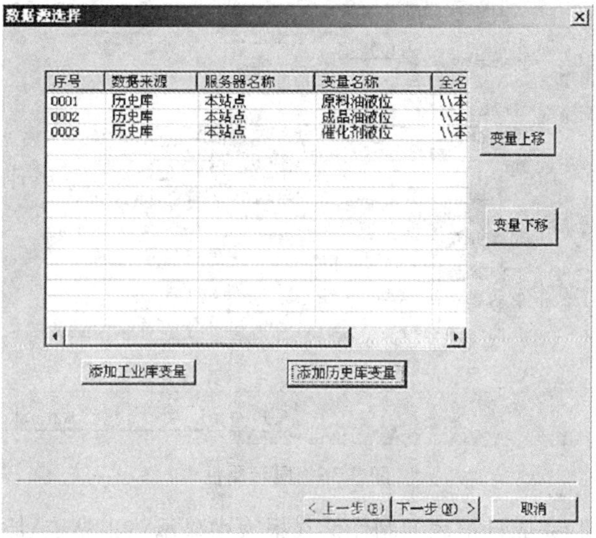

图 9-34 变量选择对话框

7. 选择的变量在图 9-34 中显示的顺序与报表中的显示顺序是一致的，如果想调整某个变量顺序，可单击选中该变量，通过“变量上移”“变量下移”按钮调整变量在窗口中的显示顺序。之后，点击“下一步”，显示如图 9-35 所示。

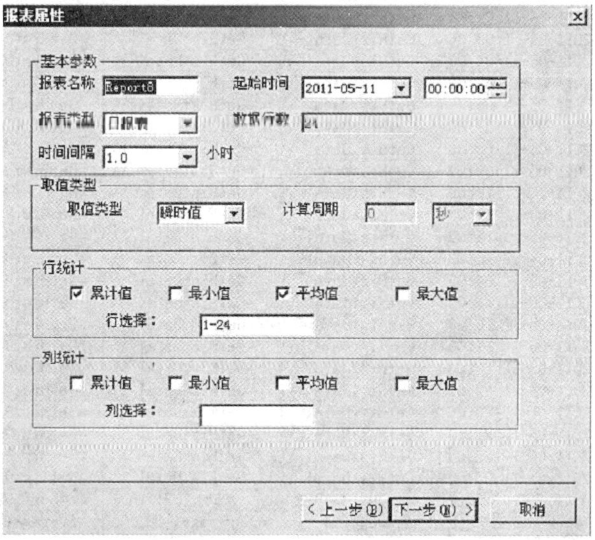

图 9-35 报表属性对话框

8. “报表名称”默认为所编辑报表的名称，不必设置，根据我们制作日报表的要求，设置的参数在图 9-35 已经都设置完成了，在此需要说明的是“行统计”这个参数中“行选择”是需要统计的报表的行设置，此处设置 1—24，也就是将填充数据行的第 1 行一直到第 24 行都要进行统计，这个地方是不需要考虑表头的。“列选择”同理。点击“下一步”，弹出如图 9-36 所示的对话框。

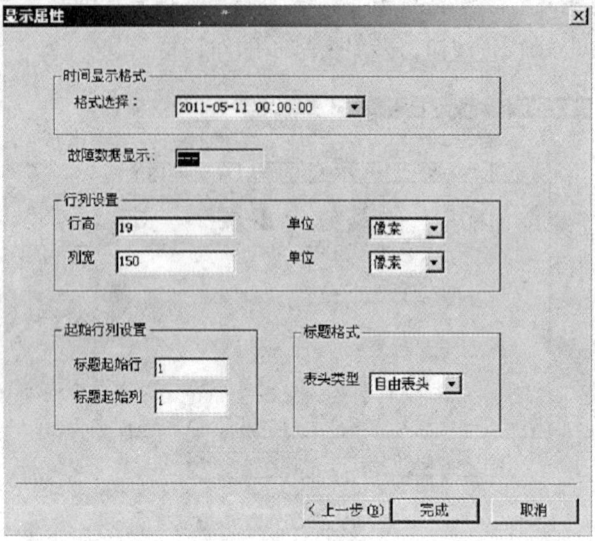

图 9-36　显示属性

9. 点“完成”按钮，完成日报表的制作。在报表中显示\\本站点\原料油液位、\\本站点\催化剂液位和\\本站点\成品油液位 变量的整点数据以及一天中的累加值和平均值，如图 9-37 所示。将画面保存一下，进入运行系统就可以看到生成的日报了。

	A	B	C	D
1		\\本站点\原料油液位	\\本站点\成品油	\\本站点\催化剂
2	2011-05-11 00:00	=GetHistData("\\	=GetHistData("\\	=GetHistData("\\
3	2011-05-11 01:00	=GetHistData("\\	=GetHistData("\\	=GetHistData("\\
4	2011-05-11 02:00	=GetHistData("\\	=GetHistData("\\	=GetHistData("\\
5	2011-05-11 03:00	=GetHistData("\\	=GetHistData("\\	=GetHistData("\\
6	2011-05-11 04:00	=GetHistData("\\	=GetHistData("\\	=GetHistData("\\
7	2011-05-11 05:00	=GetHistData("\\	=GetHistData("\\	=GetHistData("\\
8	2011-05-11 06:00	=GetHistData("\\	=GetHistData("\\	=GetHistData("\\
9	2011-05-11 07:00	=GetHistData("\\	=GetHistData("\\	=GetHistData("\\
10	2011-05-11 08:00	=GetHistData("\\	=GetHistData("\\	=GetHistData("\\
11	2011-05-11 09:00	=GetHistData("\\	=GetHistData("\\	=GetHistData("\\
12	2011-05-11 10:00	=GetHistData("\\	=GetHistData("\\	=GetHistData("\\
13	2011-05-11 11:00	=GetHistData("\\	=GetHistData("\\	=GetHistData("\\
14	2011-05-11 12:00	=GetHistData("\\	=GetHistData("\\	=GetHistData("\\
15	2011-05-11 13:00	=GetHistData("\\	=GetHistData("\\	=GetHistData("\\
16	2011-05-11 14:00	=GetHistData("\\	=GetHistData("\\	=GetHistData("\\
17	2011-05-11 15:00	=GetHistData("\\	=GetHistData("\\	=GetHistData("\\
18	2011-05-11 16:00	=GetHistData("\\	=GetHistData("\\	=GetHistData("\\
19	2011-05-11 17:00	=GetHistData("\\	=GetHistData("\\	=GetHistData("\\
20	2011-05-11 18:00	=GetHistData("\\	=GetHistData("\\	=GetHistData("\\
21	2011-05-11 19:00	=GetHistData("\\	=GetHistData("\\	=GetHistData("\\
22	2011-05-11 20:00	=GetHistData("\\	=GetHistData("\\	=GetHistData("\\
23	2011-05-11 21:00	=GetHistData("\\	=GetHistData("\\	=GetHistData("\\
24	2011-05-11 22:00	=GetHistData("\\	=GetHistData("\\	=GetHistData("\\
25	2011-05-11 23:00	=GetHistData("\\	=GetHistData("\\	=GetHistData("\\
26	累加值	=Sum('B2:B25')	=Sum('C2:C25')	=Sum('D2:D25')
27	平均值	=Average('B2','B	=Average('C2','C	=Average('D2','D

图 9-37　日报表

注：在运行系统中，利用 ReportSetStartTime 函数可以修改报表的起始时间。

课后复习

1. 制作一个实时报表。
2. 制作一个历史数据查询。
3. 练习报表的保存、打印、查询等功能。
4. 用报表向导工具制作周报、月报、年报等。

项目 10　用户管理与权限

知识目标

（1）了解组态王的用户配置过程

（2）了解组态王系统安全配置过程

学习任务

任务 1　设置用户的安全区与权限

任务 2　设置图形对象的安全区与权限

相关知识

在组态王系统中，为了保证运行系统的安全运行，对画面上的图形对象设置了访问权限，同时给操作者分配了访问优先级和安全区，只有操作者的优先级大于对象的优先级且操作者的安全区在对象的安全区内时才可访问，否则不能访问画面中的图形对象。

任务 1　设置用户的安全区与权限

优先级分 1～999 级，1 级最低 999 级最高。每个操作者的优先级别只有一个。系统安全区共有 64 个，用户在进行配置时。每个用户可选择除“无”以外的多个安全区，即一个用户可有多个安全区权限。用户安全区及权限设置过程如下：

1. 在工程浏览器窗口左侧“工程目录显示区”中双击“系统配置”中的“用户配置”选项，弹出创建用户和安全区配置对话框，如图 10-1 所示。

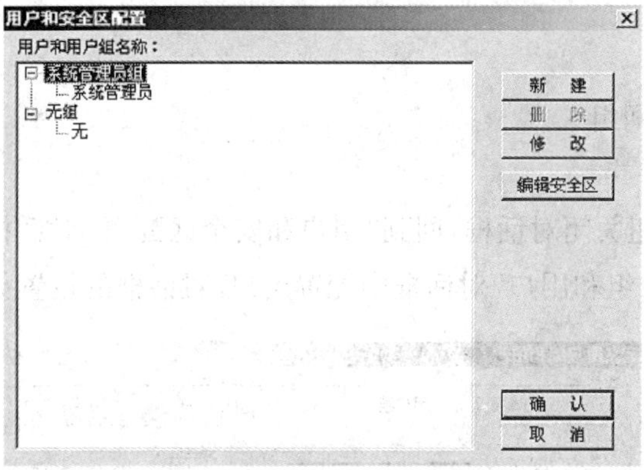

图 10-1　用户和安全区配置对话框

单击此对话框中的“编辑安全区”按钮，弹出安全区配置对话框，如图 10-2 所示。

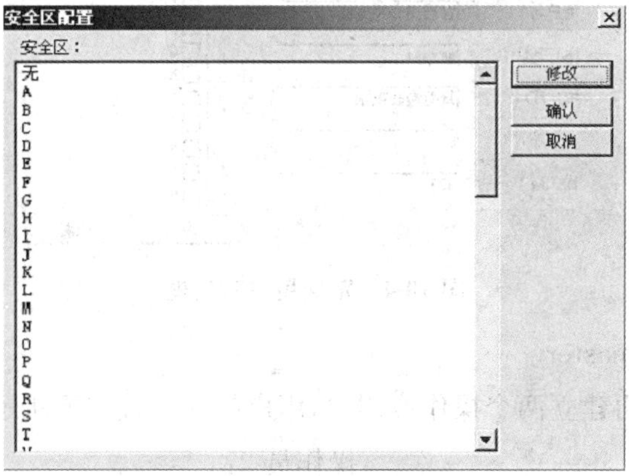

图 10-2　安全区配置对话框

选择“A”安全区并利用“修改”按钮将安全区名称修改为：反应车间。

2. 单击“确认”按钮关闭对话框，在“用户和安全区配置”对话框中单击“新建”按钮，在弹出的“定义用户组和用户”对话框中配置用户组，如图 10-3 所示。

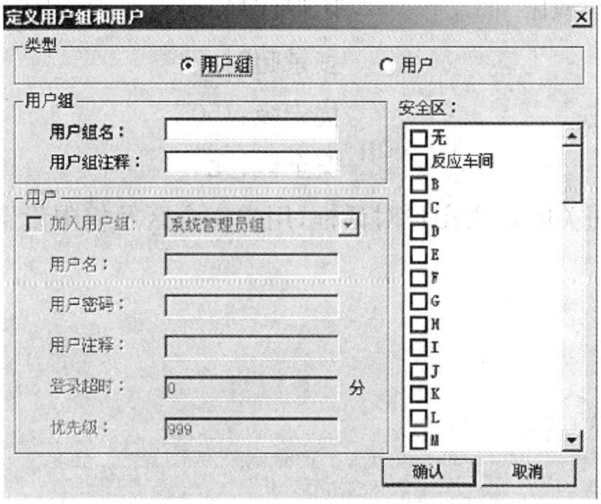

图 10-3　定义用户组对话框

对话框设置如下：

类型：用户组

用户姓名：反应车间组

安全区：无

3. 单击“确认”按钮关闭对话框，回到“用户和安全区配置”对话框后再次单击“新建”按钮，在弹出的“定义用户组和用户”对话框中配置用户，对话框的设置如图 10-4 所示。

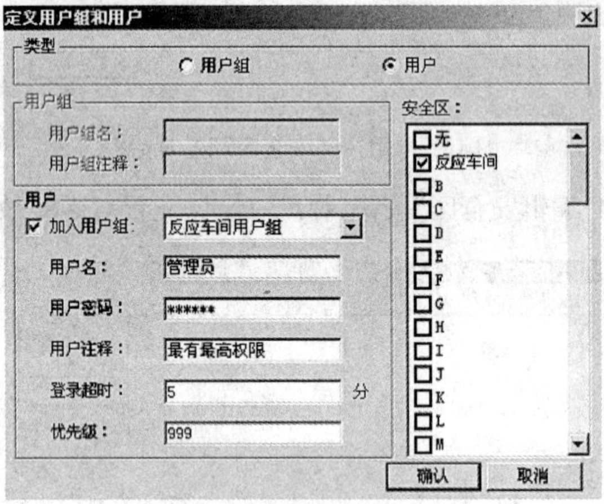

图 10-4　定义用户对话框

用户密码设置为：master

4. 利用同样方法再建立两个操作员用户，用户属性设置如下所示：

操作员 1：

类型：用户

加入用户组：反应车间用户组

用户名：操作员 1

用户密码：operater1

用户注释：具有一般权限

登录超时：5

优先级：50

安全区：反应车间

操作员 2：

类型：用户

加入用户组：反应车间用户组

用户名：操作员 2

用户密码：operater2

用户注释：具有一般权限

登录超时：5

优先级：150

安全区：无

5. 单击“确认”按钮关闭定义用户对话框，用户安全区及权限设置完毕。

任务 2　设置图形对象的安全区与权限

与用户一样图形对象同样具有 1～999 个优先级别和 64 个安全区，在前面编辑的“监控中心”画面中设置的“退出”按钮，其功能是退出组态王运行环境。而对一个实际的系统来说，可能不是每个登录用户都有权利使用此按钮，只有上述建立的反应车间用户组中的“管理员”登录时可以按此按钮退出运行环境，反应车间用户组的“操作员”登录时就不可操作此按钮。其对象安全属性设置过程如下：

1. 在工程浏览窗口中打开“监控中心”画面，双击画面中的“系统退出”按钮，在弹出的“动画连接” 对话框中设置按钮的优先级：100，安全区：反应车间。

2. 单击“确定”按钮关闭此对话框，按钮对象的安全区与权限设置完毕。

3. 单击“文件”菜单中的“全部存”命令，保存用户所作的修改。

4. 单击“文件”菜单中的“切换到 VIEW”命令，进入运行系统，运行“监控中心”画面。在运行环境界面中单击“特殊”菜单中的“登录开”命令，弹出“登录”对话框，如图 10-5 所示。

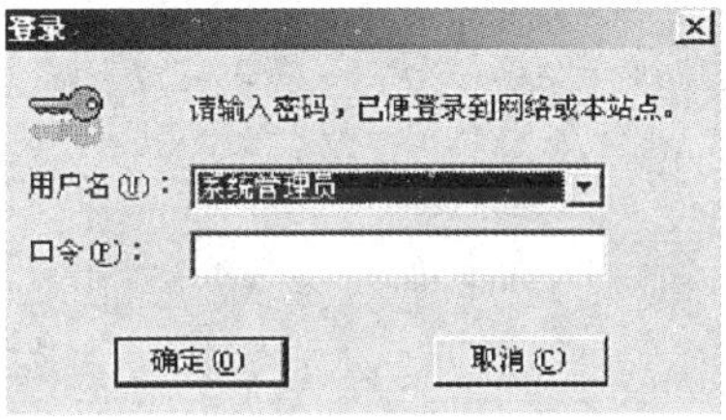

图 10-5　用户登录对话框

当以上述所建的“管理员”登录时，画面中的“系统退出”按钮为可编辑状态，单击此按钮退出组态王运行系统；当分别以“操作员 1”和“操作员 2”登录时，“系统退出”按钮为不可编辑状态，此时按钮是不能操作的。这是因为对“操作员 1”来说，他的操作安全区包含了按钮对象的安全区（即：反应车间安全区），但是权限小于按钮对象的权限（按钮权限为 100，操作员 1 的权限为 50）。对于“操作员 2”来说，他的操作权限虽然大于按钮对象的权限（按钮权限为 100，操作员 2 的权限为 150），但是安全区没有包含按钮对象的安全区所以这两个用户登录后都不能操作按钮。

课后复习

配置两个用户分别能够操作不同的对象。

项目 11　组态王应用案例——液位控制系统

知识目标

(1) 了解组态王在液位控制系统中的应用

(2) 掌握如何建立"水位监控系统"工程

(3) 了解"水位监控系统"工程的设备配置、定义变量、主页面设计、动画连接等

(4) 掌握简单程的控制程序的编写，并能设置报警窗口

学习任务

任务 1　建立"水位监控系统"工程

任务 2　设备配置

任务 3　定义变量

任务 4　主画面设计

任务 5　动画连接

任务 6　用命令语言编写简单的控制程序

任务 7　报警窗口

任务 8　趋势曲线

任务 9　数据报表

任务 10　程序运行与调试

相关知识

通过一个液位控制系统的组态过程，介绍如何应用组态王软件完成一个工程。通过学习，应用组态王软件建立一个比较简单的液位控制系统。本工程涉及工程的设备配置、定义变量、主画面设计、动画连接、编写简单的控制程序、报警设置、趋势曲线和数据报表等。

下面以一个简单水位控制系统为例来说明组态王与 OMRON PLC 的连接过程。

水位控制系统组成如图 11-1 所示，一台水泵从水源抽水，通过进水管道为水箱供水，水箱出水管道连接到多个用户，为用户提供水源。水位由 PLC 直接控制，同时也由组态王监控。

为了保持水压的相对稳定，要求水箱的水位在一个合适的范围内。假定水箱高 300 cm，

为了保持合适的水压，水位范围要求 50 cm～260 cm，50 cm 和 260 cm 为水位的下限和上限的报警限。系统控制要求如下。

(1) 水位低于 50 cm，则开启水泵，为水箱供水。

(2) 水位上升到 260 cm，关闭水泵，停止为水箱供水。

(3) 水位从上限 260 cm 下降到下限 50 cm 之前，水泵不工作。

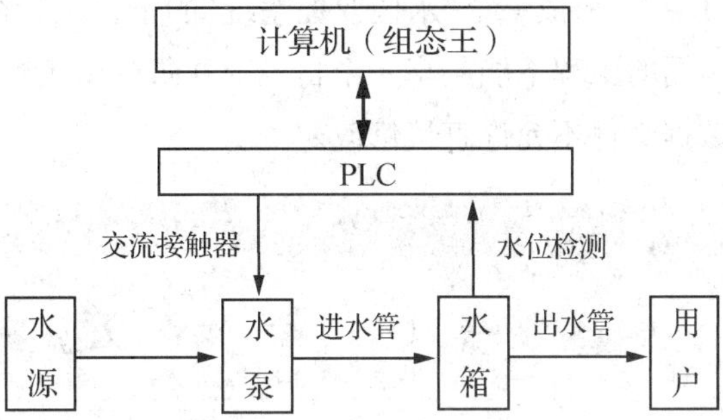

图 11-1　水位控制系统组成

PLC 选用 OMRON 小型机 CPM2A。系统中水位的检测是十分关键的，将压力变送器安装在水箱底部，进行水位测量，水位信号转换成国际标准信号 4～20 mA，当水位为 0 cm 时，输出电流为 4 mA；当水位为 300 cm 时，输出电流为 20 mA。压力变送器输出的电流信号提供给模拟量 I/O 单元 CPM1A-MAD11，CPM2A 采样后进行数据转换，将电流信号转换为水位高度，范围为 0～300(以cm 为单位)，并存储在 DM0100 中。输出点 01000 接交流接触器，控制水泵的开启和停止。

组态王的监控功能要求如下：

(1) 水泵启停：水泵启停是由 PLC 输出点控制的，水泵的工作状态既可由 PLC 判断，也可由组态王确定，本例交由组态王确定，组态王根据 PLC 中的水位参数判断水泵应启动还是停止，并下传给 PLC，由 PLC 去控制水泵的启停。

(2) 水位显示：实时显示水位的数值。

(3) 水位报警：当水位超出设定范围时报警。

(4) 曲线显示：生成水位参数的实时曲线和历史曲线。

(5) 报表输出：生成水位参数的报表，供显示和打印。

水位控制系统中，PLC 和计算机(组态王)都要编写程序，这里不讨论 PLC 程序的编写。

根据组态王监控功能的要求，本例要建立 5 个画面：水位监控画面、报警窗口、实时趋势曲线窗口、历史趋势曲线窗口和水位报表窗口。

用组态王编写水位监控程序的过程如下。

任务 1　建立“水位监控系统”工程

按照向导提示一步步完成工程的建立。如图 11-2 所示，工程名称为“水位监控系统”，放在“e:\组态王工程”目录下，形成一个“水位监控系统”的子目录。组态王的每个工程必须在一个独立的目录下，不同的工程不能共享一个目录。在每一个工程的路径下，生成了一些重要的数据文件，这些数据文件不允许直接修改。

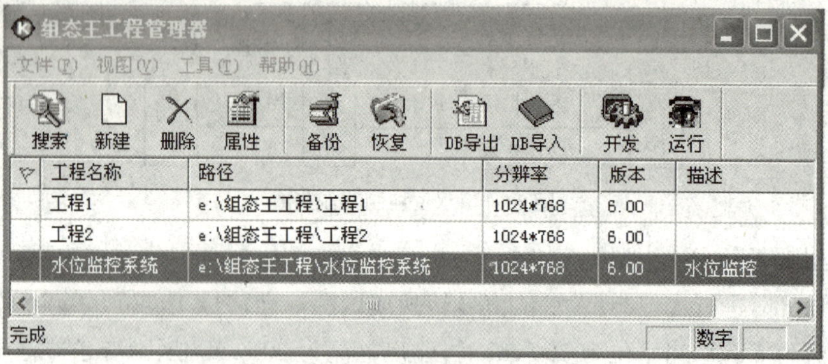

图 11-2　新建“水位监控系统”工程

任务 2　设备配置

在组态王工程管理器中，双击已经建立的“水位监控系统”工程，启动“组态王工程浏览器”，如图 11-3 所示。

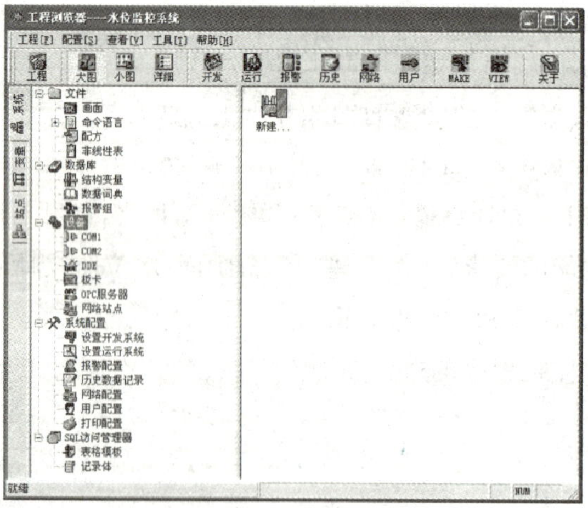

图 11-3　组态王工程浏览器

1. 设置串口通信参数

使用工程目录显示区中“设备”下的“COM1”串口实现计算机与 PLC 的通信，当然使用“COM2”口也可以，此处用“COM1”口。双击“COM1”，出现“设置串口—COM1”窗口，进行相应的参数设置，如图 11-4 所示。

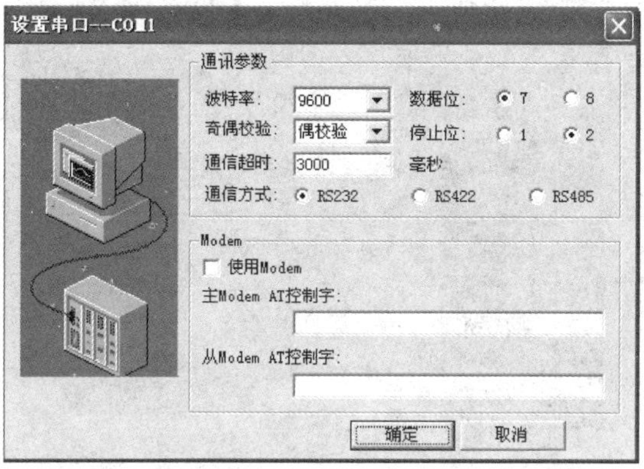

图 11-4　串口—COM1 通信参数设置

2. 添加设备

在工程目录显示区选中“COM1”，双击右侧目录内容显示区中的“新建…”图标，出现“设备配置向导”窗口，单击“PLC”→“欧姆龙”→“OMRON”→“串行”，如图 11-5 所示。

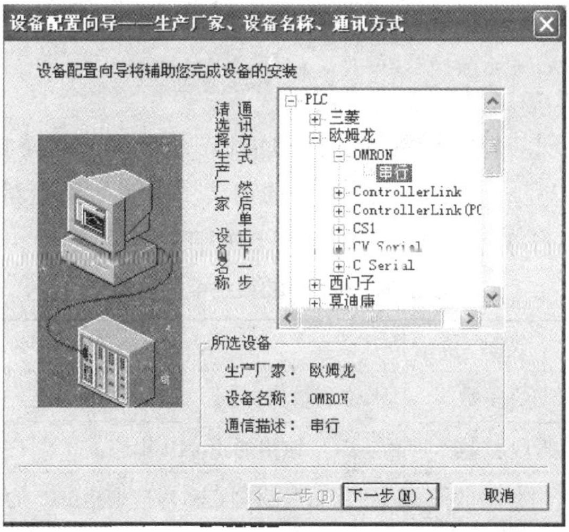

图 11-5　设备配置向导

单击“下一步”，出现“设备配置向导—逻辑名称”窗口，给设备取一个逻辑名称“CPM2APLC”。

单击“下一步”，出现“设备配置向导—选择串口号”窗口，选择“COM1”口。

单击“下一步”，出现“设备配置向导—设备地址设置指南”窗口，为设备选择地址号，如果一台计算机管理多台 PLC，即形成一个 Host-Link 网，设备地址号范围为 0～31，设备地址号与 PLC 在网络中的节点号必须一致，否则不能实现正确通信，这里一台计算机只控制一台 PLC,设备地址号选"0"。(OMRON PLC 与计算机的通信方式请参考相关文献与手册,这里不再详述。)

单击"下一步",出现"通信参数"窗口,此处用默认值即可;单击"下一步",出现"设备安装向导—信息总结"窗口,如图 11-6 所示,完成设备配置。

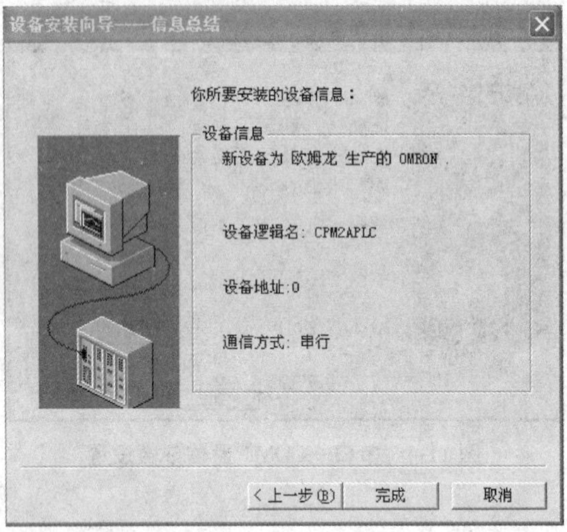

图 11-6　设备安装向导—信息总结

任务 3　定义变量

组态王通过变量实现与外部设备的数据通信,并完成相关的动画连接和数据存储。在进行画面开发前,应该先完成数据词典中变量的定义。当然如果变量定义不完全,也可以在系统开发时再补充。表 11-1 给出了水位监控系统中所用到的变量。

表 11-1　水位监控系统中的变量

变量名称	类型	变量说明
水位	I/O 整数	水位测量值,与 PLC DM0100 相连
通道 010	I/O 整数	与 PLC 输出通道 010 相连
水泵运行	内存离散	标明水泵工作状态,对应通道 010 的第 00 位
水位 0～水位 23	内存整数	24 个变量,对每小时的水位进行记录,以便生成报表
系统启动	内存离散	水位监控系统的启动/停止(0:停止;1:启动)
打印完成	内存离散	确定报表是否已被打印输出(0:未打印;1:已打印)

组态王支持对 OMRON PLC 的通道进行操作,但不支持对 OMRON PLC 的位进行直接操作。PLC 的输出位 01000 对应水泵的控制,为了达到组态王对 01000 控制,这里定义了两个变量:"通道 010"(I/O 整数)和"水泵运行"(内存离散),"通道 010" 变量对应 PLC 的输出通道 010,"水泵运行"变量标明水泵工作状态。组态王用"水泵运行"变量去修改"通道

010”变量的“00”位。

1. “水位”变量的定义

在工程目录显示区选择“数据库”下的“数据词典”，然后在目录内容显示区双击“新建…”图标，出现“定义变量”窗口，在“基本属性”标签下输入各项：变量名为“水位”，变量类型为“I/O 整数”，最小值为 0，最大值为 300，因为 PLC 已将采集的水位传感器信号转换为水位实际值(范围 0～300)，所以将最小原始值、最大原始值分别设为 0、300，连接设备为先前定义的“CPM2APLC”，寄存器为“DM0100”，数据类型为“BCD”，读写属性为“只读”，采集频率为 1000 ms，转换方式为“线性”，如图 11-7 所示。

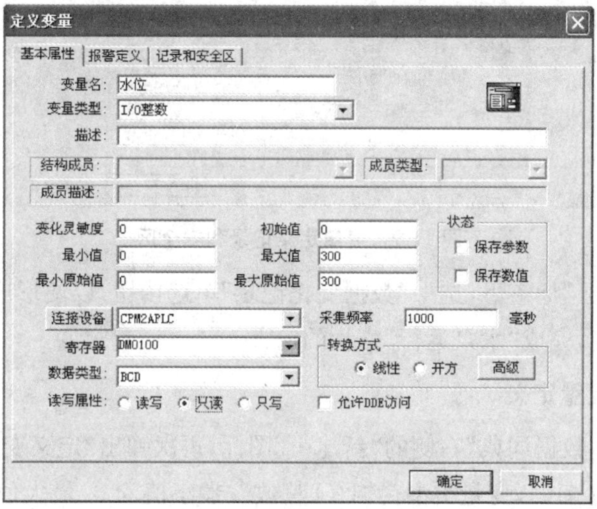

图 11-7　变量定义基本属性

在“报警定义”标签下，设置低报警限为 50，高报警限为 260，如图 11-8 所示。

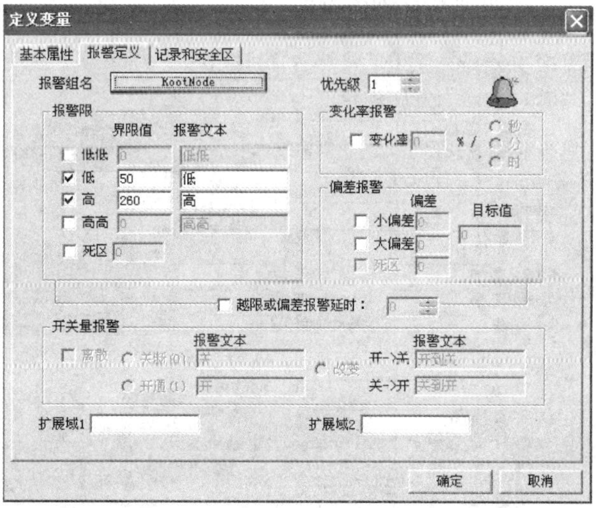

图 11-8　变量报警定义

在“记录和安全区”标签下，选中“数据变化记录”单选按钮，设置变化灵敏度为 5，也就是水位每变化 5 cm 进行一次历史数据记录，以便形成历史趋势曲线，如图 11-9 所示。

单击“确定”按钮，完成“水位”变量的定义。

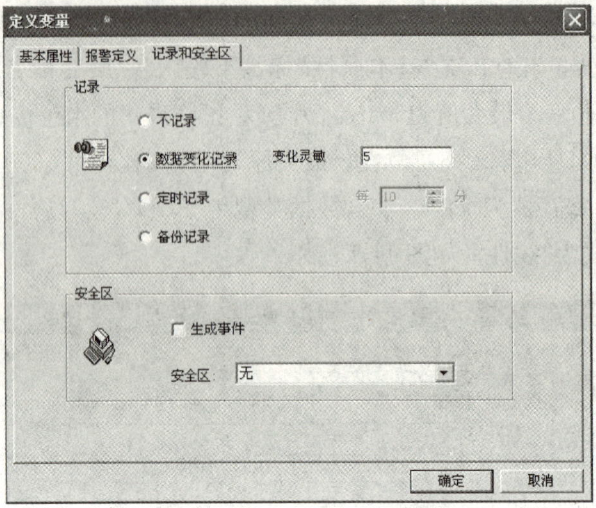

图 11-9 变量定义记录和安全区

在“记录和安全区”标签下，选中“数据变化记录”单选按钮，以便形成历史趋势曲线。

单击“确定”按钮，完成“水泵运行”变量的定义。

2. “通道 010”变量定义

如前所述，双击“数据词典”右侧的“新建…”图标，再次弹出“定义变量”窗口，如图 11-10 所示，变量名为“通道 010”，变量类型为“I/O 整数”，最小值为 0，最大值为 65535，最小原始值为 0，最大原始值为 65535，连接设备为“CPM2APLC”，寄存器为“IR010”，数据类型为“UINT”，采样频率为 100ms。

单击“确定”按钮，完成“通道 010”变量的定义。

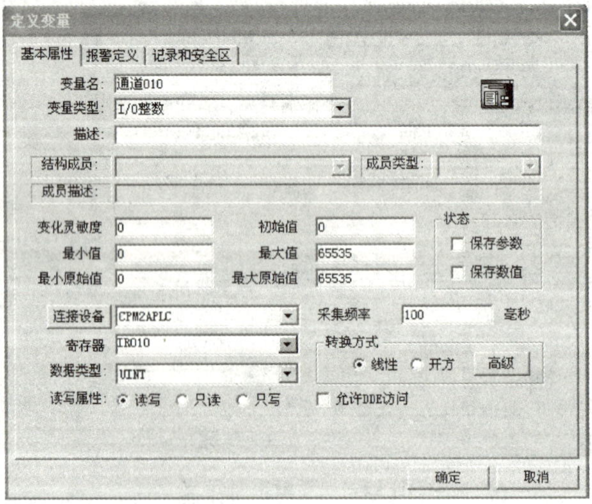

图 11-10 “通道 010”变量定义

3. “水泵运行”变量定义

如图 11-11 所示，变量名为“水泵运行”，变量类型为“内存离散”，初始值为“关”。

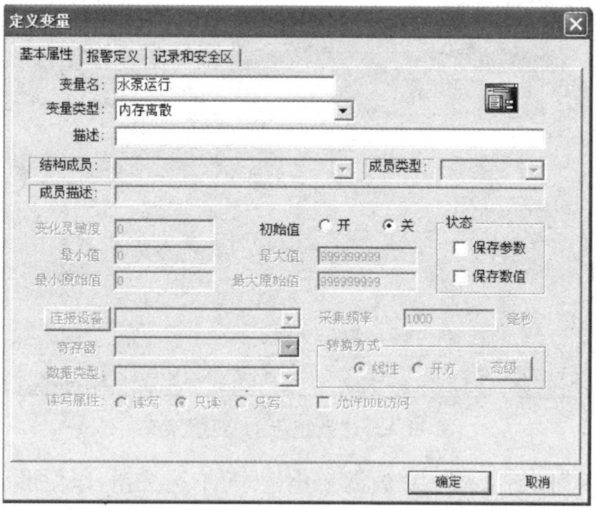

图 11-11 “水泵运行”变量定义

4. “水位 0～水位 23”变量定义

水位 0、水位 1、…、水位 23 是用来记录一天中 24 个小时整点水位的数值，以便在程序中生成报表。这些变量类型设置成“内存整数”，状态为“保存数值”。“水位 0”的定义如图 11-12，其他与之相同。

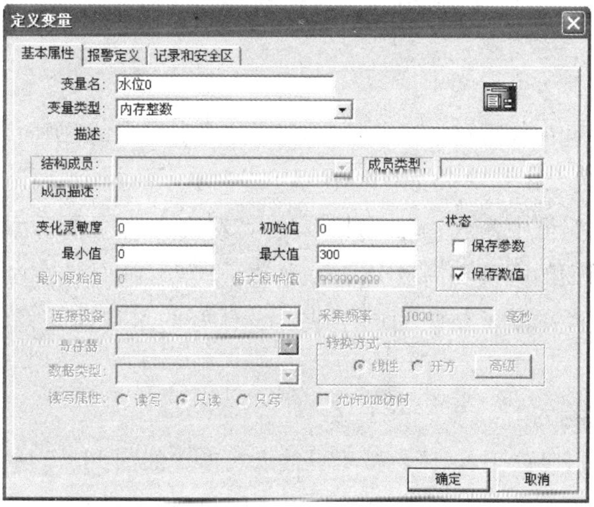

图 11-12 “水位 0”变量定义

5. “系统启动”变量定义

如图 11-13 所示，变量名为“系统启动”，变量类型为“内存离散”，初始值为“关”。

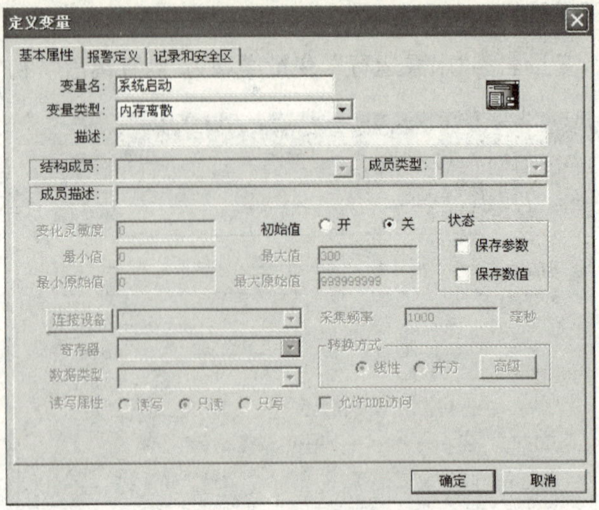

图 11-13 “系统启动”变量定义

在“记录和安全区”标签下，选中“数据变化记录”单选按钮，以便形成历史趋势曲线。

单击“确定”按钮，完成“系统启动”变量的定义。

6. “打印完成”变量定义

该变量的定义很简单，将变量名设置为“打印完成”，变量类型设置为“内存离散”，再单击“确定”按钮即可。

任务 4 主画面设计

在工程浏览器中选中工程目录显示区中的“文件”大纲下的“画面”，双击目录内容显示区的“新建…”图标，或者在开发系统中选择“文件”菜单下的“新画面”，弹出“新画面”窗口。在“画面名称”旁的编辑框中输入“水位监控系统”，“对应文件”不要改动，这是组态王自己标识的文件名。设置画面的宽度和高度分别为 1024 和 768，画面风格为“大小可变”和“替换式”，单击“确定”按钮，完成了新画面的生成。设计好的水位监控系统主画面如图 11-14 所示。

主画面制作的过程如下：

1. 利用文本工具、字体工具、调色板工具输入文本。如图 11-15 所示的画面上的大多数文字均是利用文本工具产生的。具体方法是用鼠标单击“工具箱”中的文本工具按钮(或者利用“工具”→“文本”菜单命令)，然后将鼠标移动到画面上适当位置并单击，此时光标在屏幕上闪动，用户便可以打开中文输入法输入文字。输入完毕后，用鼠标在屏幕上单击一次，则文字输入完毕。

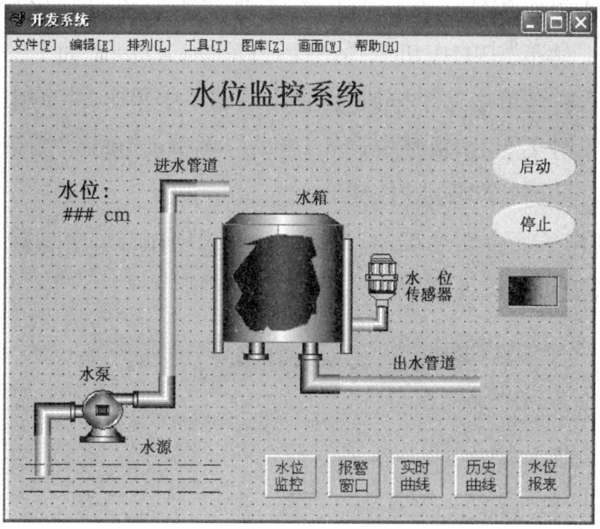

图 11-14　水位监控系统主画面

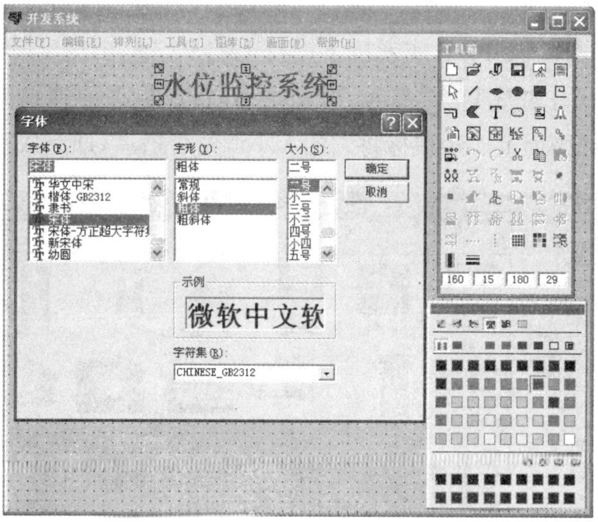

图 11-15　输入文本

如果文字输入有误，则可以用鼠标单击“工具箱”中的“选中图素”按钮，然后用鼠标右键单击要修改的文字，在弹出的菜单中单击“字符串替换”菜单项，则弹出“字符串替换”对话框，将正确的文字输入该对话框中的编辑框，再单击“确定”按钮即可。

如果需要对文本的文字进行修改，可以在选中该文本后，单击“工具箱”中的“字体”按钮，则弹出“字体”对话框，用户可以在此对话框中选择文字的字体、字形和大小。选择完毕后，单击“确定”按钮，即完成字体的修改。

如果需要修改文字的颜色，则可以在选中该文本后，单击“工具箱”中的“显示调色板”按钮，然后在出现的“调色板”中单击“字符色”按钮(位于“调色板”最上面一排按钮中左起第 4 个按钮)，此时便可以在“调色板”下面的多个颜色按钮中选择适当的文本颜色了。

利用上述方法，将画面中的各段文字书写完毕，并用鼠标拖曳到合适的位置。

2. 利用按钮工具制作按钮。水位监控系统通过两个按钮发出启动和停止命令。如图 11-16所示，单击“工具箱”中的按钮工具，然后将鼠标移动到画面上的合适位置，拉出一个合适大小的方框，然后右键单击这个按钮，在弹出的菜单中单击“字符串替换”选项，弹出“按钮属性”对话框，在“按钮文本”编辑框中输入“启动”，再单击“确定”按钮，则“启动”按钮制作完成。用同样的方法可以制作“停止”按钮。

主画面右下方制作了 5 个切换按钮，系统共有 5 个画面，每个切换按钮对应一个画面，系统运行后单击切换按钮可实现画面与画面之间的切换。

图 11-16 “按钮”的绘制

3. 利用图库绘制“水箱”、“水泵”、“水位传感器”、“管道”、“指示灯”。“水箱”的绘制为单击“图库”→“打开图库”菜单项，或者按下键盘上的 F2 键，出现“图库管理器”窗口，选中“反应器”第 4 行第一个，如图 11-17 所示，双击之后，将鼠标移动到画面上适当的位置并单击，则“反应器”出现在画面上。用鼠标将它的大小调整合适后，即完成了“水箱”的绘制。

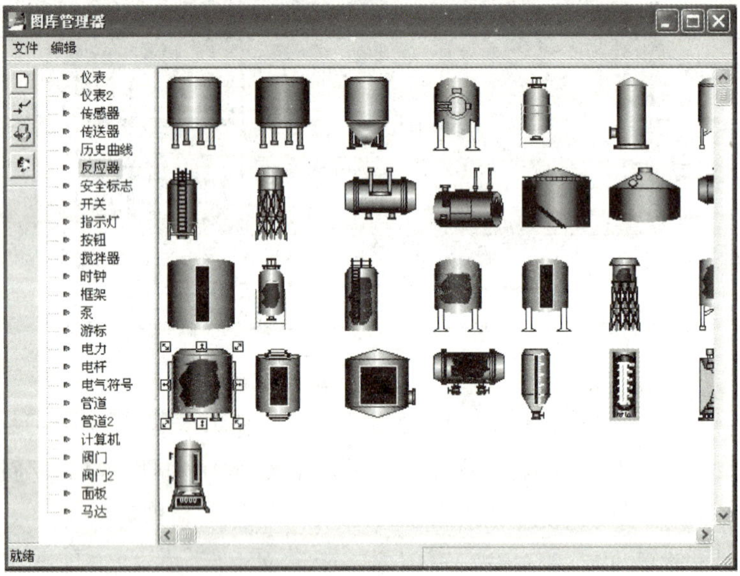

图 11-17 “水箱”的绘制

按同样的方法完成时“水泵”、“水位传感器”、“管道”、“指示灯”的绘制。

4. “水源”的绘制。在“工具箱”中单击“显示线型”按钮，然后在出现的“线型”窗口中单击第 1 排左起第 3 个按钮，即选中虚线，然后单击“工具箱”中的“直线”按钮，并用鼠标在画面的适当位置拉出 3 根水平线，如图 11-18 所示，即完成了“水源”的绘制。

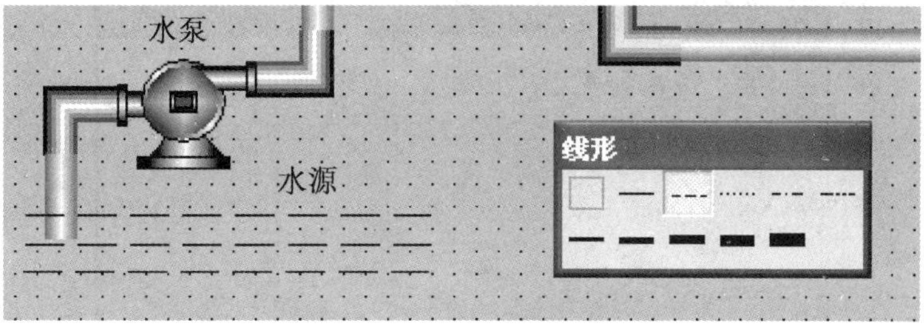

图 11-18　“水源”的绘制

5.“水位显示”绘制。在“水箱”左边放置一文本，随便输入一字符串即可。此字符串在运行时将用于显示水位的数值。

至此，水位监控系统主画面的绘制全部结束。

任务 5　动画连接

画面设计完成后，只是个静态的，还不能真实地反映实际系统运行情形，必须把各个图素与数据词典中的相应变量连接起来，才能真正地让画面“动”起来。这个过程就是所谓的动画连接过程。建立了动画连接后，当变量发生变化时，相应的图素按照动画连接的要求进行变化。

1.“按钮”动画连接

“启动”按钮：双击该按钮，弹出“动画连接”对话框，如图 11-19 所示。

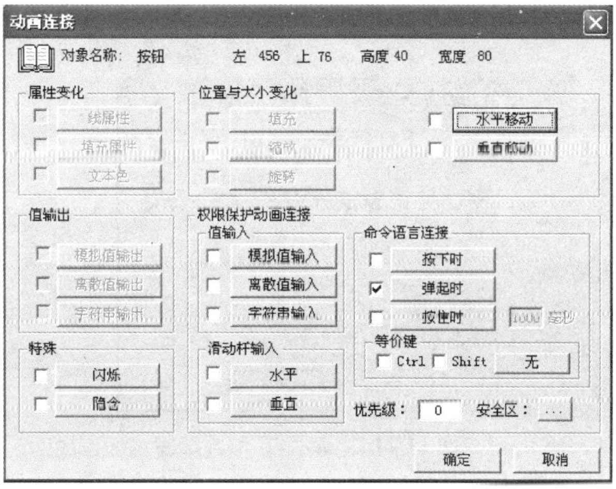

图 11-19　“系统启动”动画连接

单击“命令语言连接”中的“弹起时”按钮，出现“命令语言”窗口，在其中输入“\\本站点\系统启动=1;”，如图 11-20 所示。注意，在输入命令语言时，除汉字外，其他关键字（如标点符号）必须以英文状态输入。

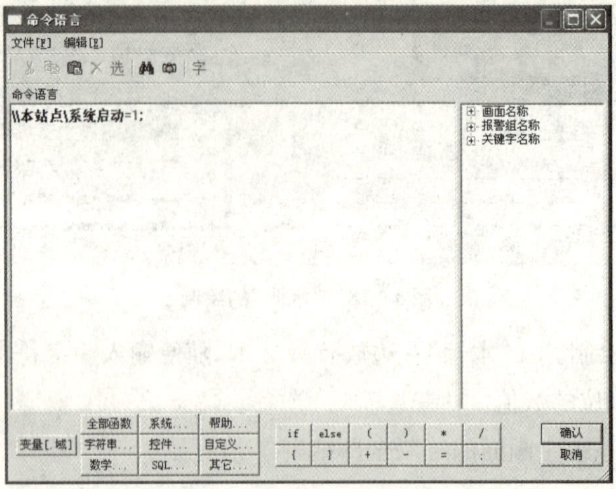

图 11-20 "系统启动"命令语言

"停止"按钮:该按钮的动画连接与"系统启动"相似,只是在"命令语言"窗口中输入"\\本站点\系统启动=0;"即可。

画面切换按钮:5 个切换按钮的动画连接方法相同,下面介绍"报警窗口"切换按钮的制作。双击该按钮,弹出"动画连接"对话框,单击"命令语言连接"中的"弹起时"按钮,出现"命令语言"窗口,在其中输入"showpicture("水位监控系统报警窗口");"即可。

2."指示灯"动画连接

双击"指示灯",弹出"指示灯向导"窗口,如图 11-21 所示。单击"变量名(离散量)"后面的"?"按钮,在弹出的"选择变量名"窗口中选择"系统启动",如图 11-21 所示的文字,当然用户可以自己输入。

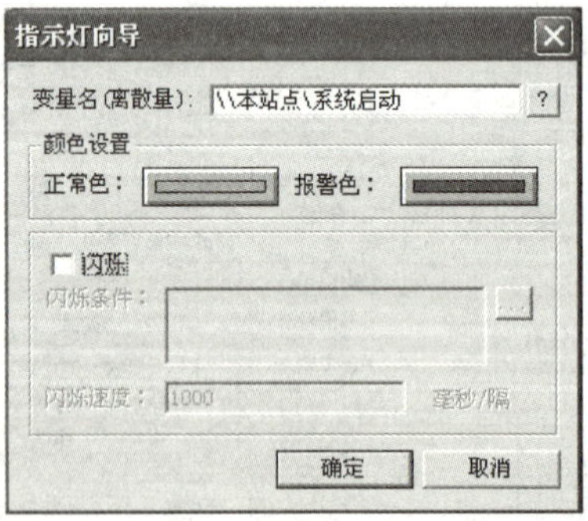

图 11-21 "指示灯"动画连接

3."水泵"动画连接

双击"水泵",出现"泵"窗口。将"变量名(离散量)"设置成"\\本站点\水泵运行",如图 11-22所示。颜色设置中将"开启时颜色"设置成绿色,"关闭时颜色"设置成红色。

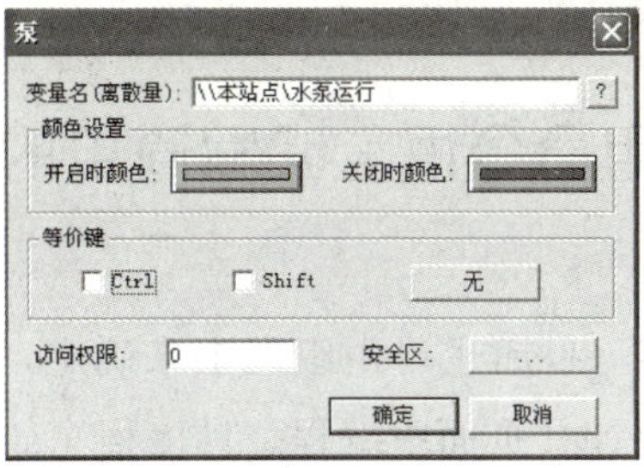

图 11-22　“水泵”动画连接

4. “水箱”动画连接

双击“水箱”，出现“反应器”窗口。将其中的“变量名(模拟量)”设为“\\本站点\水位”。颜色设置中将“填充颜色”设置成蓝绿色，“填充背景颜色”设置成白色。“填充设置”数值如图 11-23。运行时，水箱中的颜色表示水位的高低。

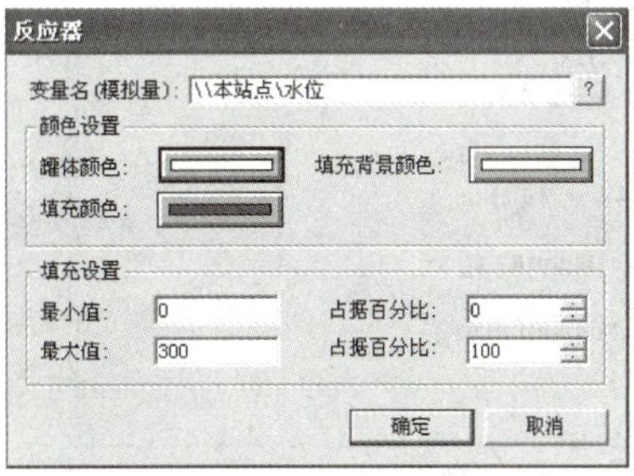

图 11-23　“水箱”动画连接

5. “# # #”文本动画连接

系统运行时，“# # #”用来显示水位值的大小，以厘米显示。双击“# # #”，出现“动画连接”窗口，单击“模拟值输出”按钮，弹出“模拟值输出连接”窗口，将“表达式”设置成“\\本站点\水位”，整数位数为“3”，小数位数为“0”，如图 11-24 所示。

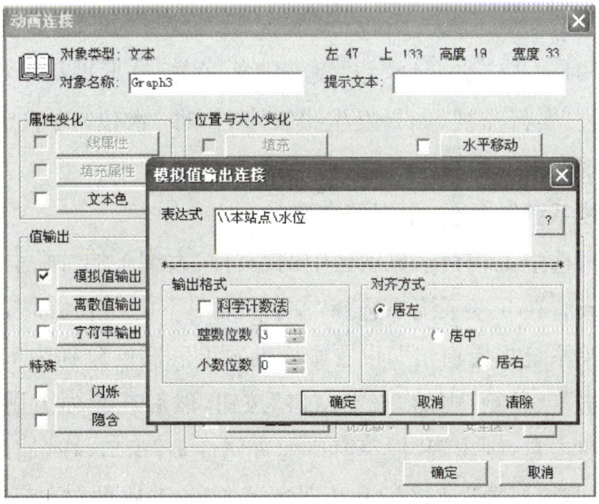

图 11-24　“水位”动画连接

在所有的动画连接完成后，将画面保存好。没有保存的画面在运行时不会起作用。

任务6 用命令语言编写简单的控制程序

水泵的工作状态可由 PLC 判断，也可由组态王来确定，如果用组态王确定，则需要在“应用程序命令语言”中的“运行时”页面中编程。具体程序如图 11-25 所示，在工程目录显示区选择“文件”下的“命令语言”中的“应用程序命令语言”，双击目录内容显示区的“请双击这儿进入〈应用程序命令语言〉对话框”图标，显示该窗口。

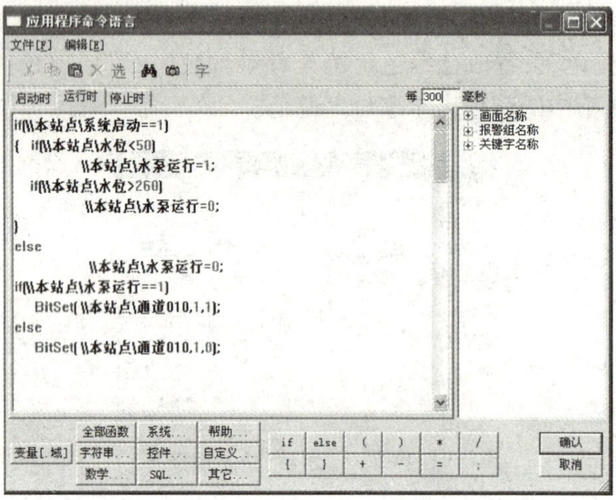

图 11-25 用命令语言编写控制程序

任务7 报警窗口

定义变量“水位”时，在“定义变量”的“报警定义”的标签下进行了报警设置，这样，组态王就可以自动对“水位”实行监视，如果发生报警事件，即“水位”低于 50 cm 或高于 260 cm 时，报警事件就会出现在报警窗口中。

下面为“水位监控系统”建立一个报警窗口。

在工程浏览器中，选中工程目录显示区中的“文件”大纲下的“画面”，双击目录内容显示区的“新建…”图标，或者在开发系统中选择“文件”菜单下的“新画面”，弹出“新画面”窗口。画面名称为“水位监控系统报警窗口”，设置画面的宽度和高度分别为 1024 和 768。

在该画面中，单击“工具箱”中的“报警窗口”按钮，然后在画面上用鼠标拉出一个矩形，调整其大小至合适，双击它，则出现“报警窗口配置属性页”窗口，在“通用属性”标签下将“报警窗口名”设为“水位监控报警”，如图 11-26 所示；在“条件属性”标签下将“报警服务器名”设置成“本站点”，选中“报警信息源站点”中的“本站点”多选框，并将报警组设为“RootNode”，“报警类型”选中“低”和“高”。这样就完成了报警窗口的配置。

在系统运行时，如果水位高于 260 cm 或低于 50 cm，在报警窗口中都会出现相应的信息。在“水位监控系统报警窗口”画面的右下角制作 5 个切换按钮，并建立动画连接。

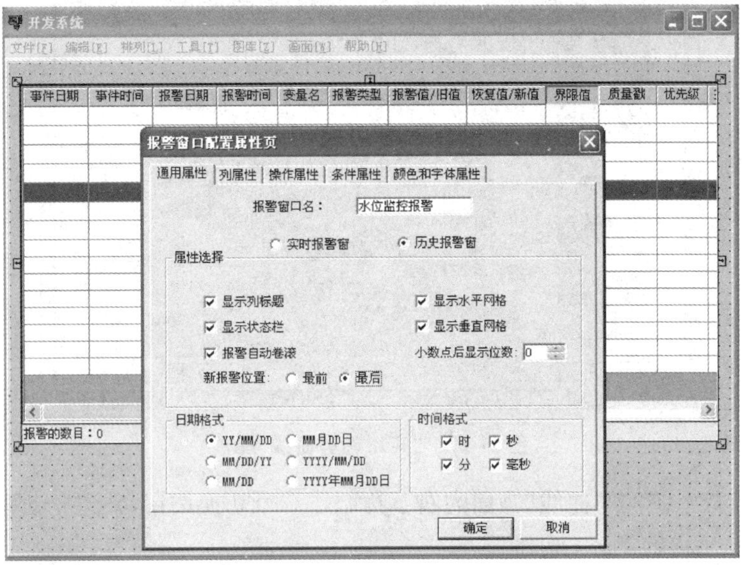

图 11-26 “报警窗口”的配置

任务 8　趋势曲线

趋势曲线包括实时趋势曲线和历史趋势曲线。实时趋势曲线用于实时显示数据的变化情况，在画面运行时，由系统自动更新。历史趋势曲线可以将存放在硬盘上的历史数据取出，显示在画面上，从而可以对过去相当长时间范围内的过程进行数据分析。

下面给“水位监控系统”建立实时趋势曲线和历史趋势曲线。

1. 实时趋势曲线

在工程浏览器中选中，工程目录显示区中的“文件”大纲下的“画面”，双击目录内容显示区的“新建…”图标，或者在开发系统中选择“文件”菜单下的“新画面”，弹出“新画面”窗口。画面名称设为“水位监控系统实时曲线”，设置画面的宽度和高度分别为 1024 和 768。

单击“工具箱”中的“实时趋势曲线”按钮，在画面上拖出一个适当大小的矩形，双击它，出现“实时趋势曲线”对话框。在此对话框中，将“曲线 1”的表达式设置为“\\本站点\水位”，颜色为红色；将“曲线 2”的表达式设置为“\\本站点\水泵运行”，颜色为绿色；将“曲线 3”的表达式设置为“\\本站点\系统启动”，颜色为蓝色，如图 11-27 所示。

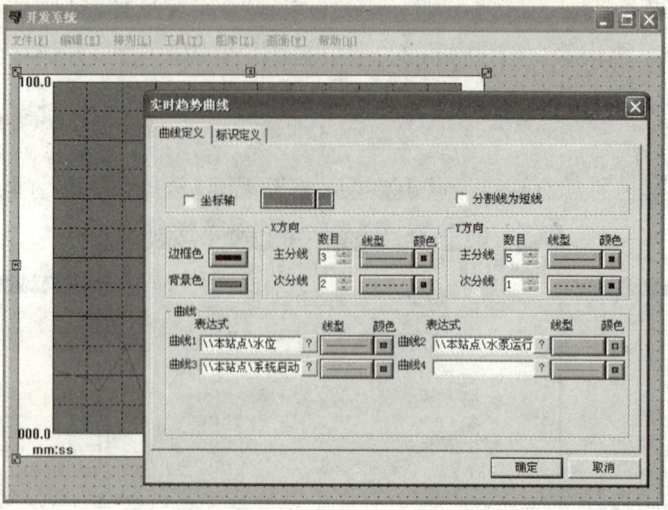

图 11-27 "实时趋势曲线"配置

在"水位监控系统实时曲线"画面的右下角制作 5 个切换按钮,并建立动画连接。

2. **历史趋势曲线**

在工程浏览器中选中工程目录显示区中的"文件"大纲下的"画面",双击目录内容显示区的"新建…"图标,或者在开发系统中选择"文件"菜单下的"新画面",弹出"新画面"窗口。画面名称设置为"水位监控系统历史曲线",设置画面的宽度和高度分别为 800 和 600。

按下 F2 键,出现"图库管理器"窗口,在左侧选择"历史曲线",双击右侧的图标,在画面上单击绘制出历史曲线图,调整为合适的大小。

此历史趋势曲线需要两个变量来完成操作面板的操作。进入工程浏览器,新建两个内存实数变量:"调整跨度"和"卷动百分比"。"调整跨度"的最大值为 99999,初始值为 60;"卷动百分比"的最大值为 100,初值为 50;两个变量均选中"保存数值"选项。

然后回到组态王开发系统中,双击刚才建立的"历史趋势曲线"对象,出现"历史曲线向导",如图 11-28 所示,在"曲线定义"页面中,"历史趋势曲线名"设置为"历史趋势","曲线 1"的变量名称设置为"\\本站点\水位",线条颜色为红色;"曲线 2"的变量名称设置为"\\本站点\水泵运行",线条颜色为绿色;"曲线 3"的变量名称设置为"\\本站点\系统启动",线条颜色为蓝色。

在"操作面板和安全属性"标签卡下,将"操作面板关联变量"中的"调整跨度"设置为"\\本站点\调整跨度","卷动百分比"设置为"\\本站点\卷动百分比",如图 11-29 所示。

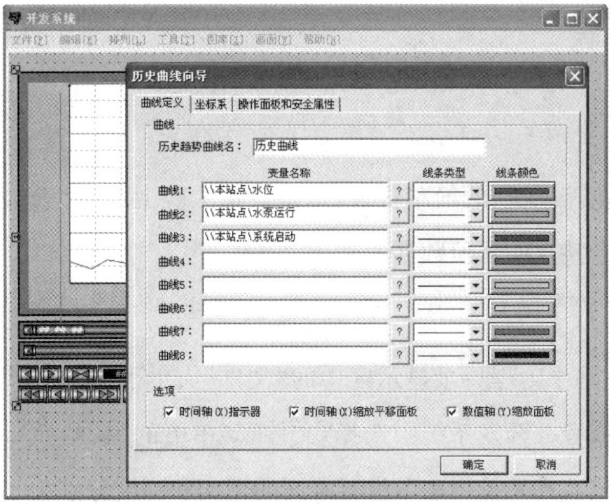

图 11-28　曲线定义

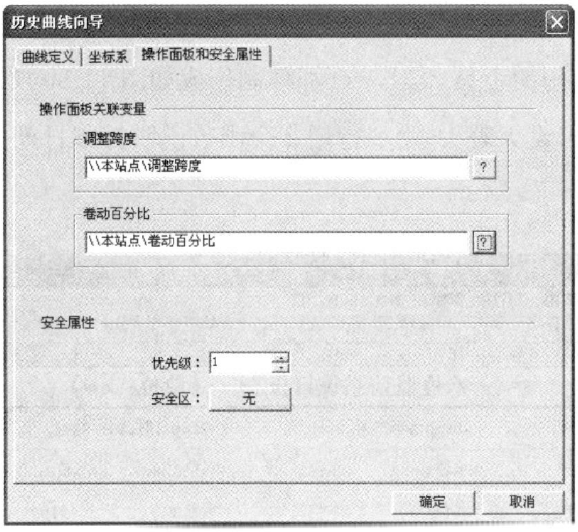

图 11-29　操作面板和安全属性

单击“确定”按钮，则完成了“水位监控系统历史曲线”的制作。

在“水位监控系统历史曲线”画面的右下角制作 5 个切换按钮，并建立动画连接。

任务9　数据报表

现在建立“水位监控系统”的简单报表，该报表每天晚上 23 时 00 分 01 秒打印一次，打印过去 24 小时内每个整点的水位数据。

1. 报表制作

在工程浏览器中选中工程目录显示区中的“文件”大纲下的“画面”，双击目录内容显示区的“新建…”图标，或者在开发系统中选择“文件”菜单下的“新画面”，弹出“新画面”窗口。画面名称设置为“水位监控系统报表”，设置画面的宽度和高度分别为 1024 和 768。

单击“工具箱”中的“报表窗口”按钮，在画面上拖出一矩形，双击它的深色部分，弹出“报表设计”窗口，为报表控件取名为“水位报表”，尺寸设为 6 行 6 列。

利用“报表工具箱”中的工具，像 Excel 那样制作成如图 11-30 所示的报表。第 1 行的前六列单元格合并成一个，设为表头；第 2 行用 2 个函数说明打印日期和时间；第 3～6 行设定为整点时的水位。

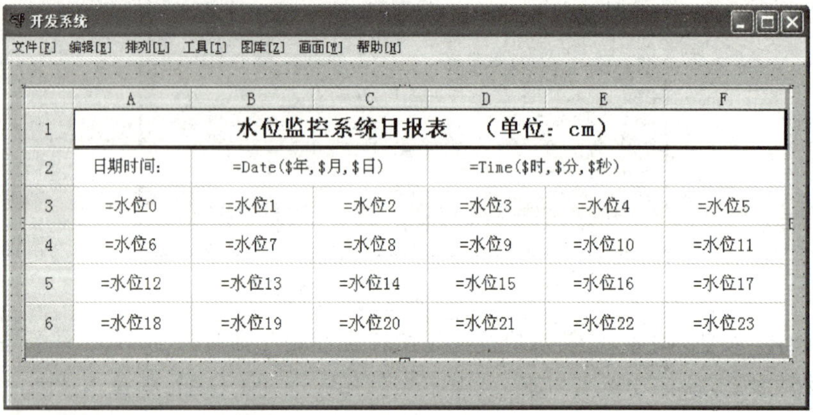

图 11-30　水位监控系统报表

2. 命令语言编程

为了让水位 0、水位 1、…、水位 23 能存储一天中整点时刻的水位值，而且能在规定的时刻打印出报表，需要编制一段命令语言程序。

在工程浏览器的工程目录显示区选择“文件”大纲下的“命令语言”中的“应用程序命令语言”，双击目录内容显示区的“请双击这儿进入〈应用程序命令语言〉对话框”图标，则出现“应用程序命令语言”窗口，在该窗口的“运行时”页面中增加以下程序。

if (\\本站点\$时==0&&\\本站点\$分==0&&\\本站点\$秒==0) /＊水位0

```
  至水位 23 清零 * /
  {\\本站点\水位 0=0；
   \\本站点\水位 1=0；
        ⋮ （将水位 2 至水位 21 以如上格式书写）
   \\本站点\水位 22=0；
   \\本站点\水位 23=0；
  }
if(\\本站点\$时==0&&\\本站点\$分==0&&\\本站点\$秒==0)
  \\本站点\水位 0=\\本站点\水位；
if(\\本站点\$时==1&&\\本站点\$分==0&&\\本站点\$秒==0)
  \\本站点\水位 1=\\本站点\水位；
        ⋮ （将中间的水位 2 至水位 21 以如上格式书写）
if(\\本站点\$时==22&&\\本站点\$分==0&&\\本站点\$秒==0)
  \\本站点\水位 22=\\本站点\水位；
if (\\本站点\$时==23&&\\本站点\$分==0&&\\本站点\$秒==0)  / * 准
  备打印 * /
  {\\本站点\水位 23=\\本站点\水位；
   \\本站点\打印完成=0；
  }
if (\\本站点\$时==23&&\\本站点\$分==0&&\\本站点\$秒==1) / * 进行
  打印 * /
{ if(\\本站点\打印完成==0)
  {ReportPrint2("水位报表")；
   \\本站点\打印完成=1；
  }
  }
```

3. 切换按钮

在“水位监控系统报表”画面的右下角制作 5 个切换按钮，并建立动画连接。

任务10　程序运行与调试

1. 运行系统设置

在工程浏览器中单击“运行”按钮，出现“运行系统设置”窗口，在“主画面配置”标签下，将“主画面”设置为“水位监控系统”；然后在“特殊”标签下，将“运行系统基准频率”设置为100ms，“时间变量更新频率”设置为1000ms。这样可以保证当切换到运行系统时直接显示“水位监控系统”主画面，而且系统响应速度较快，每隔1秒，系统时间变量更新一次。单击“确定”按钮，完成对运行系统的设置。

2. 进入运行系统

单击工程浏览器中的“VIEW”按钮，进入到组态王运行系统。首先出现的是“水位监控系统”画面。单击“启动”按钮，则系统投入运行，仔细观察各个信号是否正确，如果有不正常的情况出现，分析错误可能原因，通过单击运行系统中的“画面”菜单下的“退出”按钮，退出组态王运行系统，回到工程浏览器或画面开发系统，修改工程中的错误，再次进入运行系统。该过程可能要反复几次才能使系统工作完全正常。

3. 切换到其他画面

通过单击每个画面上的切换按钮可切换到其他画面，也可以单击运行系统中的“画面”菜单下的“打开”按钮，选择要进入的画面。

至此，“水位监控系统”的应用程序设计完毕。

项目 12　MCGS 嵌入式组态系统

知识目标

(1) 认识 MCGSTPC 嵌入式一体化触摸屏 TPC7062K

(2) 了解 MCGS 嵌入版全中文工控组态软件的基本功能和主要特点

(3) 了解 TPC7062K 和 MCGS 嵌入版组态软件系统总体的结构框架

学习任务

任务 1　认识嵌入式一体化触摸屏

任务 2　MCGS 嵌入版组态软件

任务 3　工程建立与下载

相关知识

MCGS 是北京昆仑通态自动化软件科技有限公司研发的一套基于 Windows 平台的，用于快速构造和生成上位机监控系统的组态软件系统，主要完成现场数据的采集与监测、前端数据的处理与控制，可运行于 Microsoft Windows NT/2000/XP 等操作系统。

MCGS 组态软件包括三个版本，分别是网络版、通用版、嵌入版。通用版是运行于 PC 机的通用组态软件，功能类似于组态王，这里不再作详细介绍。

MCGS 嵌入版是在 MCGS 通用版的基础上开发的，专门应用于嵌入式计算机监控系统的组态软件，MCGS 嵌入版包括组态环境和运行环境两部分，它的组态环境能够在基于 Microsoft 的各种 32 位 Windows 平台上运行，运行环境则是在实时多任务嵌入式操作系统 WindowsCE 中运行。适应于应用系统对功能、可靠性、成本、体积、功耗等综合性能有严格要求的专用计算机系统。通过对现场数据的采集处理，以动画显示、报警处理、流程控制和报表输出等多种方式向用户提供解决实际工程问题的方案，在自动化领域有着广泛的应用。

使用 MCGS 嵌入版，必须使用昆仑通态公司的嵌入式一体化触摸屏。

任务 1　认识嵌入式一体化触摸屏

1.1　嵌入式一体化触摸屏 TPC7062

800 × 480 分辨率；65535 色数字真彩，丰富的图形库；ARM9 内核、400M 主频、64M 内存、128M 存储空间；MCGS 全功能组态软件；整机功耗仅 6W。

正视图　　　　　　　　　　背视图

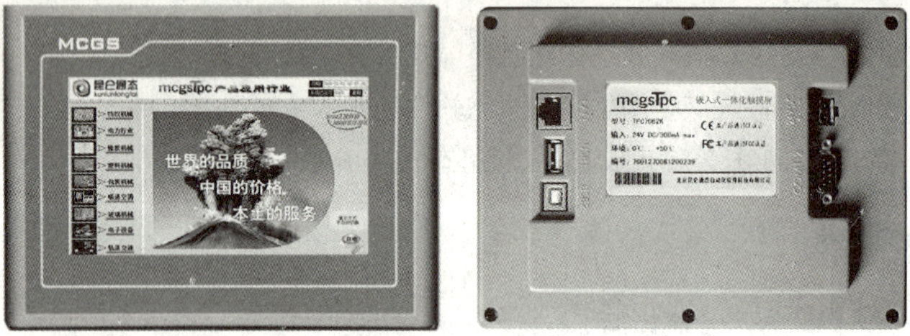

图 12-1　TPC7062

1.2　TPC7062K 外部接口

1. TPC7062K 接口丰富，有一个以太网接口、一个 RS232 接口、一个 RS485 接口、两个 USB 接口。

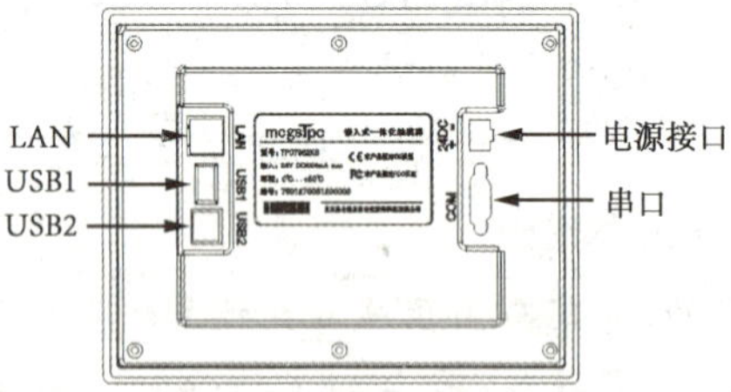

图 12-2　TPC7062K 接口

项　目	TPC7062K
LAN(RJ45)	以太网接口
串口(DB9)	1×RS232，1×RS485
USB1	主口，USB1.1 兼容
USB2	从口，用于下载工程
电源接口	24 V DC ±20%

2. 串口引脚定义

TPC7062K 的串口比较特殊，在外观上是一个普通 9 针串口，在使用时可以 2、3、5 针用作 RS232 接口，7、8 针用作 RS485 接口。使用时要特别注意。

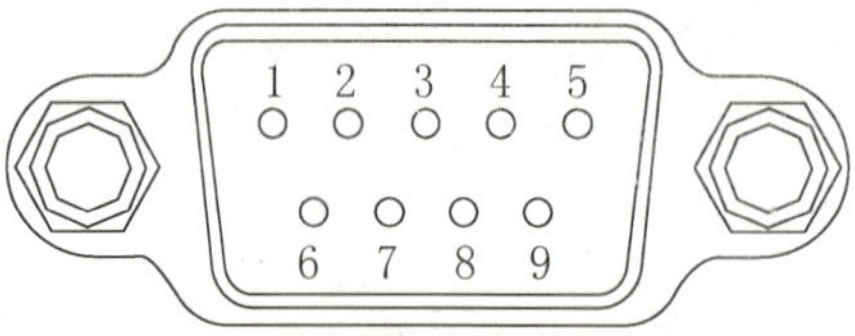

图 12-3　TPC7062K 串口

接口	PIN	引脚定义
COM1	2	RS232 RXD
	3	RS232 TXD
	5	GND
COM2	7	RS485+
	8	RS485-

1.3 TPC7062K 启动

使用 24 V 直流电源给 TPC 供电，开机启动后屏幕出现“正在启动”提示进度条，此时不需要任何操作系统将自动进入工程运行界面。

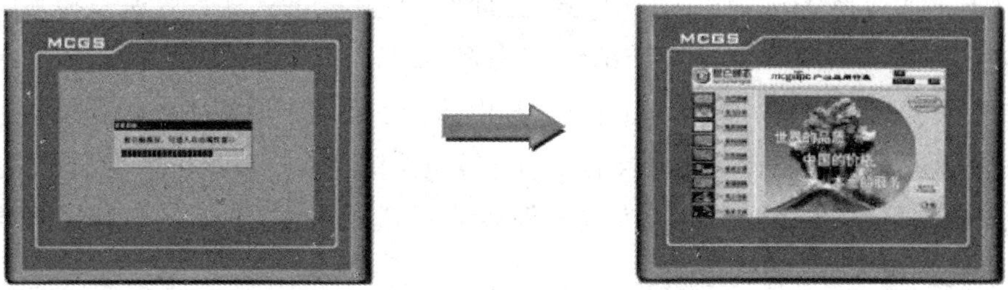

图 12-4 启动过程

1.4 触摸屏校准

进入触摸屏校准程序：TPC 开机启动后屏幕出现“正在启动”提示进度条，此时使用触摸笔或手指轻点屏幕任意位置，进入启动属性界面。等待 30 秒，系统将自动运行触摸屏校准程序。

使用触摸笔或手指轻按十字光标中心点不放，当光标移动至下一点后抬起；重复该动作，直至提示“新的校准设置已测定”，轻点屏幕任意位置退出校准程序。

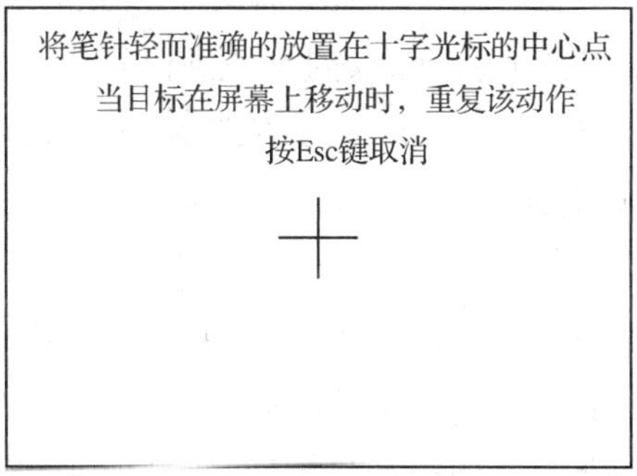

图 12-5 触摸屏校准

课后复习

练习操作触摸屏，进行启动、校准等操作。

任务 2　MCGS 嵌入版组态软件

MCGS 嵌入版是基于 MCGS 基础上开发的专门应用于嵌入式计算机监控系统的组态软件，它的组态环境能够在基于 Microsoft 的各种 32 位 Windows 平台上运行，运行环境则是在实时多任务嵌入式操作系统 WindowsCE 中运行。适应于应用系统对功能、可靠性、成本、体积、功耗等综合性能有严格要求的专用计算机系统。通过对现场数据的采集处理，以动画显示、报警处理、流程控制和报表输出等多种方式向用户提供解决实际工程问题的方案，在自动化领域有着广泛的应用。

2.1　MCGS 嵌入版组态软件的主要功能

简单灵活的可视化操作界面。MCGS 嵌入版采用全中文、可视化、面向窗口的开发界面，符合中国人的使用习惯和要求。以窗口为单位，构造用户运行系统的图形界面，使得 MCGS 嵌入版的组态工作既简单直观，又灵活多变。用户可以使用系统的缺省构架，也可以根据需要自己组态配置，生成各种类型和风格的图形界面，包括 DOS 风格的图形界面和标准 Windows 风格的图形界面。

实时性强、有良好的并行处理性能。MCGS 嵌入版是真正的 32 位系统，充分利用了 32 位 WindowsCE 操作平台的多任务、按优先级分时操作的功能，以线程为单位对在工程作业中实时性强的关键任务和实时性不强的非关键任务进行分时并行处理，使嵌入式 PC 机广泛应用于工程测控领域成为可能。例如，MCGS 嵌入版在处理数据采集、设备驱动和异常处理等关键任务时，可在主机运行周期时间内插空进行像打印数据一类的非关键性工作，实现并行处理。

丰富、生动的多媒体画面。MCGS 嵌入版以图像、图符、报表、曲线等多种形式，为操作员及时提供系统运行中的状态、品质及异常报警等相关信息；用大小变化、颜色改变、明暗闪烁、移动翻转等多种手段，增强画面的动态显示效果；对图元、图符对象定义相应的状态属性，实现动画效果。MCGS 嵌入版还为用户提供了丰富的动画构件，每个动画构件都对应一个特定的动画功能。

完善的安全机制。MCGS 嵌入版提供了良好的安全机制，可以为多个不同级别用户设定不同的操作权限。此外，MCGS 嵌入版还提供了工程密码功能，以保护组态开发者的成果。

强大的网络功能。MCGS 嵌入版具有强大的网络通讯功能，支持串口通讯、Modem 串口通讯、以太网 TCP/IP 通讯，不仅可以方便快捷地实现远程数据传输，还可以通过 Web 浏览功能，在整个企业范围内浏览监测到整个的生产信息，实现设备管理和企业管理的集成。

多样化的报警功能。MCGS 嵌入版提供多种不同的报警方式，具有丰富的报警类型，方便用户进行报警设置，并且系统能够实时显示报警信息，对报警数据进行存储与应答，为工业现场安全可靠地生产运行提供有力的保障。

实时数据库为用户分步组态提供极大方便。MCGS 嵌入版由主控窗口、设备窗口、用户窗口、实时数据库和运行策略五个部分构成,其中实时数据库是一个数据处理中心,是系统各个部分及其各种功能性构件的公用数据区,是整个系统的核心。各个部件独立地向实时数据库输入和输出数据,并完成自己的差错控制。在生成用户应用系统时,每一部分均可分别进行组态配置,独立建造,互不相干。

支持多种硬件设备,实现"设备无关"。MCGS 嵌入版针对外部设备的特征,设立设备工具箱,定义多种设备构件,建立系统与外部设备的连接关系,赋予相关的属性,实现对外部设备的驱动和控制。用户在设备工具箱中可方便选择各种设备构件。不同的设备对应不同的构件,所有的设备构件均通过实时数据库建立联系,而建立时又是相互独立的,即对某一构件的操作或改动,不影响其他构件和整个系统的结构,因此 MCGS 嵌入版是一个"设备无关"的系统,用户不必因外部设备的局部改动,而影响整个系统。

方便控制复杂的运行流程。MCGS 嵌入版开辟了"运行策略"窗口,用户可以选用系统提供的各种条件和功能的策略构件,用图形化的方法和简单的类 Basic 语言构造多分支的应用程序,按照设定的条件和顺序,操作外部设备,控制窗口的打开或关闭,与实时数据库进行数据交换,实现自由、精确地控制运行流程,同时也可以由用户创建新的策略构件,扩展系统的功能。

良好的可维护性。MCGS 嵌入版系统由五大功能模块组成,主要的功能模块以构件的形式来构造,不同的构件有着不同的功能,且各自独立。三种基本类型的构件(设备构件、动画构件、策略构件)完成了 MCGS 嵌入版系统的三大部分(设备驱动、动画显示和流程控制)的所有工作。

用自建文件系统来管理数据存储,系统可靠性更高。由于 MCGS 嵌入版不再使用 ACCESS 数据库来存储数据,而是使用了自建的文件系统来管理数据存储,所以与 MCGS 通用版相比,MCGS 嵌入版的可靠性更高,在异常掉电的情况下也不会丢失数据。

设立对象元件库,组态工作简单方便。对象元件库,实际上是分类存储各种组态对象的图库。组态时,可把制作完好的对象(包括图形对象、窗口对象、策略对象以至位图文件等)以元件的形式存入图库中,也可把元件库中的各种对象取出,直接为当前的工程所用,随着工作的积累,对象元件库将日益扩大和丰富。这样解决了组态结果的积累和重新利用问题。组态工作将会变得越来越简单方便。

总之,MCGS 嵌入版组态软件具有与 MCGS 通用版组态软件一样强大的功能,并且操作简单,易学易用。同时使用 MCGS 嵌入版组态软件能够避开复杂的嵌入版计算机软、硬件问题,而将精力集中于解决工程问题本身,根据工程作业的需要和特点,组态配置出高性能、高可靠性和高度专业化的工业控制监控系统。

2.2 MCGS 嵌入版组态软件的主要特点

容量小:整个系统最低配置只需要 2M 的存贮空间,可以方便地使用 DOC 等存贮设备。

速度快:系统的时间控制精度高,可以方便地完成各种高速采集系统,满足实时控制系统要求。

成本低:系统最低配置只需要主频为 24M 的 386 单板计算机、2M DOC,4M 内存,大大降低设备成本。

真正嵌入:运行于嵌入式实时多任务操作系统。

稳定性高:无硬盘,内置看门狗,上电重启时间短,可在各种恶劣环境下稳定长时间运行。

功能强大:提供中断处理,定时扫描精度可达到毫秒级,提供对计算机串口,内存,端口的访问,并可以根据需要灵活组态。

通讯方便:内置串行通讯功能、以太网通讯功能、Web 浏览功能和 Modem 远程诊断功能,可以方便地实现与各种设备进行数据交换、远程采集和 Web 浏览。

操作简便:MCGS 嵌入版和 MCGS 通用版、网络版采用的组态环境,它不但继承了 MCGS 通用版与网络版简单易学的优点,还增加了灵活的模块操作,以流程为单位构造用户控制系统,使得 MCGS 嵌入版的组态操作既简单直观,又灵活多变。

支持多种设备:提供了所有常用的硬件设备的驱动。

有助于建造完整的解决方案:MCGS 嵌入版组态环境运行于具备良好人机界面的 Windows 操作系统上,具备与北京昆仑通态公司已经推出的通用版本组态软件和网络版组态软件相同的组态环境界面,可有效帮助用户建造从嵌入式设备,现场监控工作站到企业生产监控信息网在内的完整解决方案;并有助于用户开发的项目在这三个层次上的平滑迁移。

2.3 MCGS 嵌入版组态软件的体系结构

MCGS 嵌入版系统的构成和组成部分的功能 MCGS 嵌入式体系结构分为组态环境、模拟运行环境和运行环境三部分。TPC7062K 与组态计算机连接如图 12-6 所示。

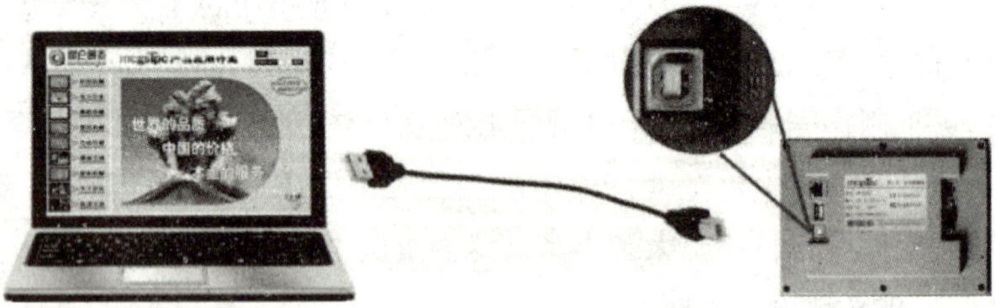

图 12-6 与计算机连接

组态环境和模拟运行环境相当于一套完整的工具软件,可以在 PC 机上运行。用户可根据实际需要裁减其中内容。它帮助用户设计和构造自己的组态工程并进行功能测试。

运行环境则是一个独立的运行系统,它按照组态工程中用户指定的方式进行各种处理,完成用户组态设计的目标和功能。运行环境本身没有任何意义,必须与组态工程一起作为一个整体,才能构成用户应用系统。一旦组态工作完成,并且将组态好的工程通过串口或以太网下载到下位机的运行环境中,组态工程就可以离开组态环境而独立运行在下位机上,从而实现了控制系统的可靠性、实时性、确定性和安全性。

由 MCGS 嵌入版生成的用户应用系统，其结构由主控窗口、设备窗口、用户窗口、实时数据库和运行策略五个部分构成，如图 12-7 所示。

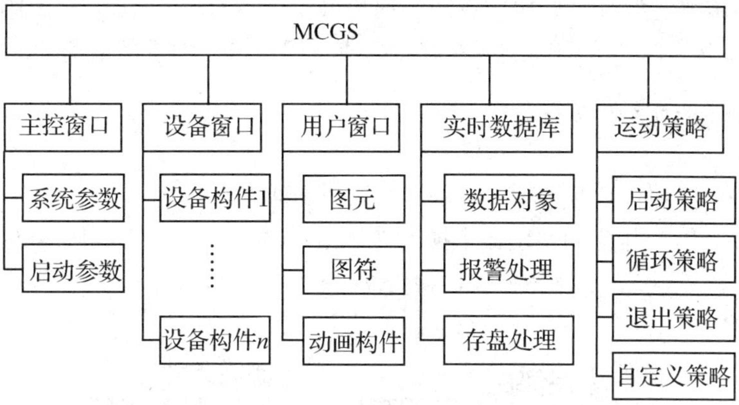

图 12-7　用户应用系统

窗口是屏幕中的一块空间，是一个“容器”，直接提供给用户使用。在窗口内，用户可以放置不同的构件，创建图形对象并调整画面的布局，组态配置不同的参数以完成不同的功能。

在 MCGS 嵌入版中，每个应用系统只能有一个主控窗口和一个设备窗口，但可以有多个用户窗口和多个运行策略，实时数据库中也可以有多个数据对象。MCGS 嵌入版用主控窗口、设备窗口和用户窗口来构成一个应用系统的人机交互图形界面，组态配置各种不同类型和功能的对象或构件，同时可以对实时数据进行可视化处理。

实时数据库是 MCGS 嵌入版系统的核心。

主控窗口构造了应用系统的主框架。主控窗口确定了工业控制中工程作业的总体轮廓，以及运行流程、特性参数和启动特性等项内容，是应用系统的主框架。设备窗口是 MCGS 嵌入版系统与外部设备联系的媒介。设备窗口专门用来放置不同类型和功能的设备构件，实现对外部设备的操作和控制。设备窗口通过设备构件把外部设备的数据采集进来，送入实时数据库，或把实时数据库中的数据输出到外部设备。用户窗口实现了数据和流程的“可视化”。组态工程中的用户窗口，最多可定义 512 个。所有的用户窗口均位于主控窗口内，其打开时窗口可见；关闭时窗口不可见。

运行策略是对系统运行流程实现有效控制的手段。运行策略本身是系统提供的一个框架，其里面放置有策略条件构件和策略构件组成的“策略行”，通过对运行策略的定义，使系统能够按照设定的顺序和条件操作实时数据库、控制用户窗口的打开、关闭并确定设备构件的工作状态等，从而实现对外部设备工作过程的精确控制。一个应用系统有三个固定的运行策略：启动策略、循环策略和退出策略，同时允许用户创建或定义最多 512 个用户策略。

综上所述，一个应用系统由主控窗口、设备窗口、用户窗口、实时数据库和运行策略五个部分组成。组态工作开始时，系统只为用户搭建了一个能够独立运行的空框架，提供了丰富的动画部件与功能部件。

如果要完成一个实际的应用系统，应主要完成以下工作：

首先，要像搭积木一样，在组态环境中用系统提供的或用户扩展的构件构造应用系统，配置各种参数，形成一个有丰富功能可实际应用的工程；然后，把组态环境中的组态结果提交给运行环境。运行环境和组态结果一起就构成了用户自己的应用系统。

2.4 安装 MCGS 嵌入版组态软件

MCGS 嵌入版只有一张安装光盘，具体安装步骤如下：

启动 Windows，在相应的驱动器中插入光盘；插入光盘后，从 Windows 的光驱驱动器运行光盘中的 Autorun. exe 文件，MCGS 安装程序窗口如图 12-8 所示。

图 12-8　MCGS 安装

在安装程序窗口中点击“安装组态软件”，弹出安装程序窗口。点击“下一步”，启动安装程序。

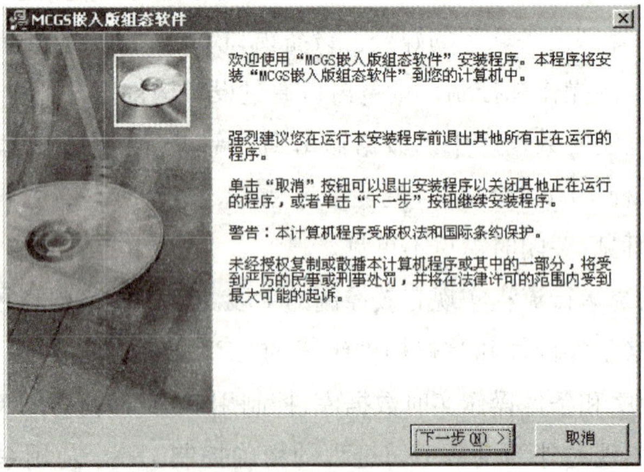

图 12-9　安装过程

按提示步骤操作，随后，安装程序将提示指定安装目录，用户不指定时，系统缺省安装到 D:\MCGSE 目录下，建议使用缺省目录，如图 12-10 所示，系统安装大约需要几分钟。

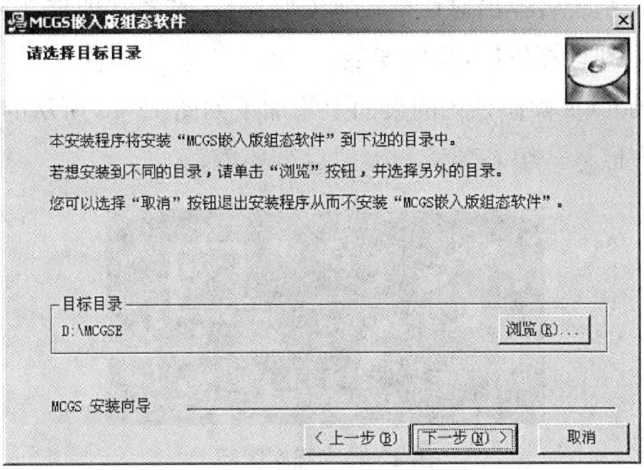

图 12-10 选择安装路径

MCGS 嵌入版主程序安装完成后，继续安装设备驱动，选择"是"。

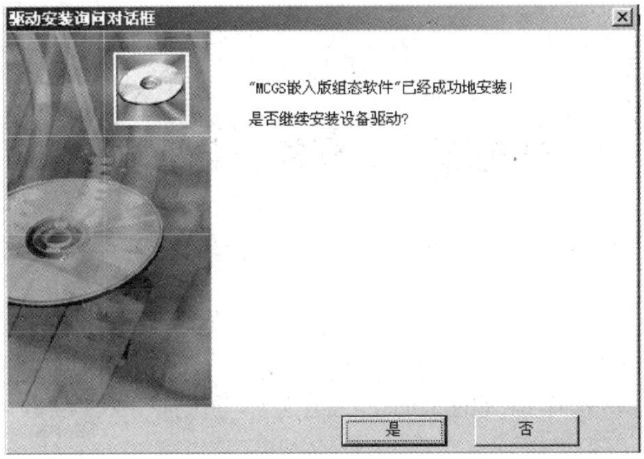

图 12-11 安装过程

点击下一步，进入驱动安装程序，选择所有驱动，点击下一步进行安装。

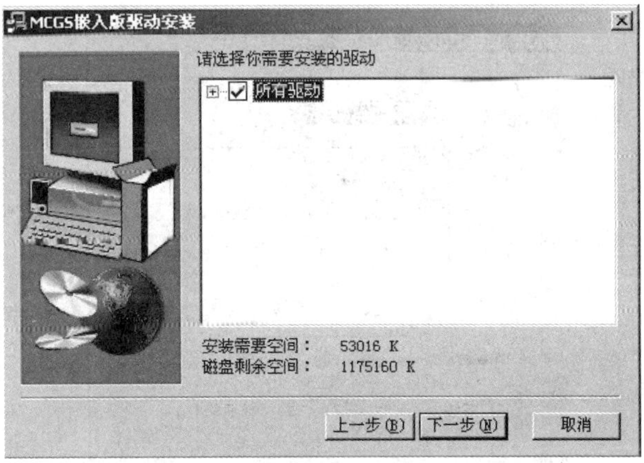

图 12-12 安装设备驱动

选择好后，按提示操作，MCGS 驱动程序安装过程大约需要几分钟。

安装过程完成后，系统将弹出对话框提示安装完成，选择立即重新启动计算机或稍后重新启动计算机，重新启动计算机后，完成安装。

安装完成后，Windows 操作系统的桌面上添加了如图 12-13 所示的两个快捷方式图标，分别用于启动 MCGS 嵌入式组态环境和模拟运行环境。

图 12-13　程序图标

课后复习

安装 MCGS。

任务 3　工程建立与下载

3.1　建立工程

鼠标双击 Windows 操作系统的桌面上的组态环境快捷方式，可打开嵌入版组态软件，然后按如下步骤建立工程：

单击文件菜单中“新建工程”选项，弹出“新建工程设置”对话框，TPC 类型选择为“TPC7062K”，点击确认。

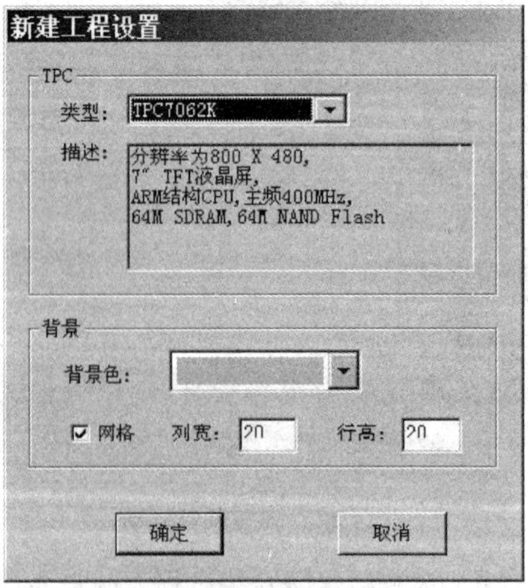

图 12-14　新建工程

选择文件菜单中的"工程另存为"菜单项,弹出文件保存窗口。

在文件名一栏内输入"TPC 通讯控制工程",点击"保存"按钮,工程创建完毕。

3.2 MCGS 嵌入版的运行

MCGS 嵌入版系统的运行方式 MCGS 嵌入版组态软件包括组态环境、运行环境、模拟运行环境三部分。其中,组态环境和模拟运行环境安装在上位机中;运行环境安装在下位机中。

组态环境是用户组态工程的平台。模拟运行环境可以在 PC 机上模拟工程的运行情况,用户可以不必连接下位机,对工程进行检查。当组态好一个工程后,可以在上位机的模拟运行环境中试运行,以检查是否符合组态要求。也可以将工程下载到下位机中,在实际环境中运行。在组态环境下选择工具菜单中的下载配置,将弹出下载配置对话框,如图 12-15 所示。

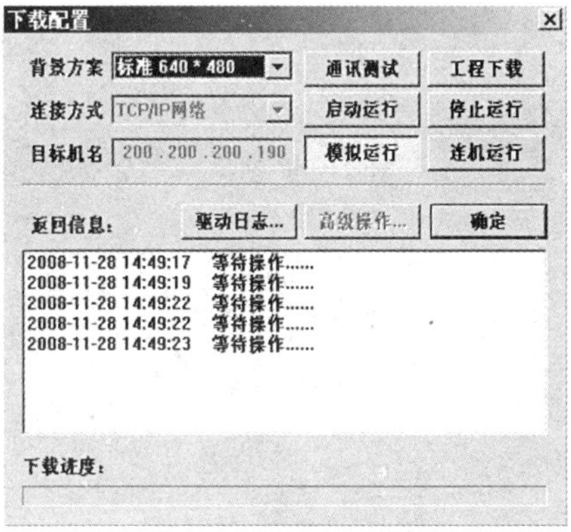

图 12-15 工程下载

背景方案:用于设置模拟运行环境屏幕的分辨率。用户可根据需要选择。包含三个选项:标准 640 * 480;标准 800 * 600;标准 1024 * 768。

连接方式:用于设置上位机与下位机的连接方式,包括两个选项:

TCP/IP 网络:通过 TCP/IP 网络连接,选择此项时,下方显示目标机名输入框,用于指定下位机的 IP 地址;

USB 通讯:通过 USB 连接。

通讯测试:用于测试通讯情况。

工程下载:用于将工程下载到模拟运行环境,或下位机的运行环境中。

启动运行:启动工程。

停止运行:停止工程的运行。

模拟运行:工程在模拟运行环境下运行。

连机运行:工程在实际的下位机中运行。

下载进度:用于显示下载状态信息。

工程下载操作步骤:

1. 确定运行方式:单击“模拟运行”或“连机下载”按钮选择工程运行方式。

当选择模拟运行时,连接方式、目标机名选择灰显,不能进行设置;

当选择连机下载时,可根据实际情况设置上位机、下位机的连接方式,目标机名的选择。

2. 通讯测试:单击“通讯测试”按钮,测试通讯情况。此步骤非必须执行步骤。

3. 工程下载:单击“工程下载”按钮,将工程下载到模拟运行环境或实际运行环境中。此步骤必须执行,否则将运行上次运行的工程。

4. 启动运行:启动工程运行。

5. 停止运行:停止工程运行。

6. 点击“确定”按钮,关闭下载配置对话框。

课后复习

练习将 MCGS 的几个演示工程下载到触摸屏并运行。

项目 13　MCGS 组态实例——水位控制系统

知识目标

(1) 了解如何建立一个新工程

(2) 灵活应用工具箱,特别是对象元件库管理制作画面

学习任务

任务 1　建立一个新工程

任务 2　图形动起来

任务 3　报警显示与报警数据

任务 4　报表输出

任务 5　曲线显示

任务 6　安全机制

相关知识

通过一个水位控制系统的组态过程,介绍如何应用 MCGS 组态软件完成一个工程。通过学习,应用 MCGS 组态软件建立一个比较简单的水位控制系统。本工程中涉及到动画制作、控制流程的编写、模拟设备的连接、报警输出、报表曲线显示与打印等多项组态操作。

任务 1　建立一个新工程

1.1　工程简介

水位控制需要采集二个模拟数据:

液位 1(最大值 10 米)

液位 2(最大值 6 米)

三个数字数据:水泵、调节阀、出水阀。

工程效果图工程组态好后,最终效果图如图 13-1 所示。

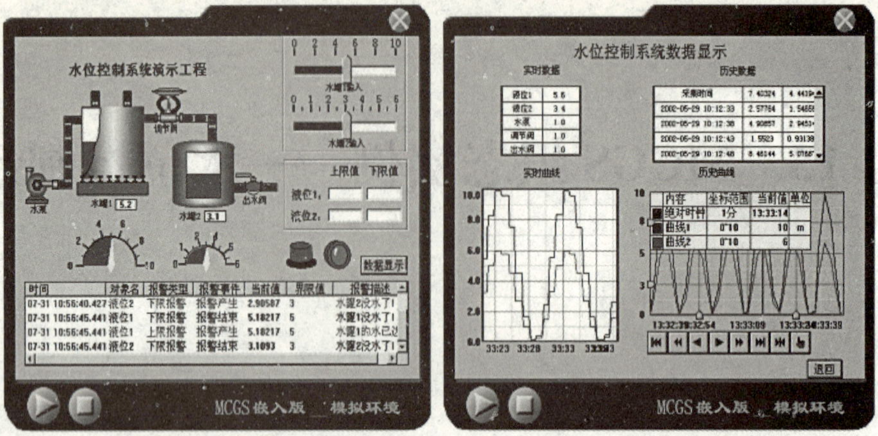

图 13-1　工程效果图

在开始组态工程之前，先对该工程进行剖析，以便从整体上把握工程的结构、流程、需实现的功能及如何实现这些功能。

1. 工程框架：

2 个用户窗口：水位控制、数据显示

5 个策略：启动策略、退出策略、循环策略、报警数据、历史数据

2. 数据对象：

水泵、调节阀、出水阀、液位 1、液位 2、液位 1 上限、液位 1 下限、液位 2 上限、液位 2 下限、液位组

3. 图形制作：水位控制窗口、水泵、调节阀、出水阀、水罐、报警指示灯、通过流动块构件实现管道

4. 水罐水量控制：通过滑动输入器实现

5. 水量的显示：通过旋转仪表、标签构件实现

6. 报警实时显示：通过报警显示构件实现

7. 动态修改报警限值：通过输入框构件实现

8. 数据显示窗口：

实时数据：通过自由表格构件实现

历史数据：通过历史表格构件实现

实时曲线：通过实时曲线构件实现

历史曲线：通过历史曲线构件实现

9. 流程控制：通过循环策略中的脚本程序策略块实现

10. 安全机制：通过用户权限管理、工程安全管理、脚本程序实现

注意：在 MCGS 组态软件中，提出了“与设备无关”的概念。无论用户使用 PLC、仪表，还是使用采集板、模块等设备，在进入工程现场前的组态测试时，均采用模拟数据进行。待测试合格后，再进行设备的硬连接，同时将采集或输出的变量写入设备构件的属性设置窗口内，实现设备的软连接，由 MCGS 提供的设备驱动程序驱动设备工作。以上列出的变量均采取这种办法。

1.2　建立新工程

双击“MCGS 组态环境”图标，进入 MCGS 组态环境。

图 13-2　MCGS 组态环境

在菜单“文件”中选“新建工程”，如果 MCGS 安装在 D：根目录下，则会在 D：\MCGS\WORK\下自动生成新建工程，默认的工程名为新建工程 X. MCG（X 表示新建工程的顺序号，如：0、1、2 等）。如图 13-3 所示。

并弹出新建工程设置对话框如图 13-4 所示。

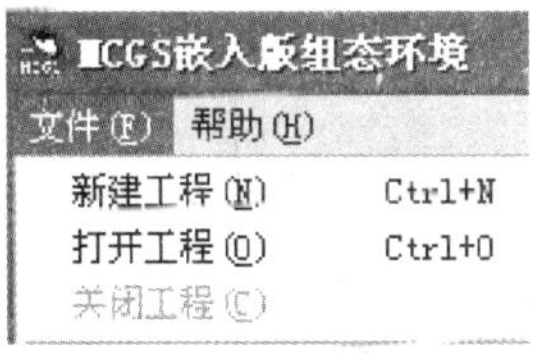

图 13-3　新建工程

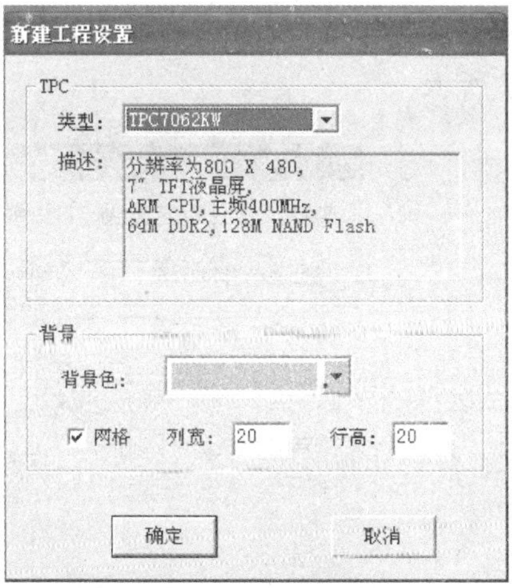

图 13-4　工程设置

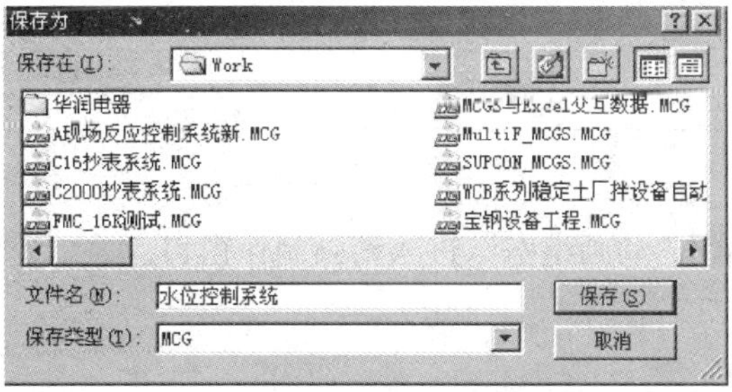

图 13-5　工程保存

在菜单“文件”中选“工程另存为”选项，把新建工程存为 D:\MCGS\WORK\水位控制系统。如图 13-5 所示。

1.3 设计画面

1.3.1 建立画面

MCGS 组态工作台上，单击“用户窗口”，在“用户窗口”中单击“新建窗口”按钮，则产生新“窗口 0”，如图 13-6 所示。

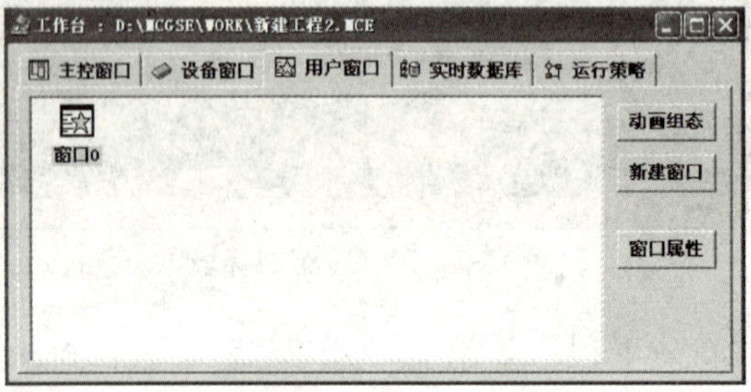

图 13-6 新建窗口

选中“窗口 0”，单击“窗口属性”，进入“用户窗口属性设置”。将窗口名称改为：水位控制；窗口标题改为：水位控制；其他不变，单击“确认”。在“用户窗口”中，选中“水位控制”，点击右键，选择下拉菜单中的“设置为启动窗口”选项，将该窗口设置为运行时自动加载的窗口。如图 13-7 所示。

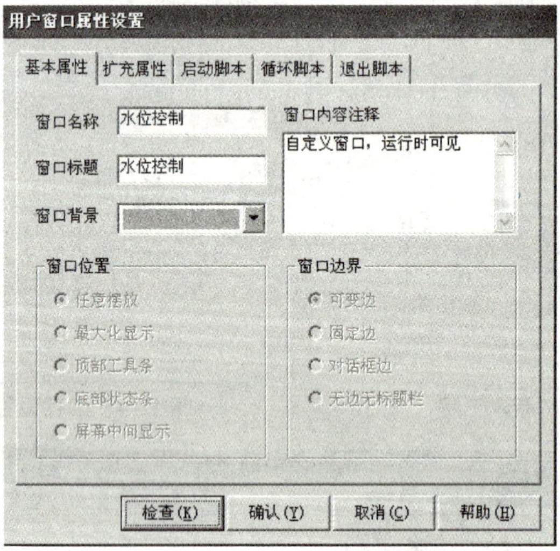

图 13-7 窗口属性设置

选中“水位控制”，单击“动画组态”，进入动画制作窗口。

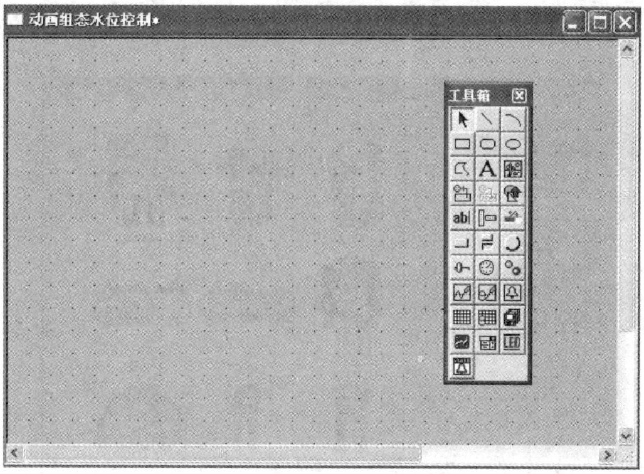

图 13-8　动画组态

1.3.2　编辑画面

选中“水位控制”窗口图标，单击“动画组态”，进入动画组态窗口，开始编辑画面。

制作文字框图：

单击工具条中的“工具箱”按钮，打开绘图工具箱。

选择“工具箱”内的“标签”按钮，鼠标的光标呈“十”字形，在窗口顶端中心位置拖拽鼠标，根据需要拉出一个一定大小的矩形。

在光标闪烁位置输入文字“水位控制系统演示工程”，按回车键或在窗口任意位置用鼠标点击一下，文字输入完毕。

双击文字框，可以对文本进行设置。

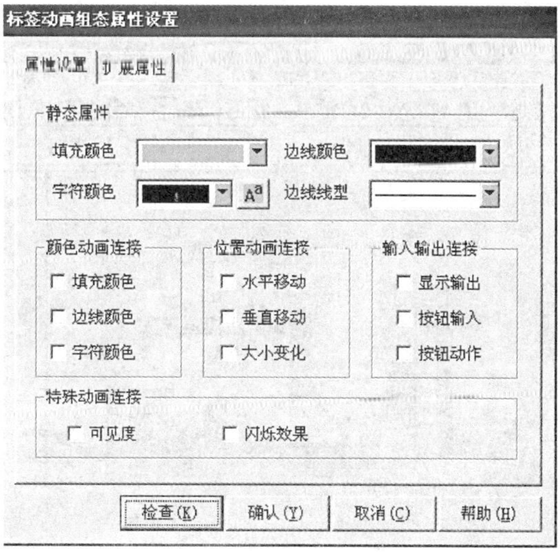

图 13-9　标签属性设置

单击绘图工具箱中的(插入元件)图标，弹出对象元件管理对话框，如图 13-10 所示。

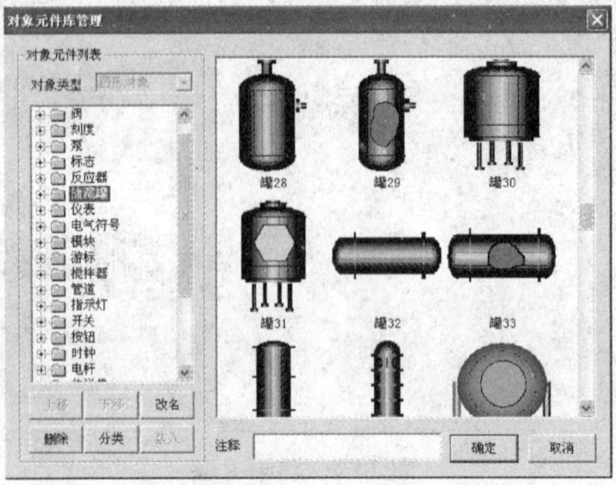

图 13-10 对象元件管理对话框

从"储藏罐"类中选取两个合适的罐。从"阀"和"泵"类中分别选取 2 个阀、1 个泵。将储藏罐、阀、泵调整为适当大小，放到适当位置，参照效果图。

选中工具箱内的流动块动画构件图标，鼠标的光标呈"十"字形，移动鼠标至窗口的预定位置，点击一下鼠标左键，移动鼠标，在鼠标光标后形成一道虚线，拖动一定距离后，点击鼠标左键，生成一段流动块。再拖动鼠标(可沿原来方向，也可垂直原来方向)，生成下一段流动块。当用户想结束绘制时，双击鼠标左键即可。当想修改流动块时，选中流动块(流动块周围出现选中标志：白色小方块)，鼠标指针指向小方块，按住左键不放，拖动鼠标，即可调整流动块的形状。使用工具箱中的图标，分别对阀、罐进行文字注释。依次为：水泵、水罐 1、调节阀、水罐 2、出水阀。选择"文件"菜单中的"保存窗口"选项，保存画面。最后生成的画面如图 13-11 所示。

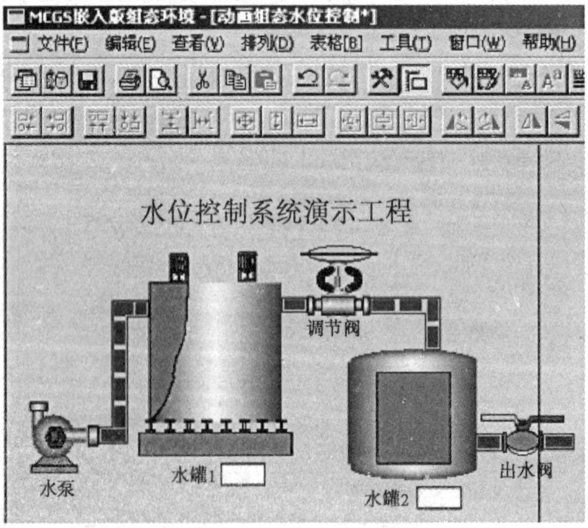

图 13-11 最后的组态画面

任务 2　图形动起来

绘制好静态的动画图形，利用 MCGS 软件中提供的各种动画属性，使图形动起来。

2.1　定义数据变量

实时数据库是 MCGS 工程的数据交换和数据处理中心。数据变量是构成实时数据库的基本单元，建立实时数据库的过程也即是定义数据变量的过程。

定义数据变量的内容主要包括：指定数据变量的名称、类型、初始值和数值范围，确定与数据变量存盘相关的参数，如存盘的周期、存盘的时间范围和保存期限等。

表 13-1 列出了工程中与动画和设备控制相关的变量名称。

表 13-1

对象名称	类型	注释
水泵	开关型	控制水泵“启动”、“停止”的变量
调节阀	开关型	控制调节阀“打开”、“关闭”的变量
出水阀	开关型	控制出水阀“打开”、“关闭”的变量
液位 1	数值型	水罐 1 的水位高度，用来控制 1＃水罐水位的变化
液位 2	数值型	水罐 2 的水位高度，用来控制 2＃水罐水位的变化
液位 1 上限	数值型	用来在运行环境下设定水罐 1 的上限报警值
液位 1 下限	数值型	用来在运行环境下设定水罐 1 的下限报警值
液位 2 上限	数值型	用来在运行环境下设定水罐 2 的上限报警值
液位 2 下限	数值型	用来在运行环境下设定水罐 2 的下限报警值
液位组	组对象	用于历史数据、历史曲线、报表输出等功能构件

鼠标点击工作台的“实时数据库”窗口标签，进入实时数据库窗口页。如图 13-12 所示。

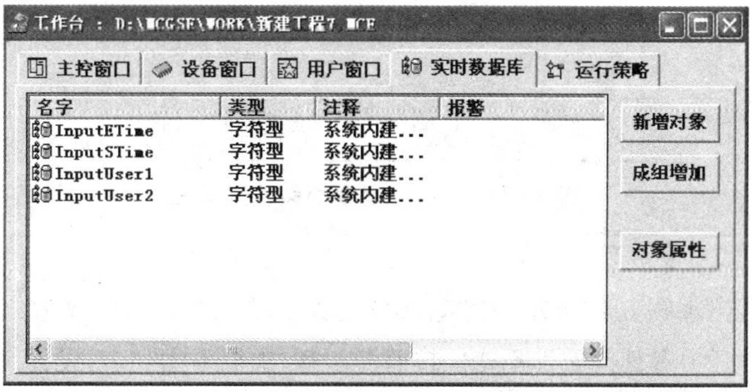

图 13-12　实时数据库

按“新增对象”按钮，在窗口的数据变量列表中，增加新的数据变量，多次按该按钮，则增加多个数据变量，系统缺省定义的名称为“Data1”、“Data2”、“Data3”等选中变量，按“对象属性”按钮或双击选中变量，则打开对象属性设置窗口。

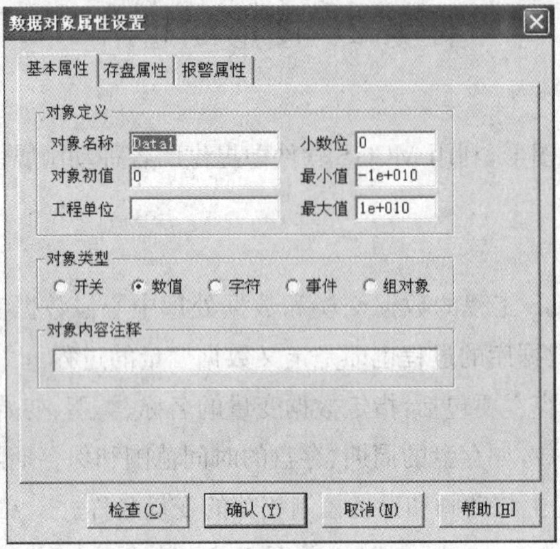

图 13-13　数据对象属性设置

指定名称类型：在窗口的数据变量列表中，用户将系统定义的缺省名称改为用户定义的名称，并指定类型，在注释栏中输入变量注释文字。本系统中要定义的数据变量如图 13-14 所示，以“液位 1”变量为例。

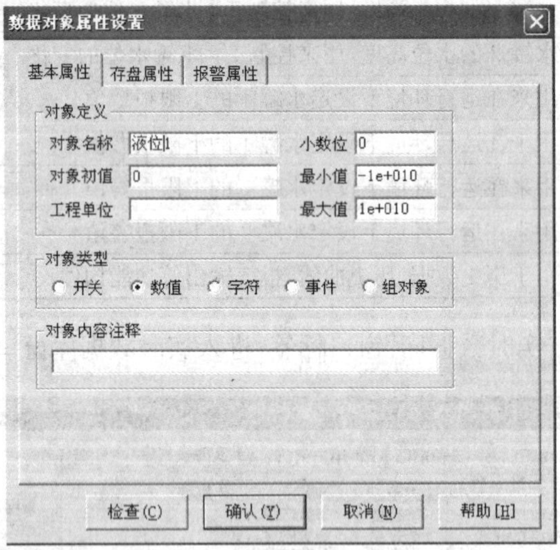

图 13-14　液位 1 数据对象属性设置

在基本属性中，对象名称为：液位 1；对象类型为：数值；其他不变。

水泵、调节阀、出水阀三个开关型变量，属性设置只要把对象名称改为：水泵、调节阀、出水阀；对象类型选中“开关”，其他属性不变。按照此步骤，根据上面列表，设置其他数据对象。

定义组对象与定义其他数据对象略有不同，需要对组对象成员进行选择。

在数据对象列表中，双击“液位组”，打开“数据对象属性设置”窗口。选择“组对象成员”标签，在左边数据对象列表中选择“液位 1”，点击“增加”按钮，数据对象“液位 1”被添加到右边的“组对象成员列表”中。按照同样的方法将“液位 2”添加到组对象成员中。单击“存盘属性”标签，在“数据对象值的存盘”选择框中，选择：定时存盘，并将存盘周期设为：5 秒。单击“确认”，组对象设置完毕。

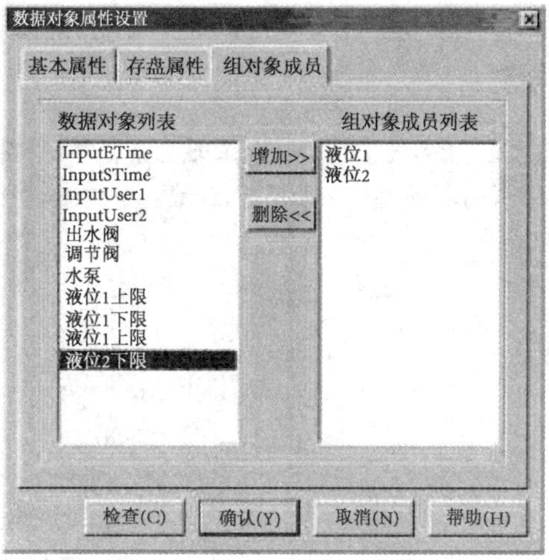

图 13-15 组对象成员设置

2.2 动画连接

MCGS 实现图形动画设计的主要方法是将用户窗口中图形对象与实时数据库中的数据对象建立相关性连接，并设置相应的动画属性。在系统运行过程中，图形对象的外观和状态特征，由数据对象的实时采集值驱动，从而实现了图形的动画效果。

在用户窗口中，双击水位控制窗口进入，选中水罐 1 双击，则弹出单元属性设置窗口。选中折线，则会出现 ? > ，单击 > 则进入动画组态属性设置窗口，按图 13-16 所示修改，其他属性不变。设置好后，按确定，再按确定，变量连接成功。对于水罐 2，只需要把“液位 1”改为“液位 2”，最大变化百分比 100，对应的表达式的值由 10 改为 6 即可。

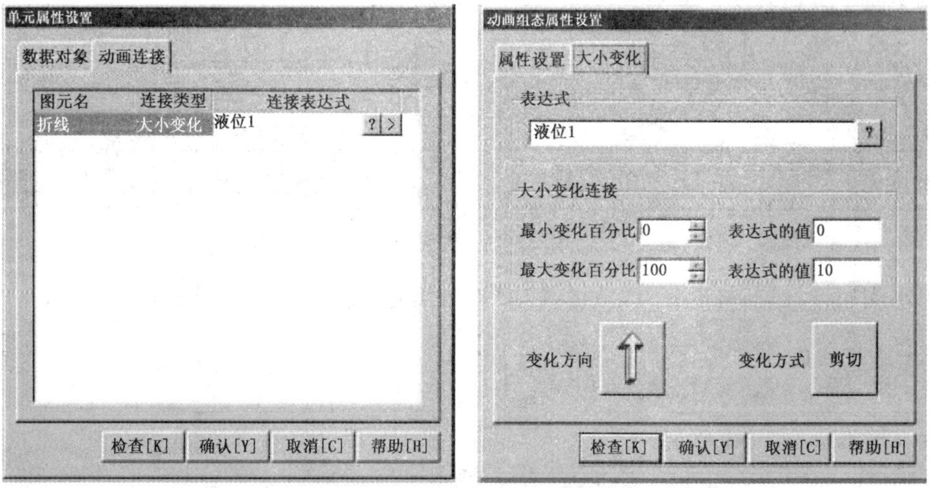

图 13-16 动画组态属相设置

在用户窗口中，双击水位控制窗口进入，选中调节阀双击，则弹出单元属性设置窗口。选中组合图符，则会出现 ? > ，单击 > 则进入动画组态属性设置窗口，按图 13-17、图 13-18所示修改，其他属性不变。设置好后，按“确认”，再按“确认”，变量连接成功。水泵属性设置跟调节阀属性设置一样。

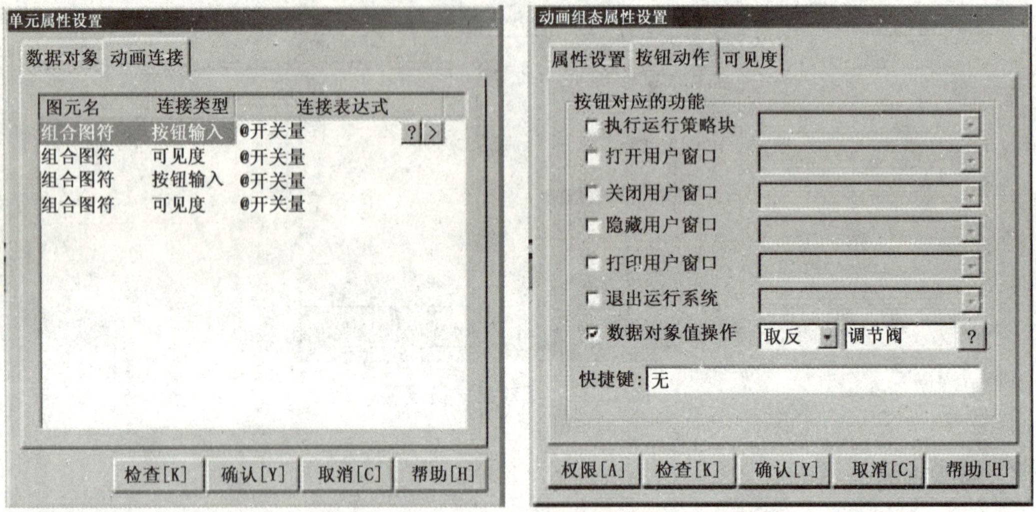

图 13-17　单元属性设置

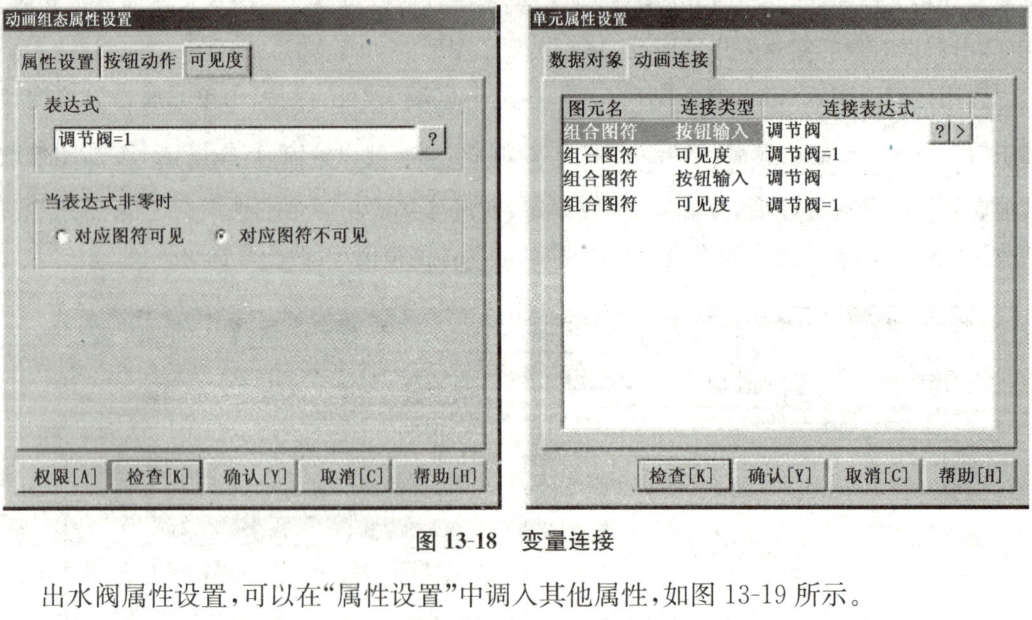

图 13-18　变量连接

出水阀属性设置，可以在“属性设置”中调入其他属性，如图 13-19 所示。

图 13-19　出水阀属性设置

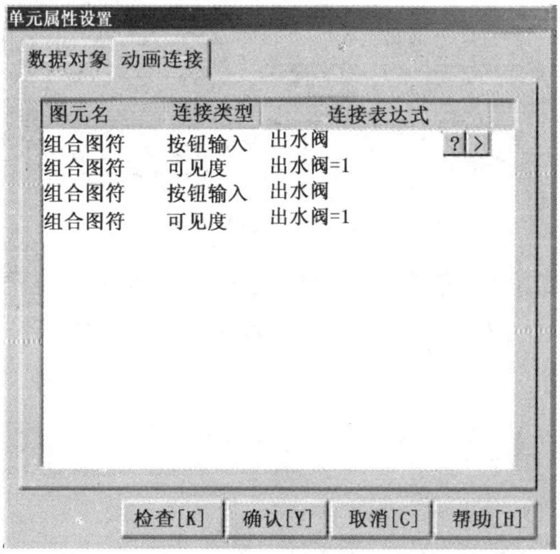

图 13-20　出水阀属性设置

在用户窗口中,双击水位控制窗口进入,选中水泵右侧的流动块双击,则弹出流动块构件属性设置窗口。按图 13-20 所示修改,其他属性不变。水罐 1 右侧的流动块与水罐 2 右侧的流动块在流动块构件属性设置窗口中,只需要把表达式相应改为:调节阀=1,出水阀=1 即可,如图 13-21 所示。

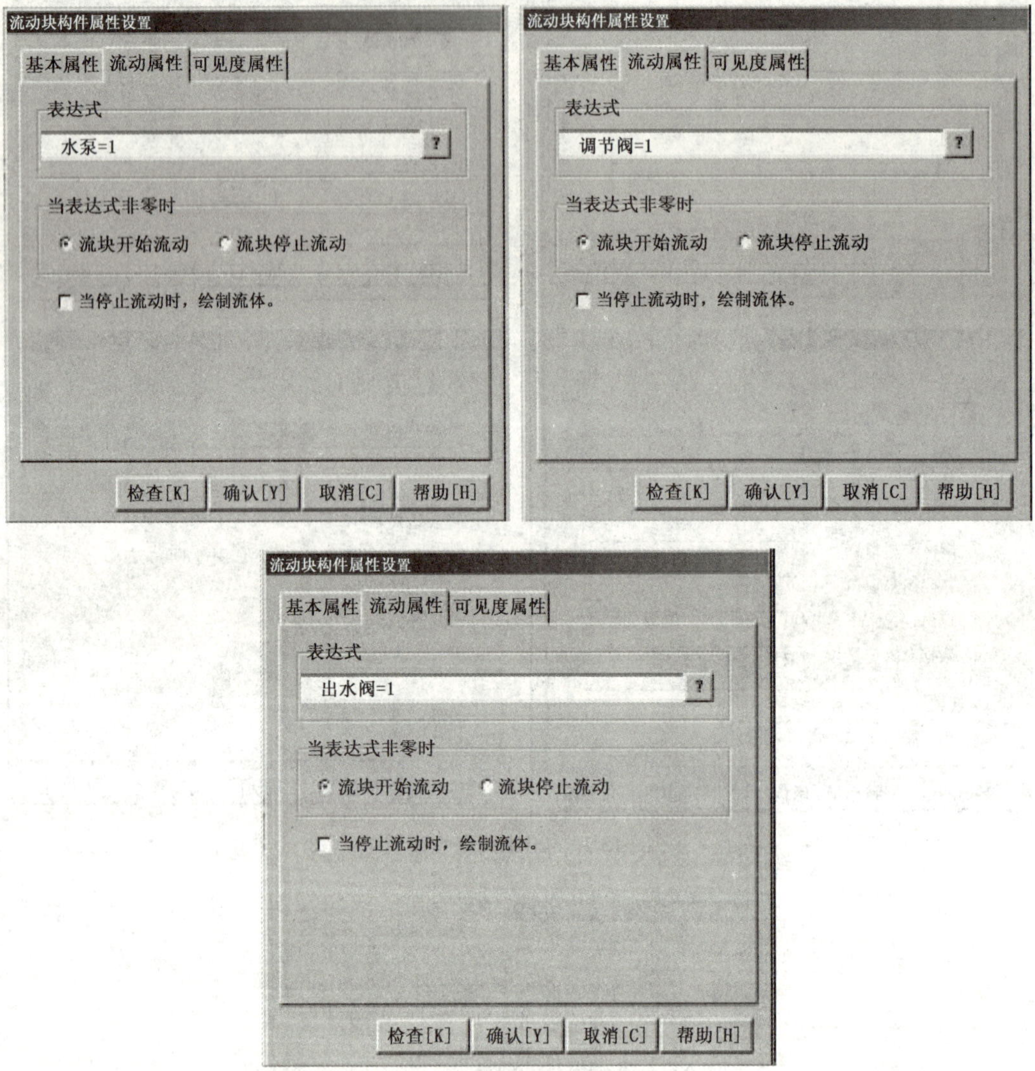

图 13-21　流动块构件属性设置

至此动画连接已经做好了,先让工程运行起来。在运行之前我们需要做一下设置。在"用户窗口"中选中"水位控制",单击鼠标右键,点击"设置为启动窗口",这样工程运行后会自动进入"水位控制"窗口。

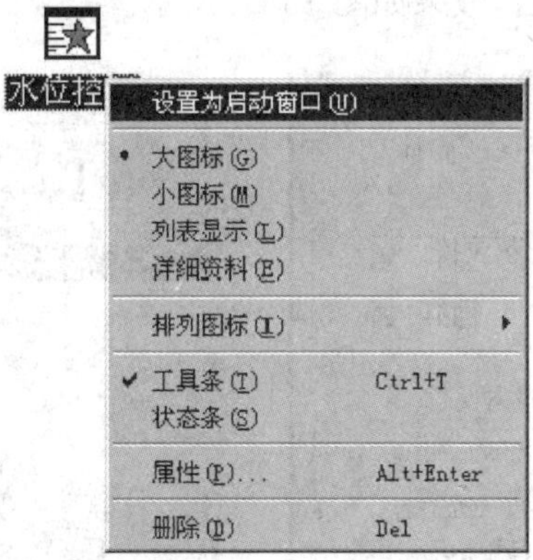

图 13-22　设置为启动窗口

在菜单项“文件”中选“进入运行环境”或直接按“F5”或直接按工具条中图标，都可以进入运行环境。这时看见的画面并不能动，移动鼠标到“水泵”、“调节阀”、“出水阀”上面的红色部分，会出现一只小“手”，单击一下，红色部分变为绿色，同时流动块相应地运动起来。但水罐仍没有变化，这是由于没有信号输入，也没有人为地改变其值。现在可以用如下方法改变其值，使水罐动起来。

在“工具箱”中选中滑动输入器图标，当鼠标变为“十”字形后，拖动鼠标到适当大小，然后双击进入属性设置，具体操作如图 13-23 所示，以液位 1 为例：

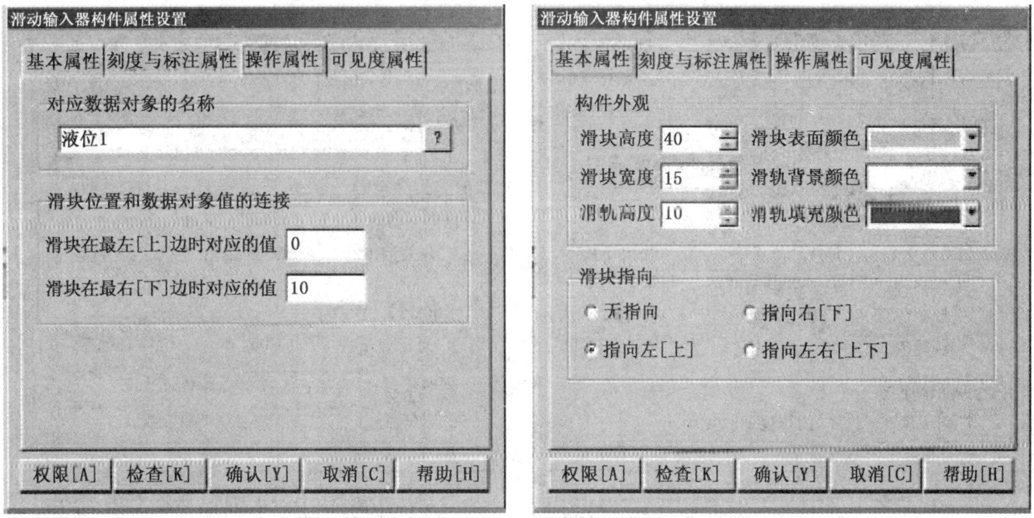

图 13-23　滑动输入器构件属性设置

在“滑动输入器构件属性设置”的“操作属性”中，把对应数据对象的名称改为：液位 1，可以通过单击图标，到库中选，自己输入也可；“滑块在最右边时对应的值”为：10。在“滑动输入器构件属性设置”的“基本属性”中，在“滑块指向”中选中“指向左(上)”，其他不变。在“滑动输入器构件属性设置”的“刻度与标注属性”中，把“主划线数目”改为：5，即能被 10

整除,其他不变。属性设置好后,效果如图 13-24 所示。

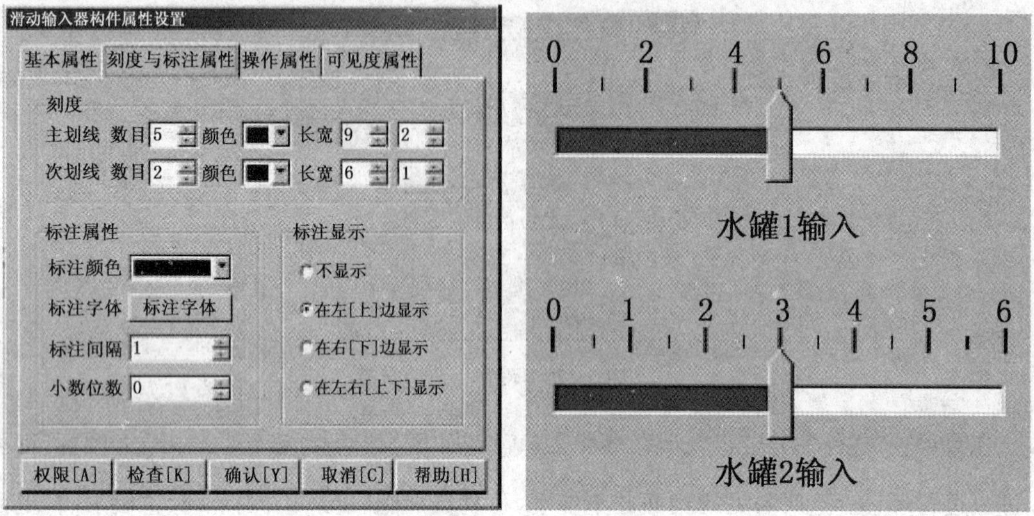

图 13-24 滑动输入器构件属性设置

这时再按“F5”或直接按工具条中图标,进入运行环境后,可以通过拉动滑动输入器而使水罐中的液面动起来。

为了能准确了解,水罐 1、水罐 2 的值,可以用数字显示其值,具体操作如下:在“工具箱”中单击“标签”A图标,调整大小放在水罐下面,双击进行属性设置如图 13-25。

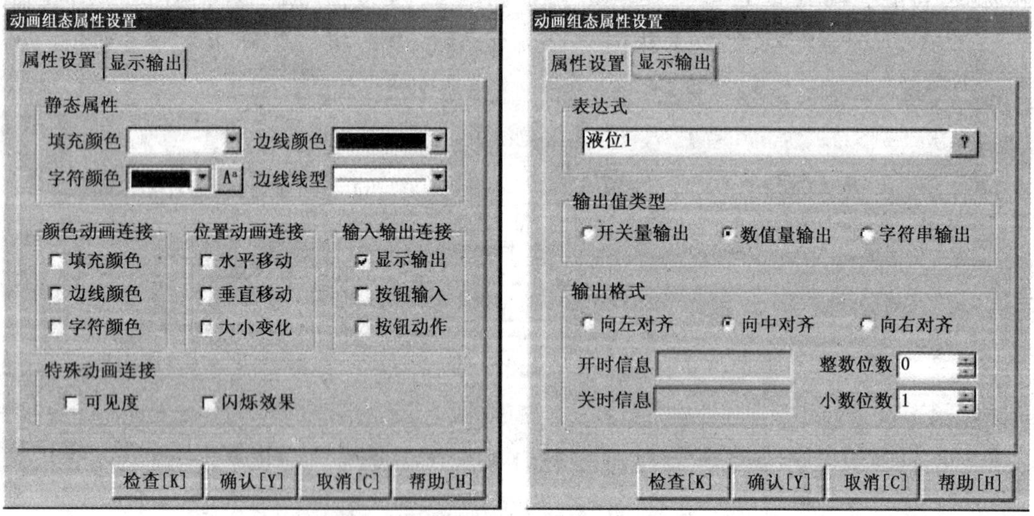

图 13-25 动画组态属性设置

在工业现场一般都会大量地使用仪表进行数据显示。MCGS 嵌入版组态软件适应这一要求提供了旋转仪表构件。用户可以利用此构件在动画界面中模拟现场的仪表运行状态。具体制作步骤如下:

在“工具箱”中单击“旋转仪表”图标,调整大小放在水罐下面,双击进行属性设置如

图 13-26 所示。

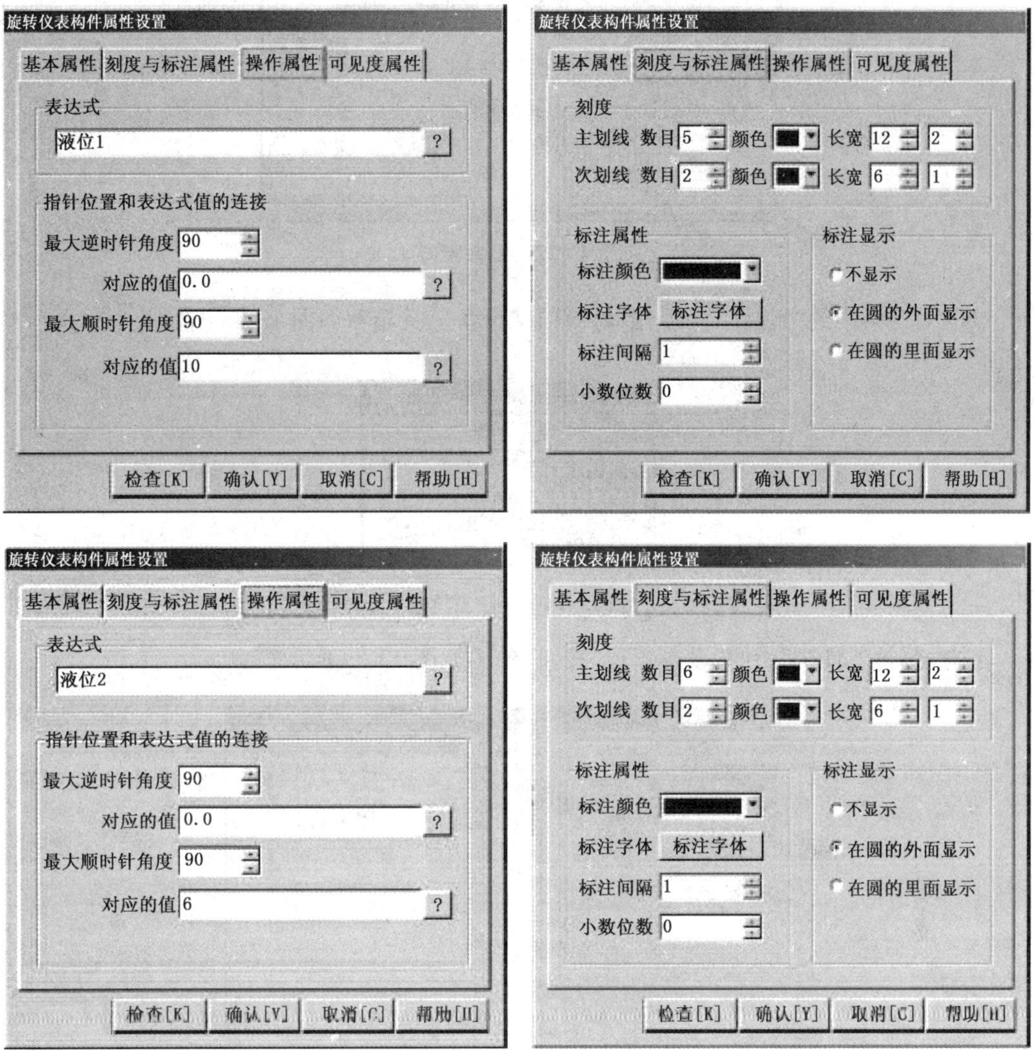

图 13-26　旋转仪表属性设置

这时再按“F5”或直接按工具条中图标，进入运行环境后，可以通过拉动滑动输入器使整个画面动起来。

2.3　模拟设备连接

模拟设备是 MCGS 软件根据设置的参数产生一组模拟曲线的数据，以供用户调试工程使用。本构件可以产生标准的正弦波，方波，三角波，锯齿波信号，且其幅值和周期都可以任意设置。现在通过模拟设备，可以使动画自动运行起来，而不需要手动操作，具体操作如下：

在“设备窗口”中双击“设备窗口”进入，如图 13-27 所示。

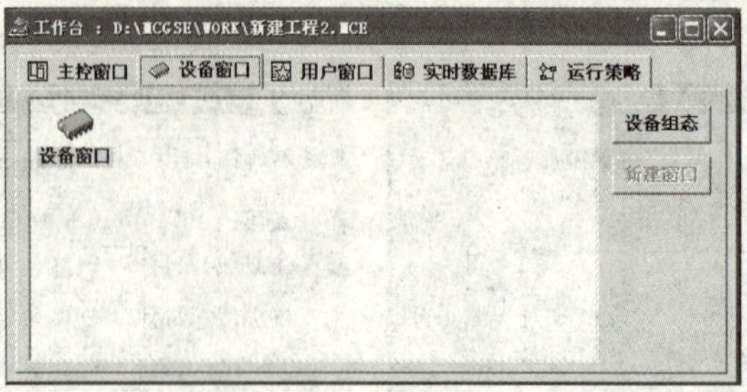

图 13-27　设备窗口

点击工具条中的"工具箱"图标，打开"设备工具箱"，如图 13-28 所示。

图 13-28　设备工具箱

单击"设备工具箱"中的"设备管理"按钮，弹出如图 13-29 所示窗口。

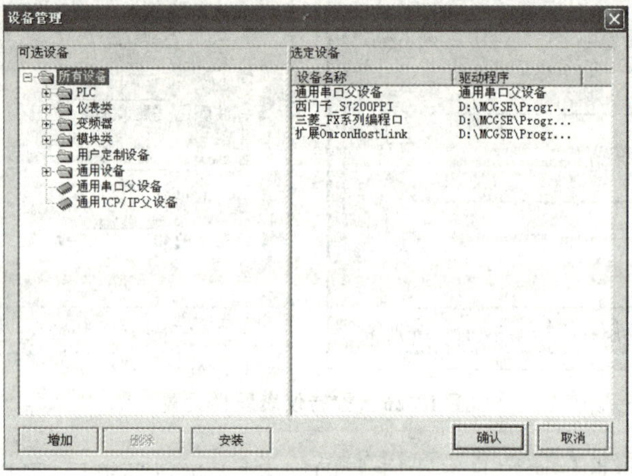

图 13-29　设备管理

在可选设备列表中，双击"通用设备"。双击"模拟数据设备"，在下方出现模拟设备图标。双击模拟设备图标，即可将"模拟设备"添加到右侧选定设备列表中。选中选定设备列表中的"模拟设备"，单击"确认"，"模拟设备"即被添加到"设备工具箱"中。

双击"设备工具箱"中的"模拟设备"，模拟设备被添加到设备组态窗口中。如图 13-30 所示。

图 13-30　模拟数据设备

双击“设备 0—[模拟设备]”，进入模拟设备编辑窗口，如图 13-31 所示。

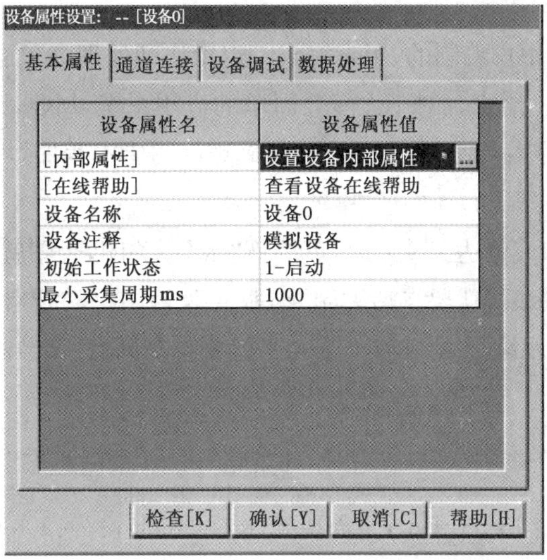

图 13-31　模拟设备编辑

点击基本属性页中的“设置设备内部属性”选项，该项右侧会出现图标，单击此按钮进入“内部属性”设置。将通道 1、2 的最大值分别设置为：10、6。单击“确认”，完成“内部属性”设置。点击通道连接标签，进入通道连接设置。选中通道 0 对应数据对象输入框，输入“液位 1”；选中通道 1 对应数据对象输入框，输入“液位 2”。

图 13-32　通道连接

这时再进入“运行环境”，就会发现“水位控制系统演示系统”自动地运行起来了，但美中不足的是阀门不会根据水罐中的水位变化自动开启。

2.4 编写控制流程

用户脚本程序是由用户编制的、用来完成特定操作和处理的程序，脚本程序的编程语法非常类似于普通的 Basic 语言。对于大多数简单的应用系统，MCGS 的简单组态就可完成。只有比较复杂的系统，才需要使用脚本程序，正确地编写脚本程序，可简化组态过程，大大提高工作效率，优化控制过程。

假设：当“水罐 1”的液位达到 9 米时，就要把“水泵”关闭，否则就要自动启动“水泵”。当“水罐 2”的液位不足 1 米时，就要自动关闭“出水阀”，否则自动开启“出水阀”。当“水罐 1”的液位大于 1 米，同时“水罐 2”的液位小于 6 米就要自动开启“调节阀”，否则自动关闭“调节阀”。具体操作如下：

在工作台的“运行策略”中双击双击“循环策略”进入“策略组态”。双击 图标进入“策略属性设置”，如图 13-33 所示，只需要把“循环时间”设为：200 ms，按“确认”即可。

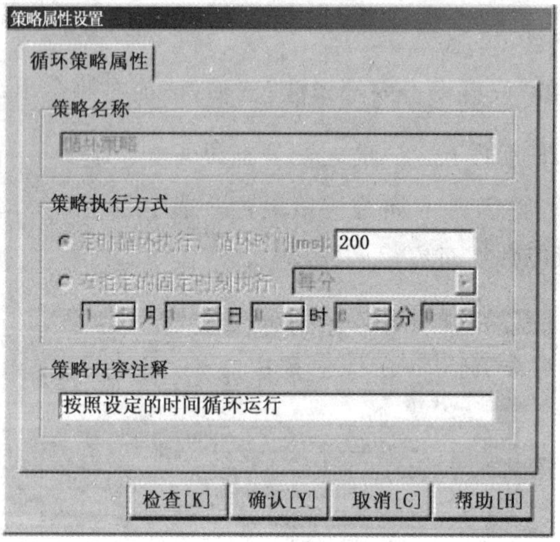

图 13-33　循环策略

在策略组态中，单击工具条中的“新增策略行” 图标，则显示如图 13-34 所示。

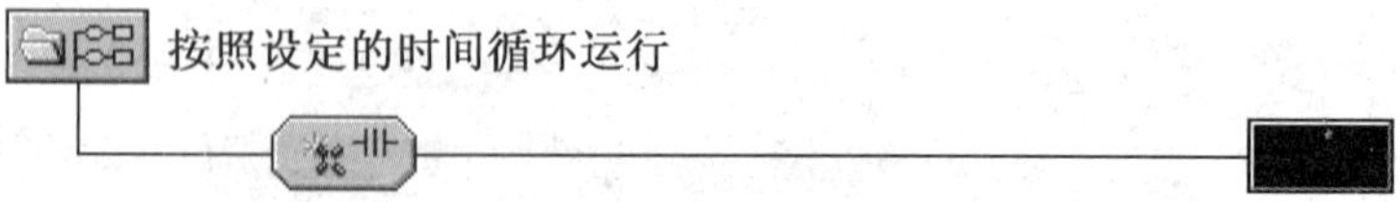

图 13-34　新增策略行

在策略组态中，如果没有出现策略工具箱，请单击工具条中的“工具箱” 图标，弹出“策略工具箱”，如图 13-35 所示。

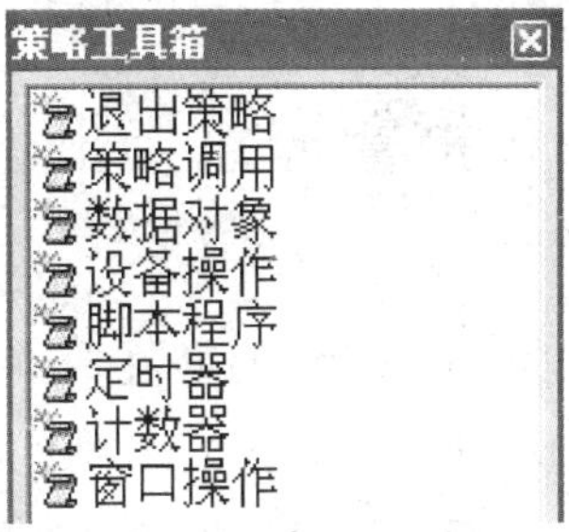

图 13-35　策略工具箱

单击"策略工具箱"中的"脚本程序",把鼠标移出"策略工具箱",会出现一个小手,把小手放在,单击鼠标左键,则显示如下:

图 13-36　脚本程序策略

双击进入脚本程序编辑环境,输入下列程序:

```
IF 液位 1<9 THEN
    水泵=1
ELSE
    水泵=0
ENDIF
IF 液位 2<1 THEN
    出水阀=0
ELSE
    出水阀=1
ENDIF
IF 液位 1>1 and 液位 2<9 THEN
    调节阀=1
ELSE
    调节阀=0
ENDIF
```

单击"确认",脚本程序编写完毕。

任务3　报警显示与报警数据

MCGS把报警处理作为数据对象的属性，封装在数据对象内，由实时数据库来自动处理。当数据对象的值或状态发生改变时，实时数据库判断对应的数据对象是否发生了报警或已产生的报警是否已经结束，并把所产生的报警信息通知给系统的其他部分，同时，实时数据库根据用户的组态设定，把报警信息存入指定的存盘数据库文件中。

3.1　定义报警

对于“液位1”变量，在实时数据库中，双击“液位1”，在报警属性中，选中“允许进行报警处理”；在报警设置中选中“上限报警”，把报警值设为：9米；报警注释为：水罐1的水已达上限值；在报警设置中选中“下限报警”，把报警值设为：1米；报警注释为：水罐1没水了。在存盘属性中，选中“自动保存产生的报警信息”。如图13-37所示。

对于液位2变量来说，只需要把“上限报警”的报警值设为：4米，其他一样。

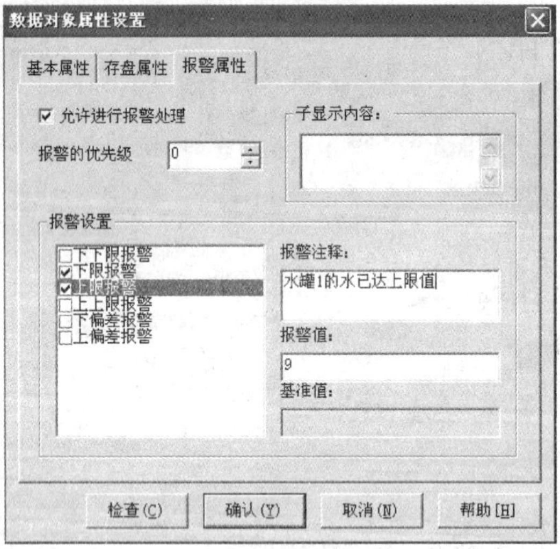

图13-37　定义报警

3.2　报警显示

实时数据库只负责关于报警的判断、通知和存储三项工作，而报警产生后所要进行的其他处理操作（即对报警动作的响应），则需要在组态时实现。

在MCGS组态平台上，单击“用户窗口”，在“用户窗口”中，选中“水位控制”窗口，双击“水位控制”或单击“动画组态”进入。在工具条中单击“工具箱”，弹出“工具箱”，从“工具箱”中单击“报警显示”图标，变“十”字形后用鼠标拖动到适当位置与大小。如图13-38

所示。

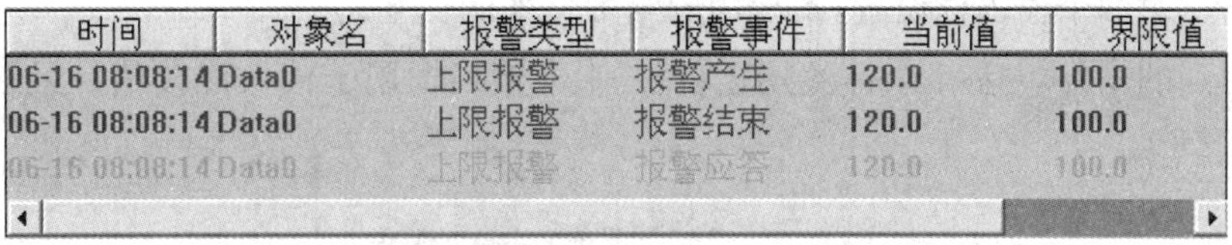

图 13-38　报警显示

再双击弹出如图 13-39 所示的窗口。

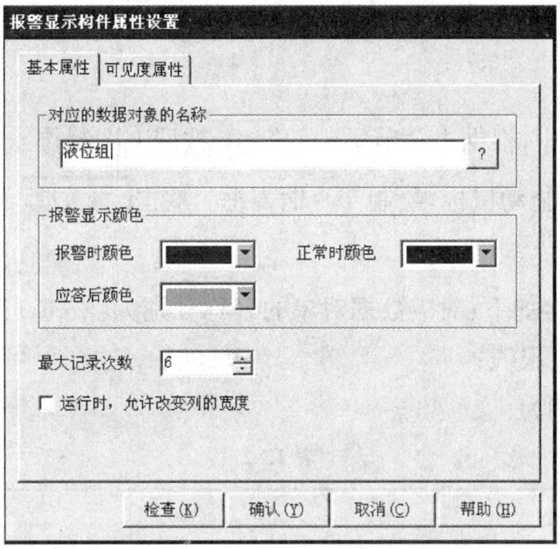

图 13-39　报警显示构件属性设置

在“报警显示构件属性设置”中，把“对应的数据对象的名称”改为：液位组，“最大记录次数”为：6，其他不变。按“确认”后，则报警显示设置完毕。

修改报警限值：

在“实时数据库”中，对“液位 1”、“液位 2”的上下限报警值都是已定义好的。如果用户想在运行环境下根据实际情况需要随时改变报警上下限值，又如何实现呢？在 MCGS 组态软件中，为用户提供了大量的函数，可以根据需要灵活地运用。

操作步骤包括以下几个部分：设置数据对象、制作交互界面、编写控制流程、设置数据对象。

在“实时数据库”中，增加四个变量，分别为：液位 1 上限、液位 1 下限、液位 2 上限、液位 2 下限，参数设置如下：

基本属性页中：

①对象名称分别为：液位 1 上限、液位 1 下限、液位 2 上限、液位 2 下限。

②对象内容注释分别为：水罐 1 的上限报警值、水罐 1 的下限报警值、水罐 2 的上限报警值、水罐 2 的下限报警值。

③存盘属性页中，选中“退出时，自动保存数据对象当前值为初始值”。

制作交互界面：

下面通过对四个输入框设置，实现用户与数据库的交互。

需要用到的构件包括：4 个标签用于标注；4 个输入框用于输入修改值。最终效果如图 13-40 所示。

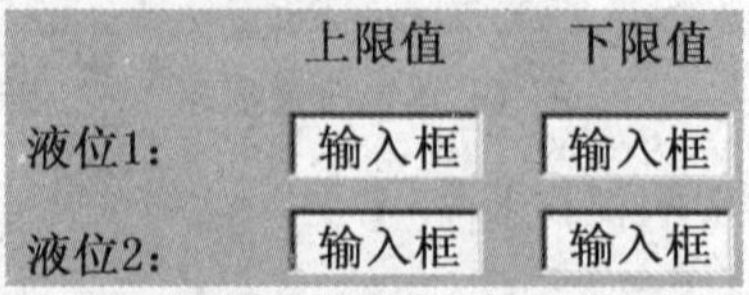

图 13-40　输入框

具体制作步骤如下：

在“水位控制”窗口中，根据上几节学到的知识，按照上图制作 4 个标签。选中“工具箱”中的“输入框” ab| 构件，拖动鼠标，绘制 4 个输入框。双击 输入框 图标，进行属性设置。这里只需设置操作属性即可。

4 个输入框具体设置如下：对应数据对象的名称分别为：液位 1 上限值、液位 1 下限值、液位 2 上限值、液位 2 下限值；

最小值、最大值分别为：

表 13-2

	最小值	最大值
液位 1 上限值	5	10
液位 1 下限值	0	5
液位 2 上限值	4	6
液位 2 下限值	0	2

制作一平面区域，将 4 个输入框及标签包围起来。

编写控制流程：

进入“运行策略”窗口，双击“循环策略”，双击  进入脚本程序编辑环境，在脚本程序中增加以下语句：

! SetAlmValue(液位 1,液位 1 上限,3)

! SetAlmValue(液位 1,液位 1 下限,2)

! SetAlmValue(液位 2,液位 2 上限,3)

! SetAlmValue(液位 2,液位 2 下限,2)

如果对函数! SetAlmValue(液位 1,液位 1 上限,3)不太了解，可按 F1 查看“在线帮助”。在弹出的“MCGS 帮助系统”的“索引”中输入“! SetAlmValue”，即可获得详细的解释。

3.3　报警提示灯显示

具体操作如下：在“用户窗口”中选中“水位控制”，双击进入，单击“工具箱”中的“插入元件”图标，进入“对象元件库管理”，从“指示灯”中选取，调整大小，放在适当位置。作为“液位 1”的报警指示，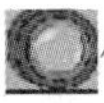作为“液位 2”的报警指示，双击如图 13-41 设置：

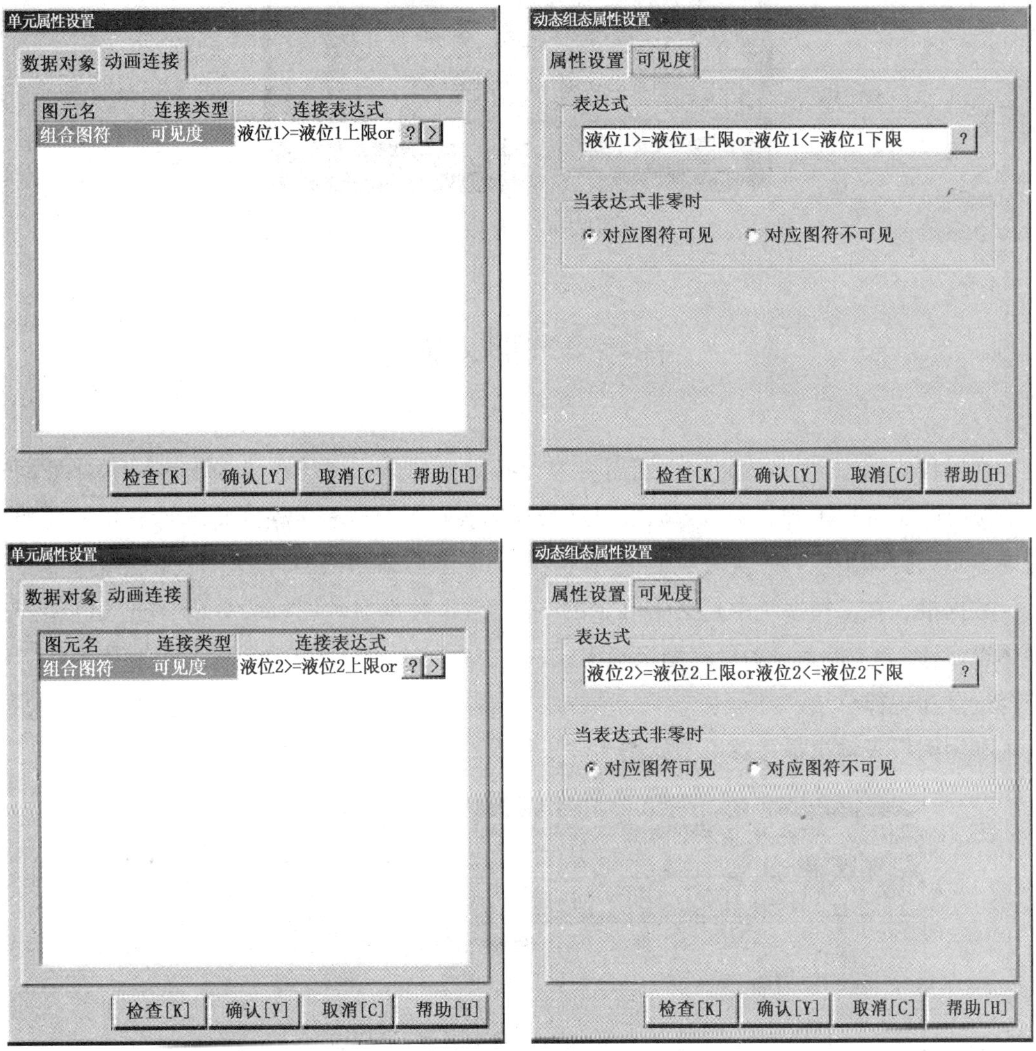

图 13-41　动画连接

单击，进入动画组态属性设置窗口。作如下设置：

表达式：液位 1>=液位 1 上限　or　液位 1<=液位 1 下限；

当表达式非零时，对应图符可见。

按照上面的步骤设置，作如下设置：

表达式：液位 2>=液位 2 上限　or　液位 2<=液位 2 下限；

当表达式非零时，对应图符可见。按 F5 进入运行环境，整体效果如图 13-42 所示。

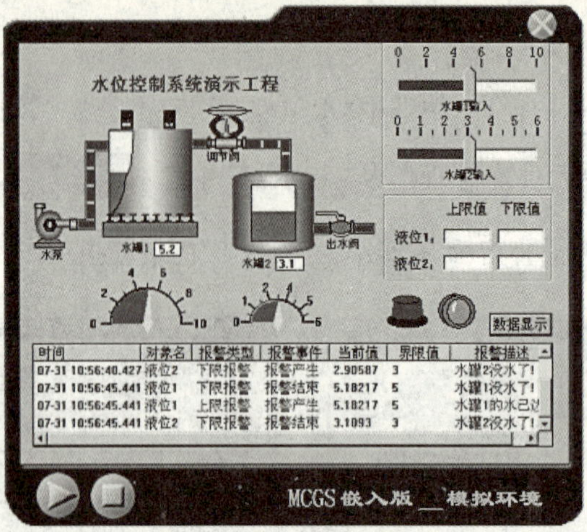

图 13-42　整体效果

任务 4　报表输出

在工程应用中，大多数监控系统需要对设备采集的数据进行存盘，统计分析，并根据实际情况打印出数据报表。所谓数据报表就是根据实际需要以一定格式将统计分析后的数据记录显示和打印出来，如：实时数据报表、历史数据报表（班报表、日报表、月报表等）。

数据报表在工控系统中是必不可少的一部分，是数据显示、查询、分析、统计、打印的最终体现，是整个工控系统的最终结果输出；数据报表是对生产过程中系统监控对象的状态的综合记录和规律总结。

本实例报表输出最终效果图如图 13-43 所示。

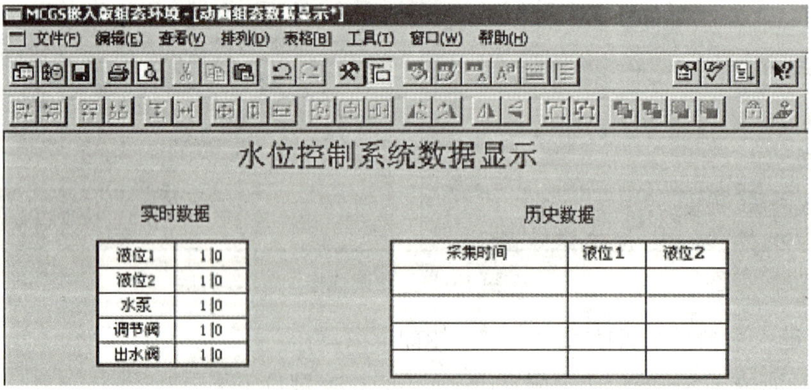

图 13-43　报表输出

包括：

1 个标题：水位控制系统数据显示；

2 个标签：实时数据、历史数据；

2 个报表:实时报表、历史报表。

用到的构件:自由表格、历史表格、存盘数据浏览。

4.1 实时报表

实时报表是对瞬时量的反映,通常用于将当前时间的数据变量按一定报告格式(用户组态)显示和打印出来。实时报表可以通过 MCGS 嵌入版系统的自由表格构件来组态显示实时数据报表。

具体制作步骤如下:

在"用户窗口"中,新建一个窗口,窗口名称、窗口标题均设置为"数据显示"。双击"数据显示"窗口,进入动画组态。按照效果图,使用"标签"A,制作一个标题:水位控制系统数据显示。

选取"工具箱"中的"自由表格"图标,在桌面适当位置,绘制一个表格。双击表格进入编辑状态。改变单元格大小的方法同微软的 Excel 表格的编辑方法。即:把鼠标指针移到 A 与 B 或 1 与 2 之间,当鼠标指针呈分隔线形状时,拖动鼠标至所需大小即可。保持编辑状态,点击鼠标右键,从弹出的下拉菜单中选取"删除一列"选项,连续操作两次,删除两列;再选取"增加一行",在表格中增加一行。

在 A 列的五个单元格中分别输入:液位 1、液位 2、水泵、调节阀、出水阀;

B 列的五个单元格中均输入:1|0,表示输出的数据有 1 位小数,无空格。

在 B 列中,选中液位 1 对应的单元格,单击右键。从弹出的下拉菜单中选取"连接"项,如图 13-44 所示。

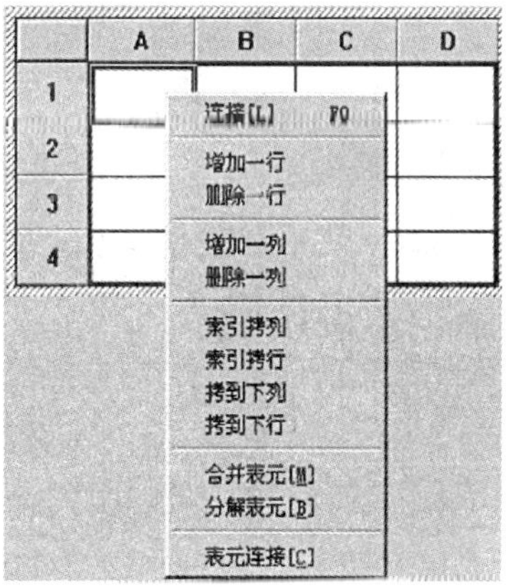

图 13-44 报表连接

再次单击右键,弹出数据对象列表,双击数据对象"液位 1",B 列 1 行单元格所显示的数值即为"液位 1"的数据。

按照上述操作,将 B 列的 2、3、4、5 行分别与数据对象:液位 2、水泵、调节阀、出水阀建立连接。如图 13-45 所示。

连接	A*	B*
1*		液位1
2*		液位2
3*		水泵
4*		调节阀
5*		出水阀

图 13-45　建立连接

进入“水位控制窗口”中，增加一名为“数据显示”的按钮，在操作属性页选中“打开用户窗口”从下拉菜单中选中：数据显示。按“F5”进入运行环境后，单击“数据显示”按钮，即可打开“数据显示”窗口。

4.2　历史报表

历史报表通常用于从历史数据库中提取数据记录，并以一定的格式显示历史数据。实现历史报表有两种方式：一种是用动画构件中的“历史表格”构件；第二种是利用动画构件中的“存盘数据浏览”构件。

利用历史表格动画构件实现历史报表

历史表格构件是基于“Windows 下的窗口”和“所见即所得”机制的，用户可以在窗口上利用历史表格构件强大的格式编辑功能配合 MCGS 嵌入版的画图功能做出各种精美的报表。

在“数据显示”组态窗口中，选取“工具箱”中的“历史表格” 构件，在适当位置绘制一历史表格。双击历史表格进入编辑状态。使用右键菜单中的“增加一行”、“删除一行”按钮，或者单击按钮，使用编辑条中的、、、编辑表格，制作一个 5 行 3 列的表格。参照实时报表部分相关内容制作：

列表头，分别为：采集时间、液位 1、液位 2；

数值输出格式，均为：1|0。参见效果图。

选中 R2、R3、R4、R5，单击右键，选择“连接”选项。点击菜单栏中的“表格”菜单，选择“合并表元”项，所选区域会出现反斜杠。双击该区域，弹出数据库连接设置对话框，具体设置如下：

基本属性页中，连接方式选取：在指定的表格单元内，显示满足条件的数据记录；按照从上到下的方式填充数据行；显示多页记录。

数据来源页中，选取组对象对应的存盘数据；组对象名为：液位组。

显示属性页中，点击“复位”按钮。

时间条件页中，排序列名：MCGS_TIME；升序；时间列名：MCGS_TIME；所有存盘数据。如图 13-46 所示。

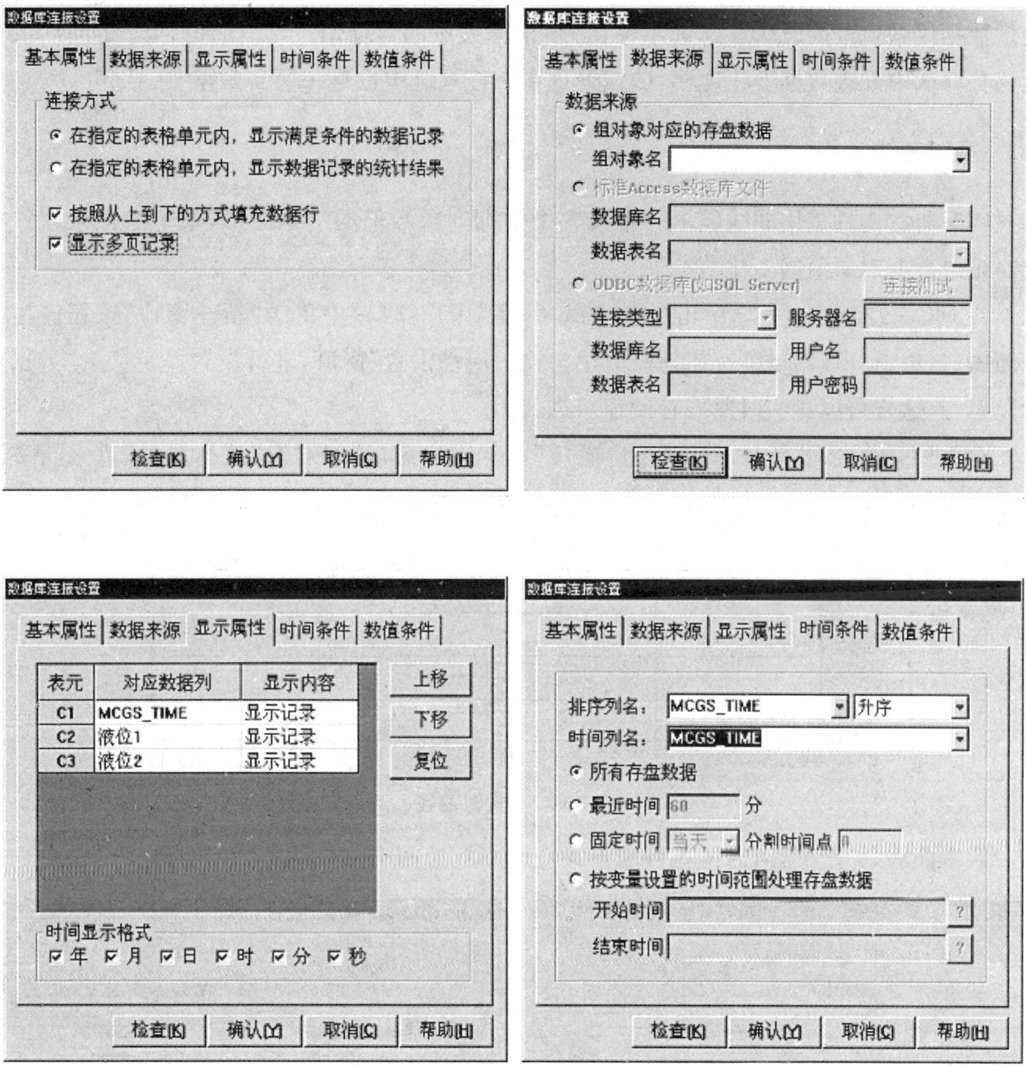

图 13-46　历史报表

任务5　曲线显示

在实际生产过程控制中，对实时数据、历史数据的查看、分析是不可缺少的工作。但对大量数据仅做定量的分析还远远不够，必须根据大量的数据信息，画出曲线，分析曲线的变化趋势并从中发现数据变化规律，曲线处理在工控系统中也是一个非常重要的部分。

5.1　实时曲线

实时曲线构件是用曲线显示一个或多个数据对象数值的动画图形，象笔绘记录仪一样实时记录数据对象值的变化情况。

在MCGS组态平台上，单击“用户窗口”，在“用户窗口”中单击“新建窗口”按钮产生一个新窗口，单击“窗口属性”按钮，弹出“用户窗口属性设置”窗口，进行设置。定义为“数据显示”窗口。这样可以让实时曲线在此窗口内显示。

在MCGS组态平台上，单击“用户窗口”，在“用户窗口”中双击“数据显示”进入，在“工具箱”中单击“实时曲线”图标，拖放到适当位置调整大小。

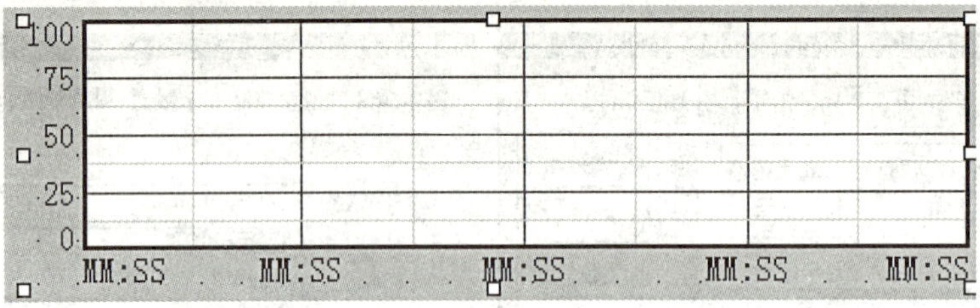

图13-47　实时曲线

双击曲线，弹出“实时曲线构件属性设置”窗口，按图13-48、图13-49设置：

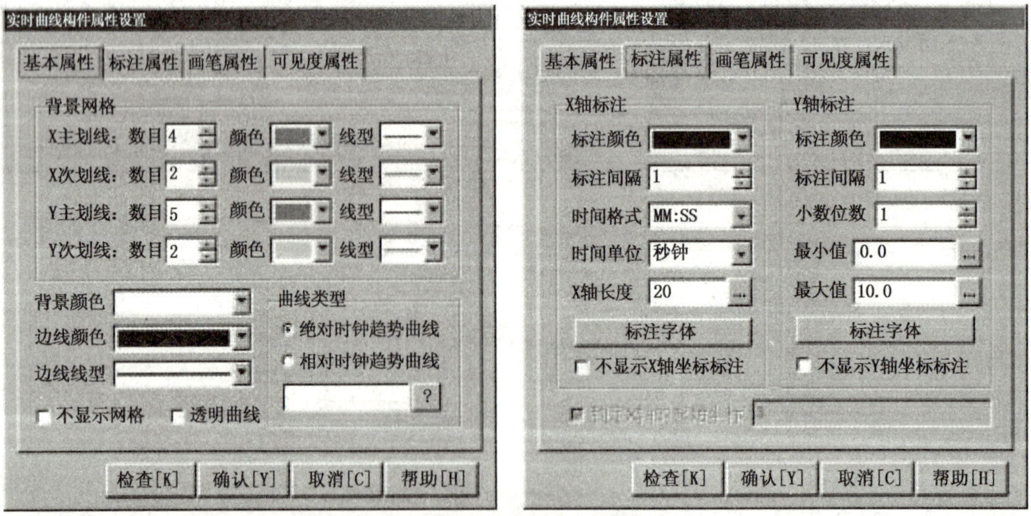

图13-48　实时曲线构件属性设置

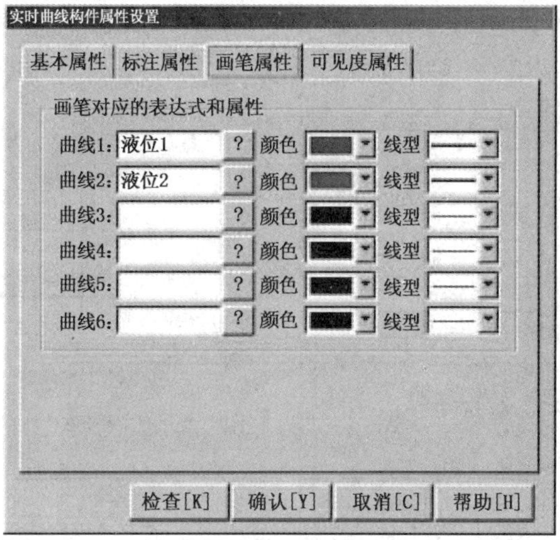

图 13-49　实时曲线构件属性设置

按“确认”即可，在运行环境中单击“数据显示”菜单，就可看到实时曲线。双击曲线可以放大曲线。

5.2　历史趋势

历史曲线构件实现了历史数据的曲线浏览功能。运行时，历史曲线构件能够根据需要画出相应历史数据的趋势效果图。历史曲线主要用于事后查看数据和状态变化趋势和总结规律。

在“用户窗口”中双击“数据显示”进入，在“工具箱”中单击“历史曲线”图标，拖放到适当位置调整大小。

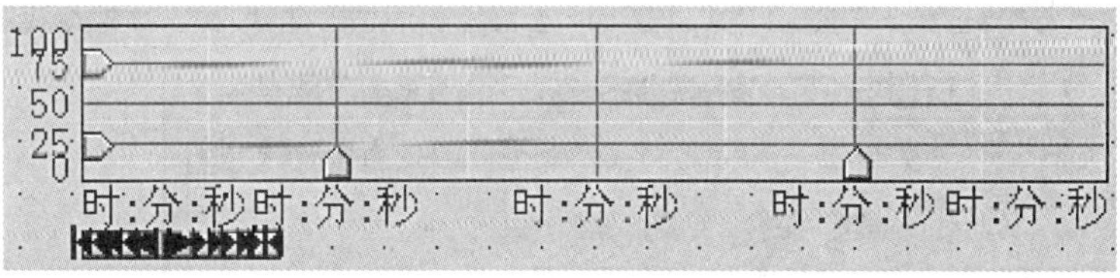

图 13-50　历史曲线

双击曲线，弹出“历史曲线构件属性设置”窗口，按图 13-51 设置，在“历史曲线构件属性设置”中，“液位 1”曲线颜色为“绿色”；“液位 2”曲线颜色为“红色”。如图 13-51 所示。

在运行环境中，单击“数据显示”菜单，打开“数据显示窗口”，就可以看到实时数据、历史报表、实时曲线、历史曲线，如图 13-52 所示。

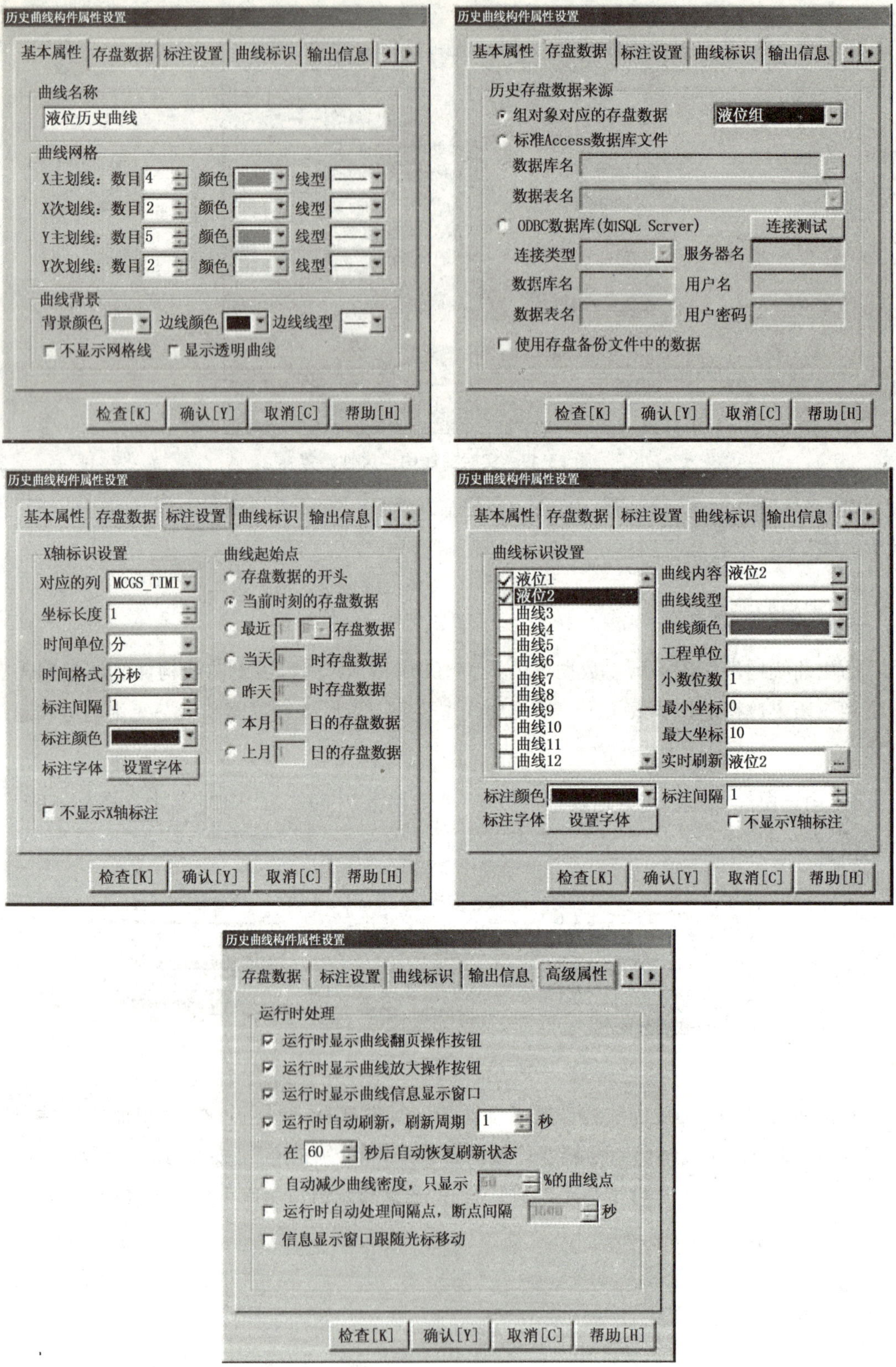

图 13-51　历史曲线构件属性设置

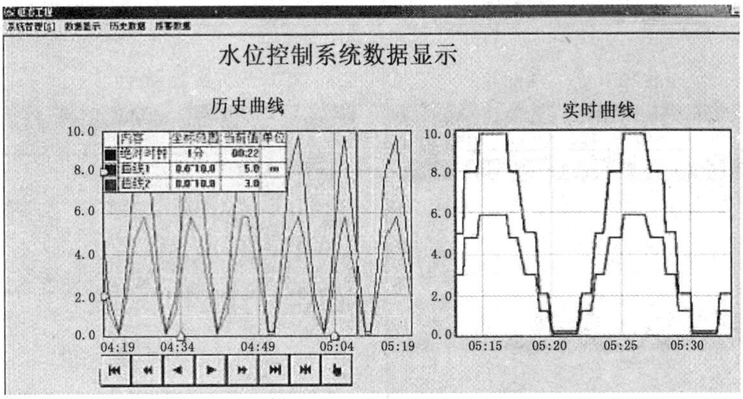

图 13-52　数据显示窗口

任务 6　安全机制

MCGS 组态软件提供了一套完善的安全机制，用户能够自由组态控制菜单、按钮和退出系统的操作权限，只允许有操作权限的操作员才能对某些功能进行操作。MCGS 还提供了工程密码、锁定软件狗、工程运行期限等功能，来保护用 MCGS 组态软件进行开发所得的成果，开发者可利用这些功能保护自己的合法权益。

6.1　操作权限

在 MCGS 中可以定义无限多个用户组，每个用户组中可以包含无限多个用户，同一个用户可以隶属于多个用户组。操作权限的分配是以用户组为单位来进行的，即某种功能的操作只有某些用户组有权限，而某个用户能否对这个功能进行操作取决于该用户所在的用户组是否具备对应的操作权限。

MCGS 系统按用户组来分配操作权限的机制，使用户能方便地建立各种多层次的安全机制。如：实际应用中的安全机制一般要划分为操作员组、技术员组、负责人组。操作员组的成员一般只能进行简单的日常操作；技术员组负责工艺参数等功能的设置；负责人组能对重要的数据进行统计分析；各组的权限各自独立，但某用户可能因工作需要，需能进行所有操作，则只需把该用户同时设为隶属于三个用户组即可。

注意：在 MCGS 中，操作权限的分配是对用户组来进行的，某个用户具有什么样的操作权限是由该用户所隶属的用户组来确定。

6.2　系统权限管理

在菜单“工具”中单击“用户权限管理”，弹出“用户管理器”。点击“用户组名”下面的空白处，如图 13-53 所示，再单击“新增用户组”会弹出“用户组属性设置”；点击“用户名”下面的空白处，再单击“新增用户”会弹出“用户属性设置”，在设置“用户密码”，按“确认”按钮，退出。

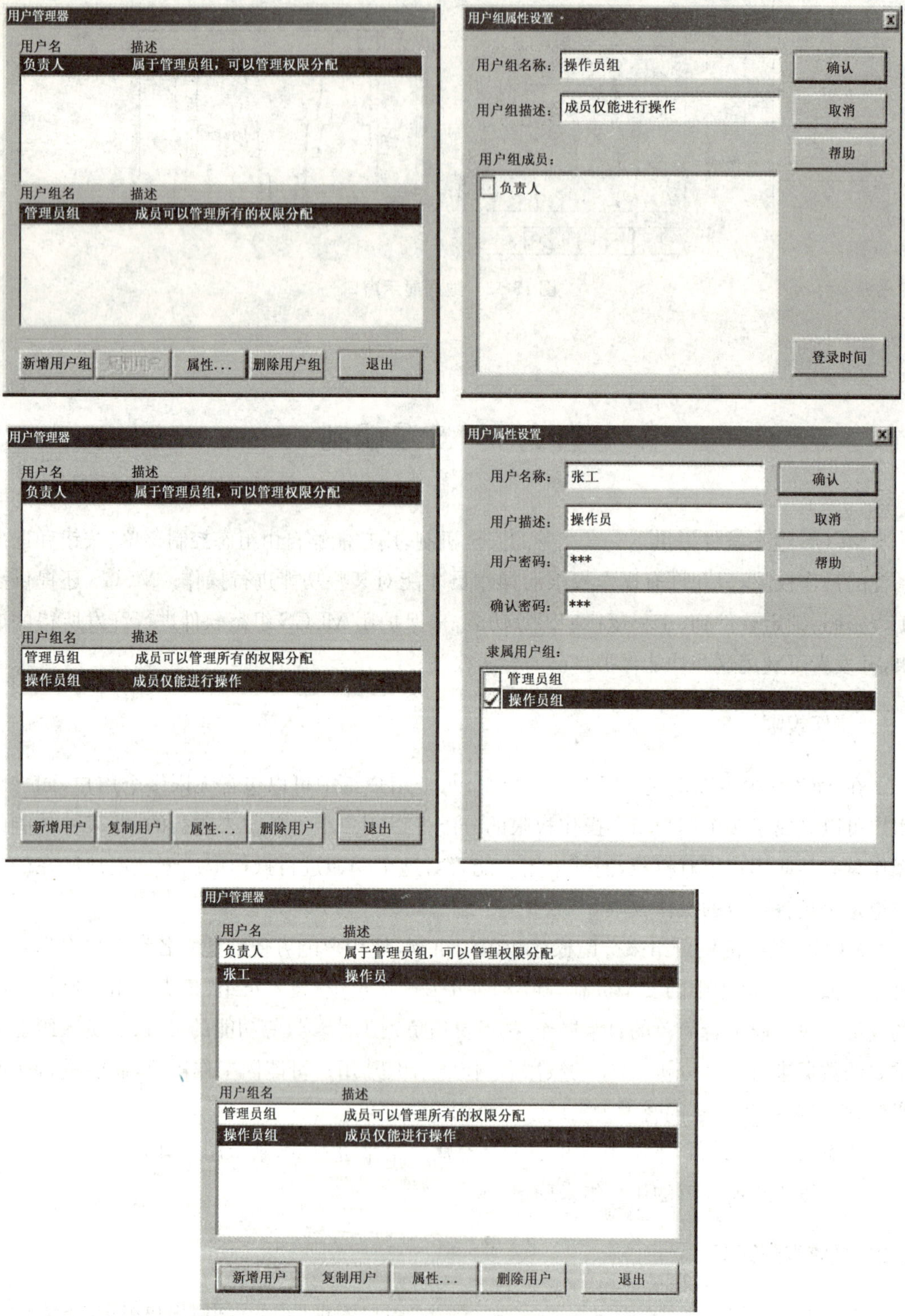

图 13-53　用户属性设置

6.3　工程加密

在“MCGS 组态环境”下如果不想要其他人随便看到用户所组态的工程或防止竞争对手了解到用户的工程组态细节，可以为工程加密。在“工具”下拉菜单中单击“工程安全管理”，再单击“工程密码设置”，弹出“工程密码设置”窗口，如图 13-54 所示。修改密码完成后按“确认”工程加密即可生效，下次打开“水位控制系统”需要设密码。

图 13-54　工程密码设置

经过以上的介绍，一个演示工程就完成了。

项目 14　MCGS 与 PLC 的连接

知识目标

（1）掌握 MCGS 与西门子 S7-200、欧姆龙、三菱 FX 系列等 PLC 的通信接线方式

（2）掌握如何将完成的工程下载到触摸屏

学习任务

任务 1　TPC7062K 与 PLC 的接线

任务 2　连接西门子 S7-200 PLC

任务 3　连接三菱 FX 系列 PLC

任务 4　连接欧姆龙 PLC

任务 5　工程下载

相关知识

在学习了触摸屏的操作与 MCGS 软件的使用后，可以将完成的工程下载到触摸屏。下载后，就要连接 PLC 才能实现控制功能，所以必须了解触摸屏与 PLC 的连接方法。这里选取了工程上比较常用的三种小型 PLC 进行学习。

任务 1　TPC7062K 与 PLC 的接线

认识了 TPC7062K 后，首先了解与三款主流 PLC：西门子 S7-200、欧姆龙、三菱 FX 系列通信接线方式，如图 14-1～图 14-3 所示。通信线缆可以参照图 14-1～图 14-3 的方法由用户自行制作。

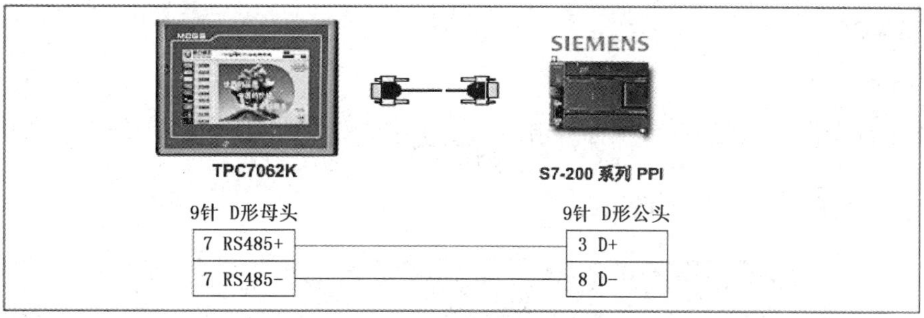

图 14-1　与西门子 S7-200 系列 PLC 的连接

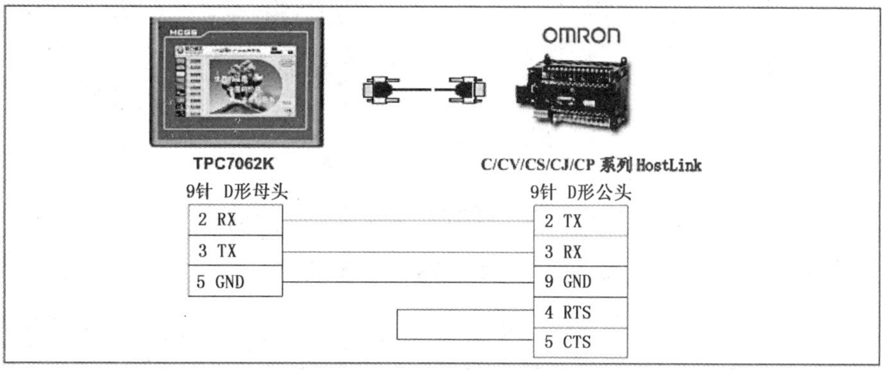

图 14-2　与欧姆龙 C/CV/CJ/CP 系列 PLC 的连接

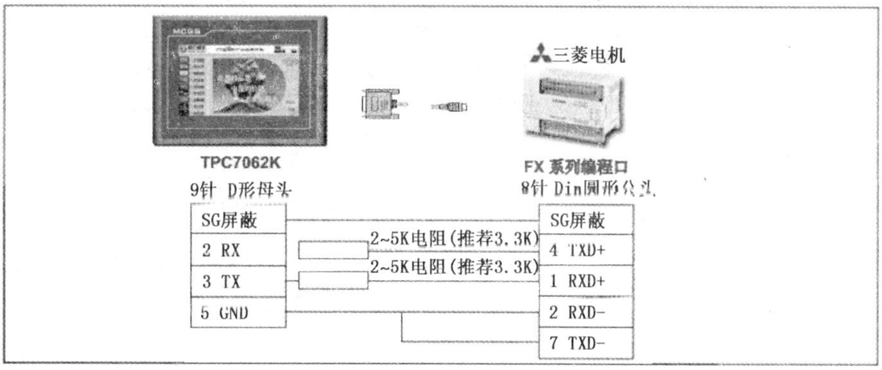

图 14-3　与三菱 FX 系列 PLC 的连接

任务 2　连接西门子 S7-200 PLC

通过实例介绍 MCGS 嵌入版组态软件中建立同西门子 S7-200 通讯的步骤，实际操作地址是西门子 Q0.0、Q0.1、Q0.2、VW0 和 VW2。

2.1 设备组态

在工作台中激活设备窗口，鼠标双击

进入设备组态画面，点击工具条中的打开“设备工具箱”，如图 14-4 所示。

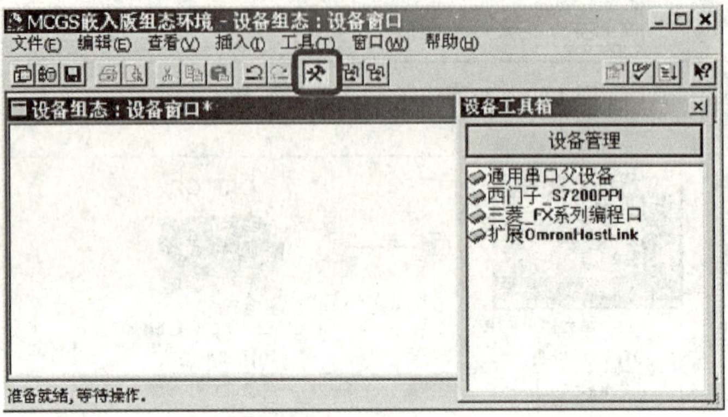

图 14-4 设备工具箱

在设备工具箱中，鼠标按顺序先后双击“通用串口父设备”和“西门子_S7200PPI”添加至组态画面窗口，如图 14-5 所示。提示是否使用西门子默认通讯参数设置父设备，如图 14-6 所示，选择“是”。所有操作完成后关闭设备窗口，返回工作台。

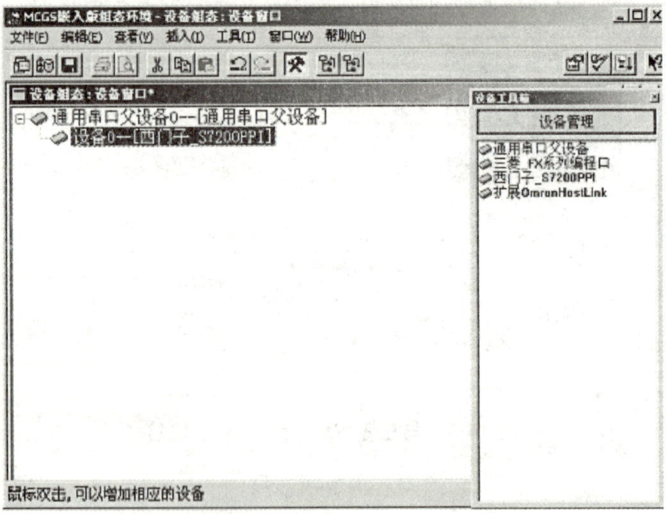

图 14-5 西门子_S7200PPI

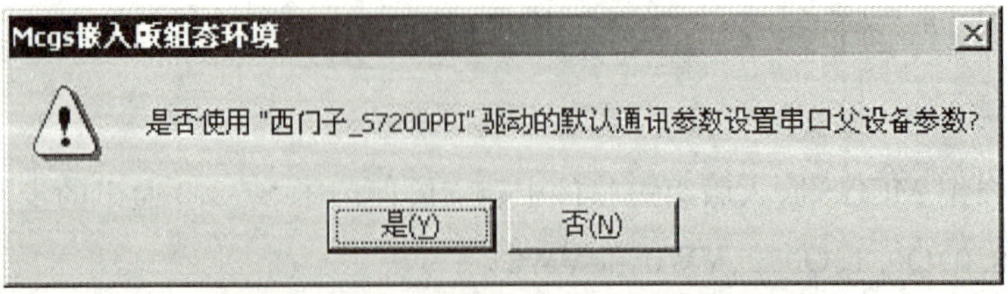

图 14-6 使用西门子默认通讯参数设置父设备

2.2　窗口组态

在工作台中激活用户窗口，鼠标单击“新建窗口”按钮，建立新画面“窗口 0”。接下来单击“窗口属性”按钮，弹出“用户窗口属性设置”对话框，在基本属性页，将“窗口名称”修改为“西门子 200 控制画面”，点击确认进行保存。如图 14-7 所示。

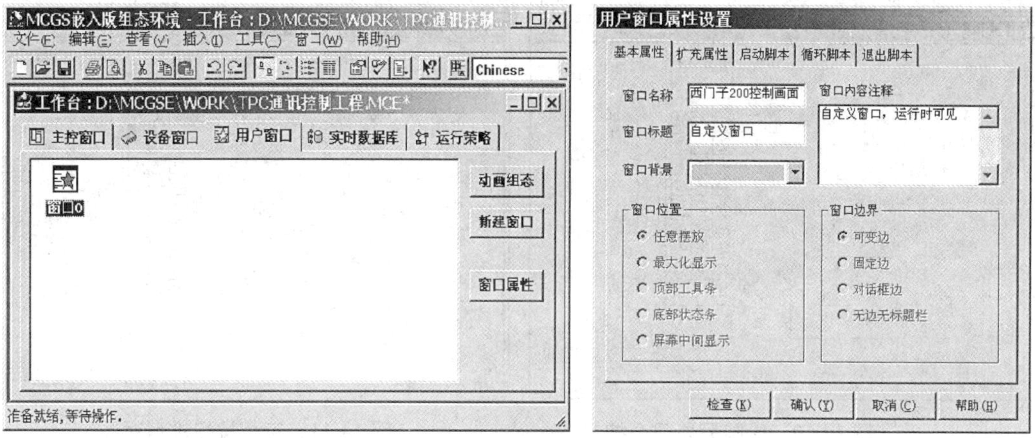

图 14-7　窗口属性设置

在用户窗口双击进入“动画组态西门子 200 控制画面”，点击打开“工具箱”。

2.3　建立基本元件

①按钮：从工具箱中单击“标准按钮”构件，在窗口编辑位置按住鼠标左键拖放出一定大小后，松开鼠标左键，一个按钮构件就绘制在窗口中。如图 14-8 所示。接下来双击该按钮打开“标准按钮构件属性设置”对话框，在基本属性页中将“文本”修改为 Q0.0，点击确认按钮保存，如图 14-9 所示。

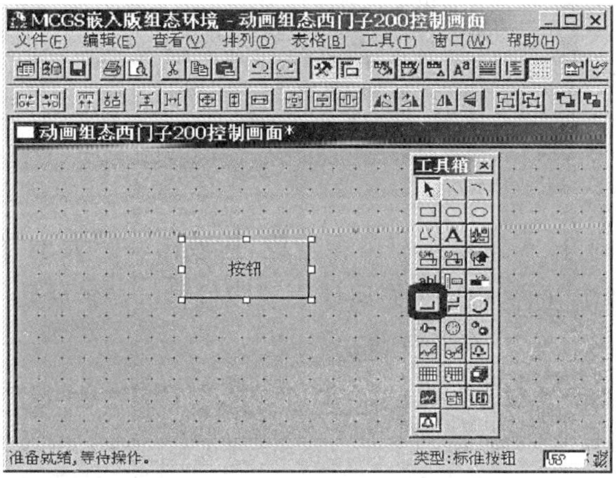

图 14-8　绘制按钮构件

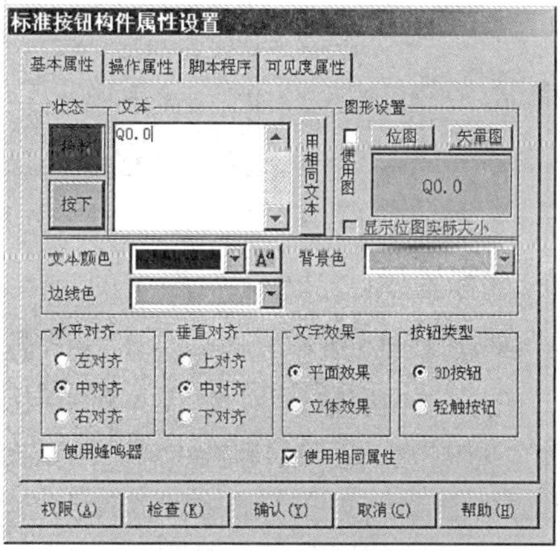

图 14-9　按钮构件属性设置

按照同样的操作分别绘制另外两个按钮，文本修改为 Q0.1 和 Q0.2，完成后如图 14-10 所示。按住键盘的 Ctrl 键，然后单击鼠标左键，同时选中三个按钮，使用工具栏中的等高宽、左(右)对齐和纵向等间距对三个按钮进行排列对齐，如图 14-11 所示。

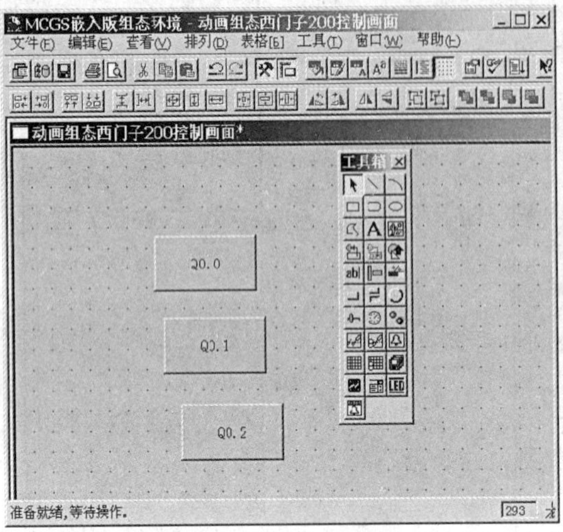

图 14-10　绘制另外两个按钮

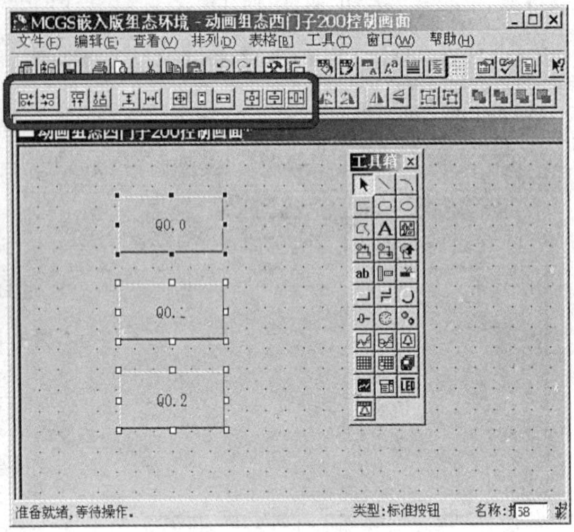

图 14-11　三个按钮排列对齐

②指示灯：单击工具箱中的“插入元件”按钮，打开“对象元件库管理”对话框，选中图形对象库指示灯中的一款，点击确认添加到窗口画面中。并调整到合适大小，同样的方法再添加两个指示灯，摆放在窗口中按钮旁边的位置，如图 14-12 所示。

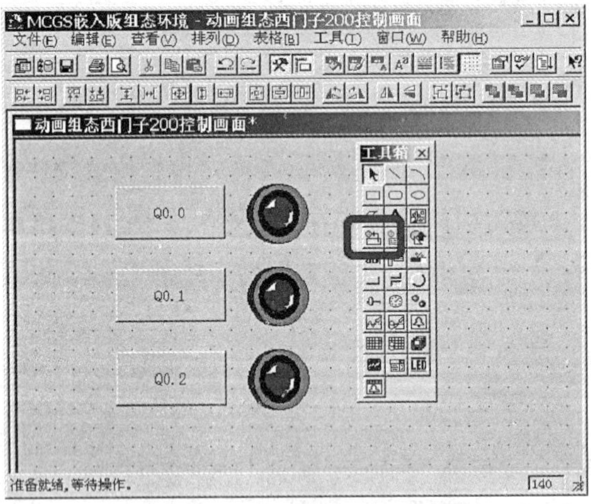

图 14-12　添加指示灯

③标签：单击选中工具箱中的“标签”构件，在窗口按住鼠标左键，拖放出一定大小“标签”，如图 14-13 所示。然后双击该标签，弹出“标签动画组态属性设置”对话框，在扩展属性页，在“文本内容输入”中输入 VW0，点击确认，如图 14-14 所示。

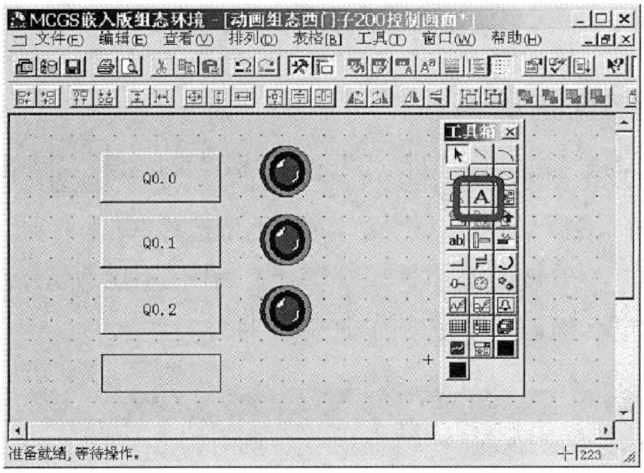

图 14-13　添加标签构件

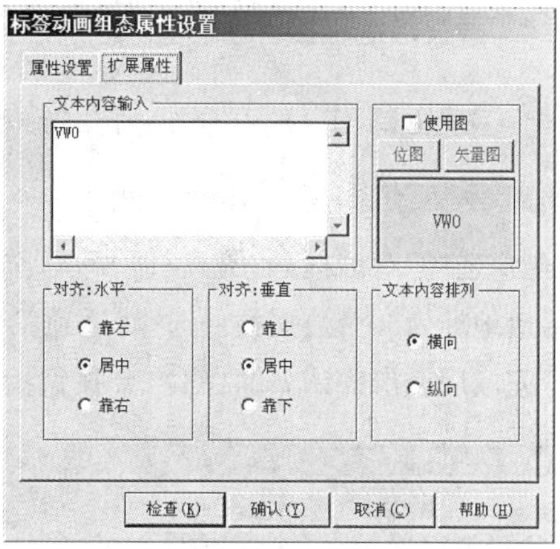

图 14-14　文本内容输入

同样的方法，添加另一个标签，文本内容输入 VW2，如图 14-15 所示。

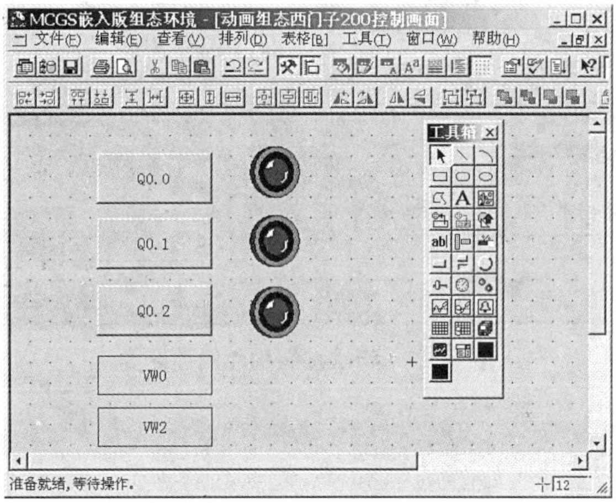

图 14-15　添加标签

④输入框：单击工具箱中的“输入框”构件，在窗口按住鼠标左键，拖放出两个一定大小的“输入框”，分别摆放在 VW0、VW2 标签的旁边位置，如图 14-16 所示。

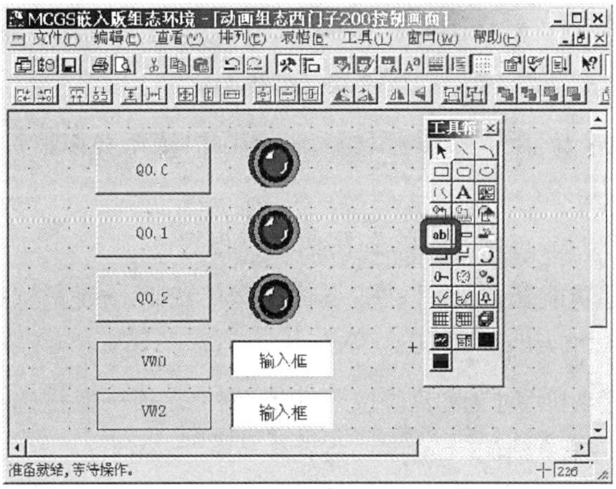

图 14-16　添加输入框构件

2.4 建立数据链接

①按钮：双击 Q0.0 按钮，弹出“标准按钮构件属性设置”对话框，如图 14-17，在操作属性页，默认“抬起功能”按钮为按下状态，勾选“数据对象值操作”，选择“清 0”，点击 ? 弹出“变量选择”对话框，如图 14-18 所示，选择“根据采集信息生成”，通道类型选择“Q 寄存器”，通道地址为“0”，数据类型选择“通道第 00 位”，读写类型选择“读写”。如图 14-18 所示，设置完成后点击确认。即在 Q0.0 按钮抬起时，对西门子 200 的 Q0.0 地址“清 0”。

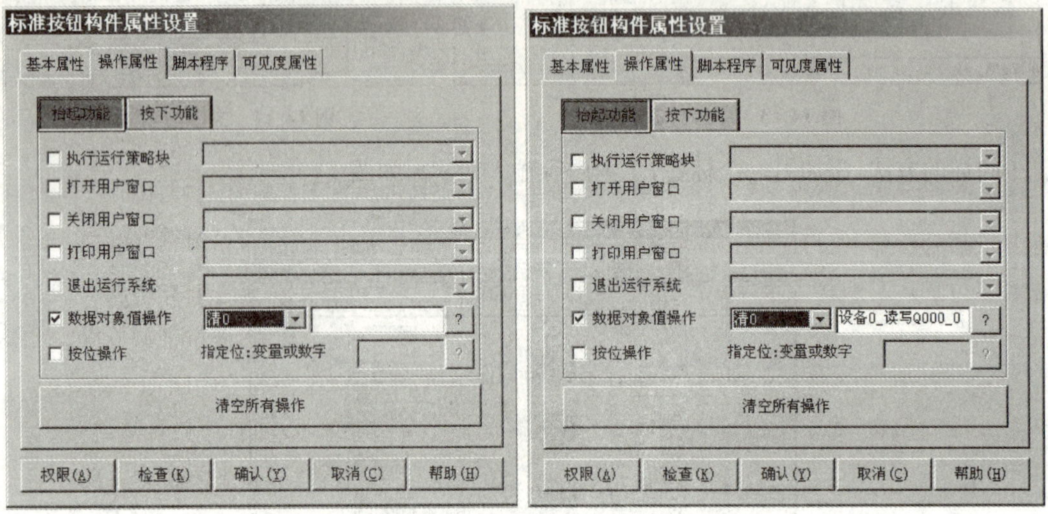

图 14-17 标准按钮构件属性设置

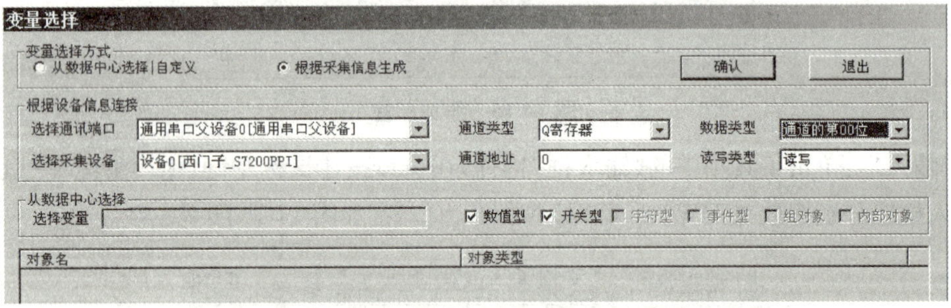

图 14-18 变量选择

采用同样的方法，点击“按下功能”按钮，进行设置，数据对象值操作→置 1→设备 0_读写 Q000_0，如图 14-19 所示。

同样的方法，分别对 Q0.1 和 Q0.2 的按钮进行设置。

Q0.1 按钮→“抬起功能”时“清 0”；“按下功能”时“置 1”→变量选择→Q 寄存器，通道地址为 0，数据类型为通道第 01 位。

Q0.2 按钮→“抬起功能”时“清 0”；“按下功能”时“置 1”→变量选择→Q 寄存器，通道地址为 0，数据类型为通道第 02 位。

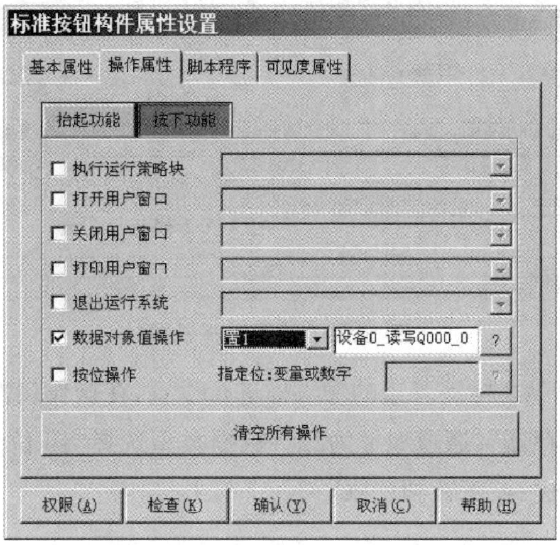

图 14-19　置 1 设置

②指示灯：双击 Q0.0 旁边的指示灯构件，弹出“单元属性设置”对话框，在数据对象页，点击选择数据对象“设备 0_读写 Q000_0”，如图 14-20 所示。

同样的方法，将 Q0.1 按钮和 Q0.2 按钮旁边的指示灯分别连接变量“设备 0_读写Q000_1”和“设备 0_读写 Q000_2”。

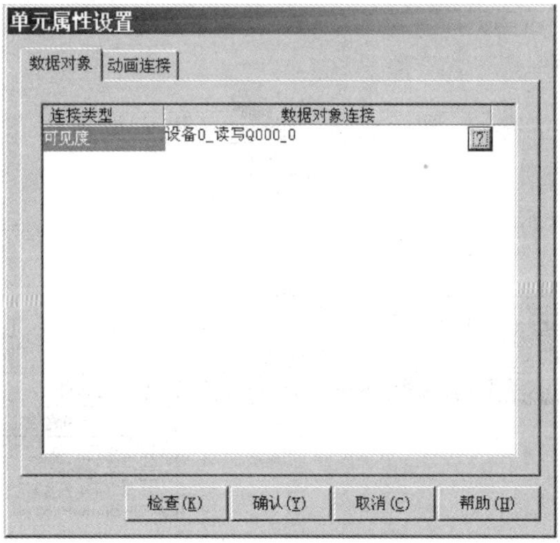

图 14-20　指示灯设置

③输入框：双击 VW0 标签旁边的输入框构件，弹出“输入框构件属性设置”对话框，在操作属性页，点击进入“变量选择”对话框，选择“根据采集信息生成”，通道类型选择“V 寄存器”；通道地址为“0”；数据类型选择“16 位无符号二进制”；读写类型选择“读写”。如图 14-21 所示，设置完成后点击确认。

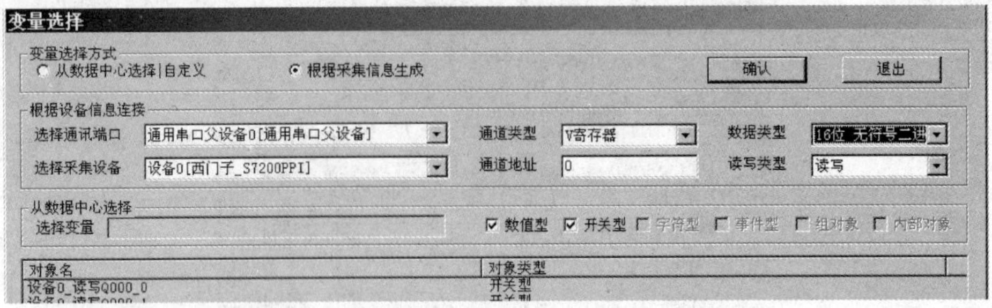

图 14-21　变量选择设置

同样的方法，双击 VW2 标签旁边的输入框进行设置，在操作属性页，选择对应的数据对象：通道类型选择“V 寄存器”；通道地址为“2”；数据类型选择“16 位无符号二进制”；读写类型选择“读写”。组态完成后，下载到 TPC。

任务 3　连接三菱 FX 系列 PLC

通过实例介绍 MCGS 嵌入版组态软件中建立同三菱 FX 系列 PLC 编程口通讯的步骤，实际操作地址是三菱 PLC 中的 Y0、Y1、Y2、D0 和 D2。

3.1　设备组态

在工作台中激活设备窗口，鼠标双击  进入设备组态画面，点击工具条中的  打开“设备工具箱”，如图 14-22 所示。

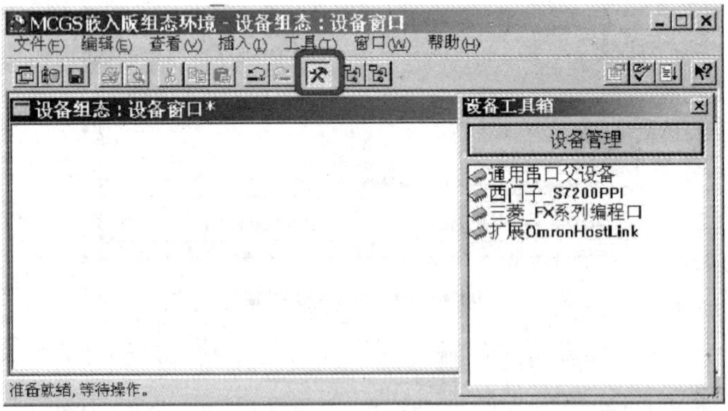

图 14-22　设备组态画面

在设备工具箱中，按先后顺序双击“通用串口父设备”和“三菱_FX 系列编程口”添加至组态画面，如图 14-23 所示。提示是否使用三菱 FX 系列编程口默认通讯参数设置父设备，如图 14-24 所示，选择“是”。

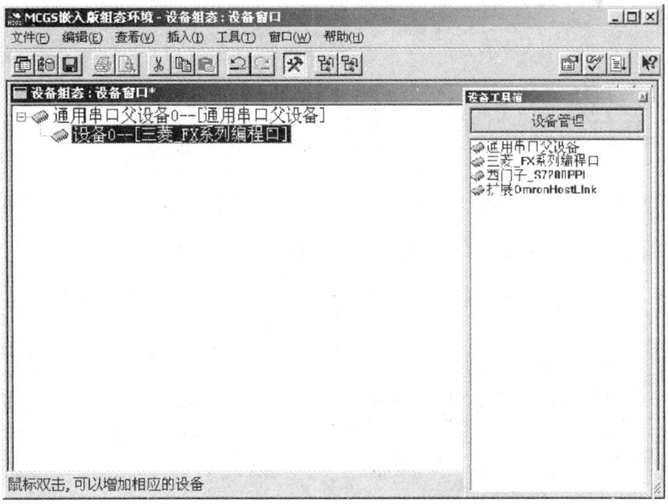

图 14-23　菱_FX 系列编程口

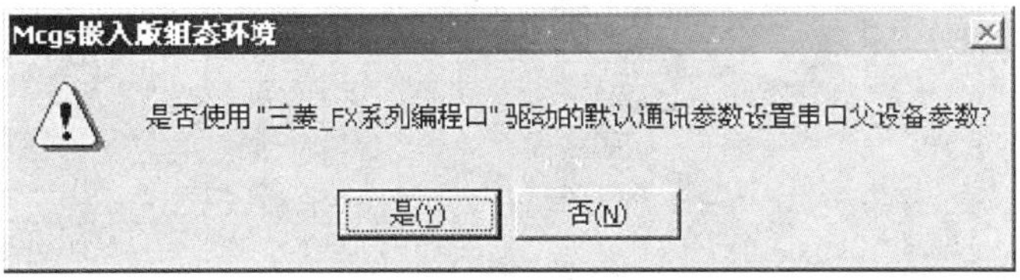

图 14-24　默认通讯参数设置父设备

所有操作完成后关闭设备窗口，返回工作台。

3.2　窗口组态

在工作台中激活用户窗口，鼠标单击“新建窗口”按钮，建立新画面“窗口 0”，如图 14-25 所示。

接下来单击“窗口属性”按钮，弹出“用户窗口属性设置”对话框，在基本属性页，将“窗口名称”修改为“三菱 FX 控制画面”，点击确认进行保存。如图 14-26 所示。

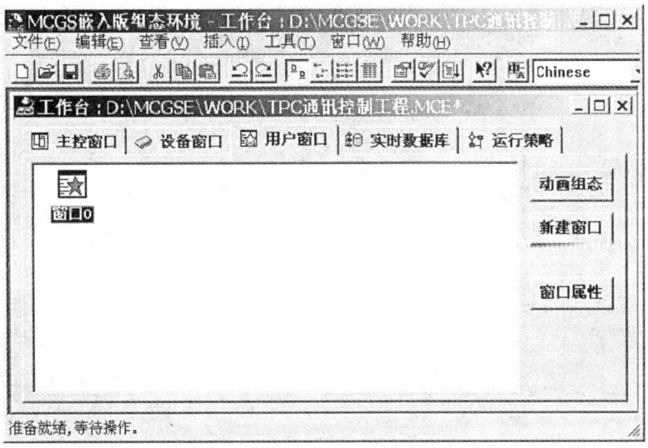

图 14-25　建立新画面

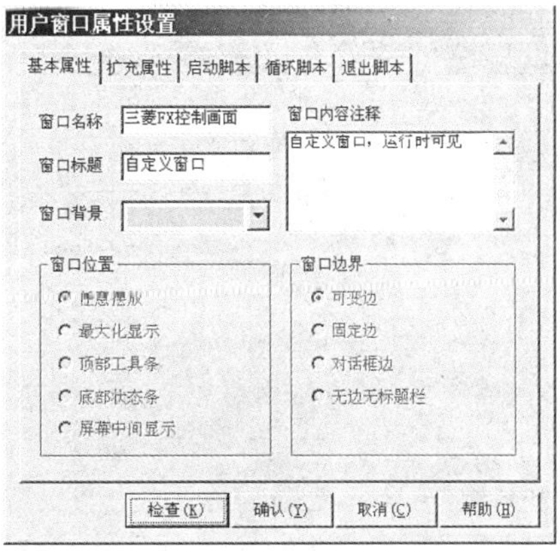

图 14-26　窗口属性

3.3 建立基本元件

在用户窗口双击进入“三菱 FX 控制画面”,点击打开“工具箱”。

①按钮:从工具箱中单击选中“标准按钮”构件,在窗口编辑位置按住鼠标左键,拖放出一定大小后,松开鼠标左键,这样一个按钮构件就绘制在了窗口画面中,如图 14-27 所示。接下来双击该按钮打开“标准按钮构件属性设置”对话框,在基本属性页中将“文本”修改为

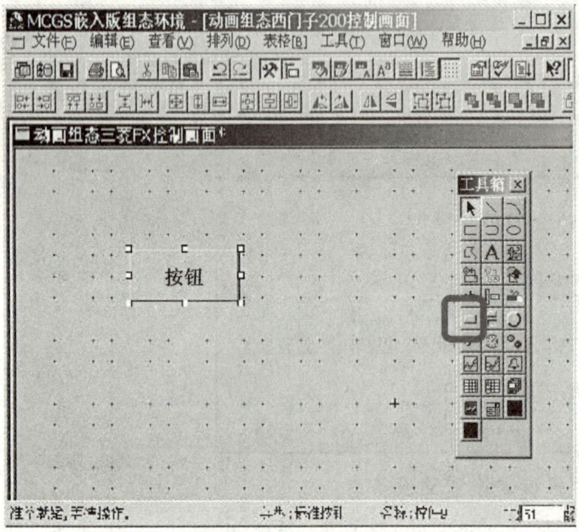

图 14-27　添加按钮

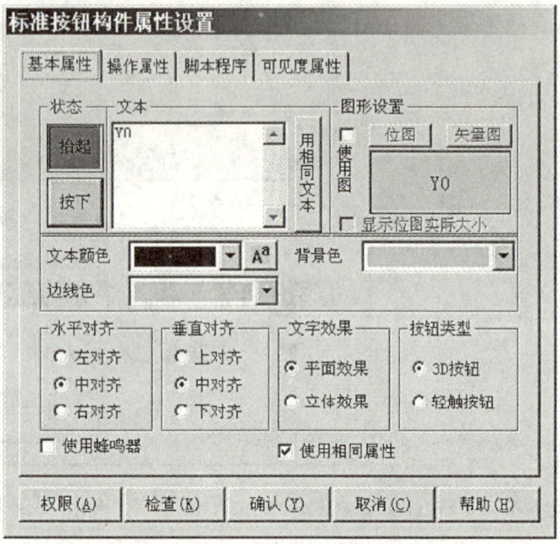

图 14-28　按钮属性设置

Y0,点击确认按钮保存,如图 14-28 所示。按照同样的操作分别绘制另外两个按钮,文本修改为 Y1 和 Y2,完成后如图 14-29 所示。按住键盘的 Ctrl 键,然后单击鼠标左键,同时选中三个按钮,使用工具栏中的等高宽、左(右)对齐和纵向等间距对三个按钮进行排列对齐。如图 14-30 所示。

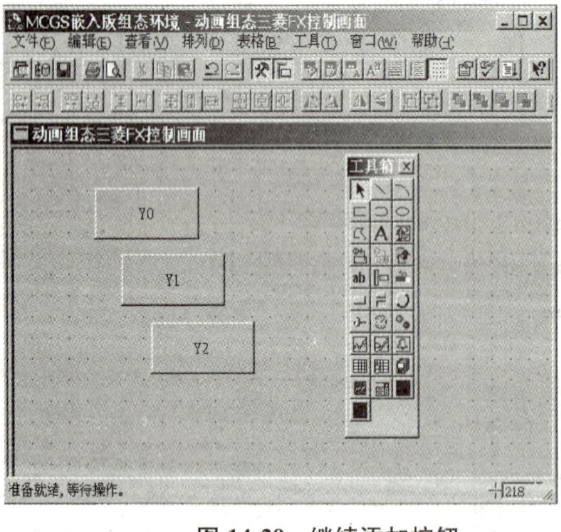

图 14-29　继续添加按钮

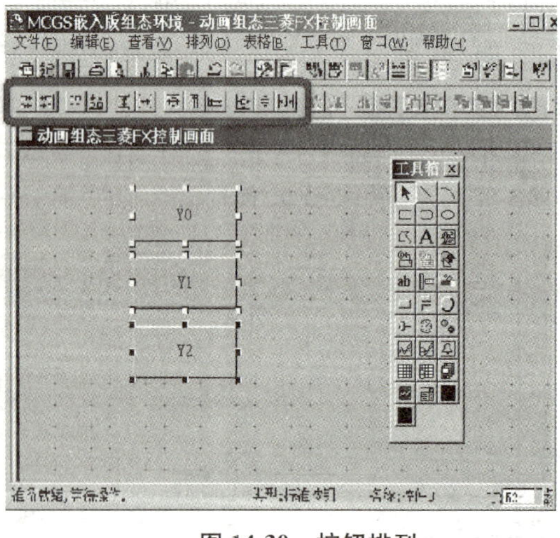

图 14-30　按钮排列

②指示灯：鼠标单击工具箱中的“插入元件”按钮，打开“对象元件库管理”对话框，选中图形对象库指示灯中的一款，点击确认添加到窗口画面中。并调整到合适大小，同样的方法再添加两个指示灯，摆放在窗口中按钮旁边的位置，如图 14-31 所示。

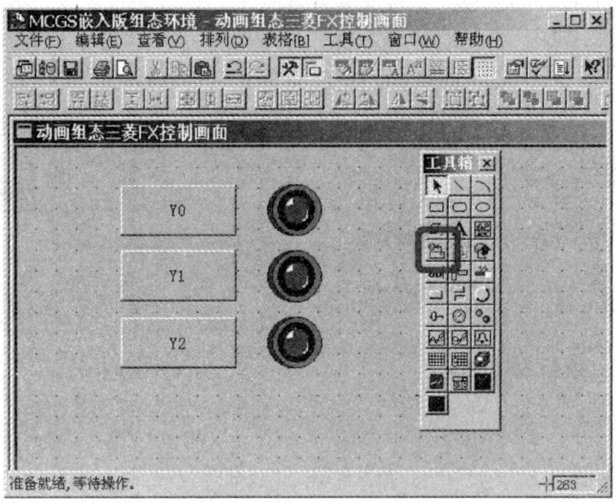

图 14-31 添加指示灯

③标签：单击选中工具箱中的“标签”构件，在窗口按住鼠标左键，拖放出一定大小的“标签”，如图 14-32 所示。双击进入该标签弹出“标签动画组态属性设置”对话框，在扩展属性页，在“文本内容输入”中输入 D0，点击确认。如图 14-33 所示。

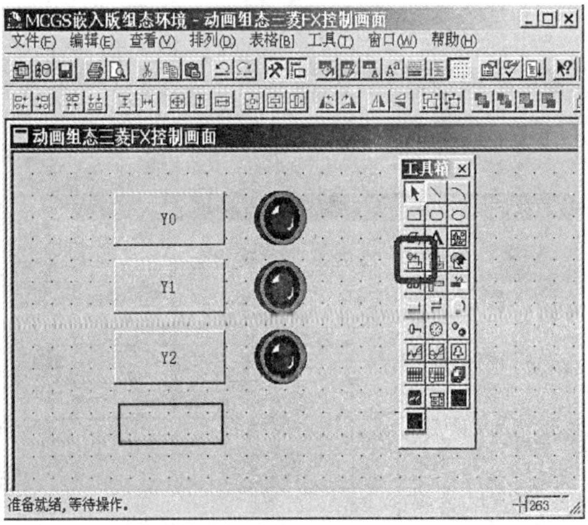

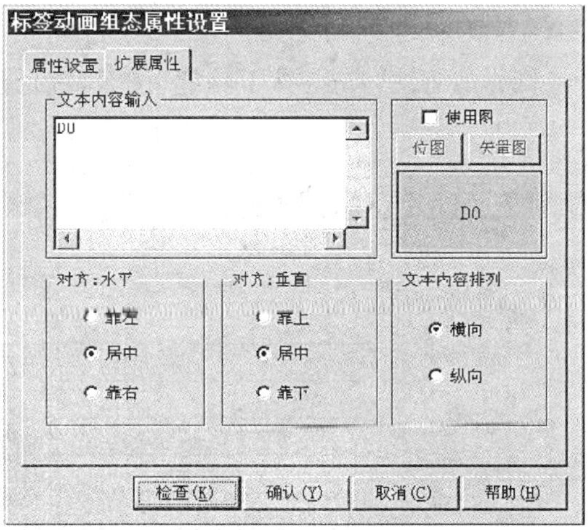

图 14-32 添加标签　　　　图 14-33 标签设置

同样的方法，添加另一个标签，文本内容输入 D2，如图 14-34 所示。

④输入框：单击工具箱中的“输入框”构件，在窗口按住鼠标左键，拖放出两个一定大小的“输入框”，分别摆放在 D0，D2 标签的旁边位置。如图 14-35 所示。

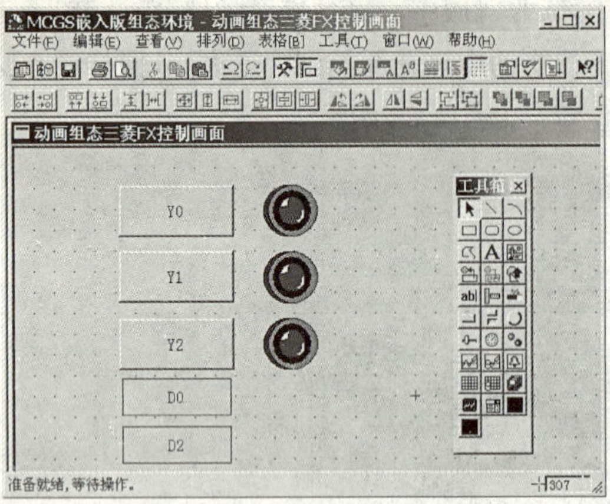

图 14-34　继续添加标签

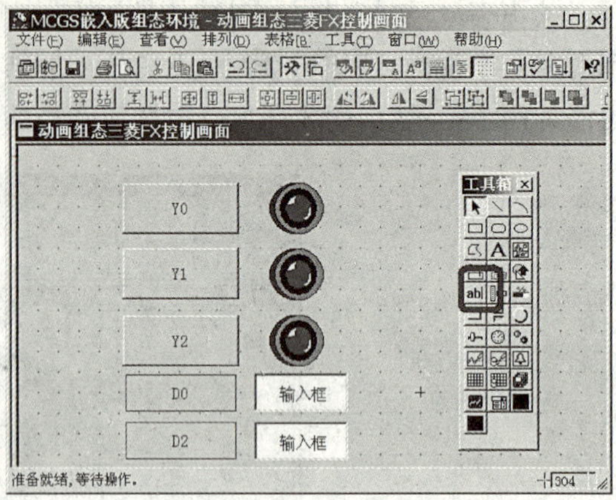

图 14-35　添加输入框

3.4　建立数据链接

①按钮：双击 Y0 按钮，弹出“标准按钮构件属性设置”对话框，在操作属性页，默认“抬起功能”按钮为按下状态，勾选“数据对象值操作”，选择“清 0”操作。如图 14-36 所示。

点击弹出“变量选择”对话框，选择“根据采集信息生成”，通道类型选择“Y 输出寄存器”，通道地址为“0”，读写类型选择“读写”。如图 14-37 所示，设置完成后点击确认。即在 Y0 按钮抬起时，对三菱 FX 的 Y0 地址“清 0”。

同样的方法，点击“按下功能”按钮，进行设置，选择 数据对象值操作—>置 1—>设备 0_读写 Y0000。

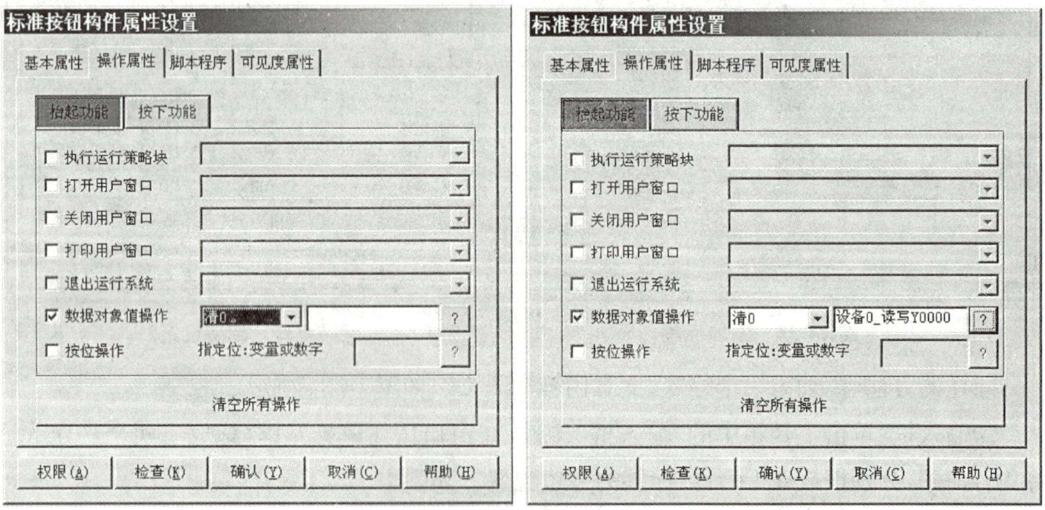

图 14-36　标准按钮构件属性设置

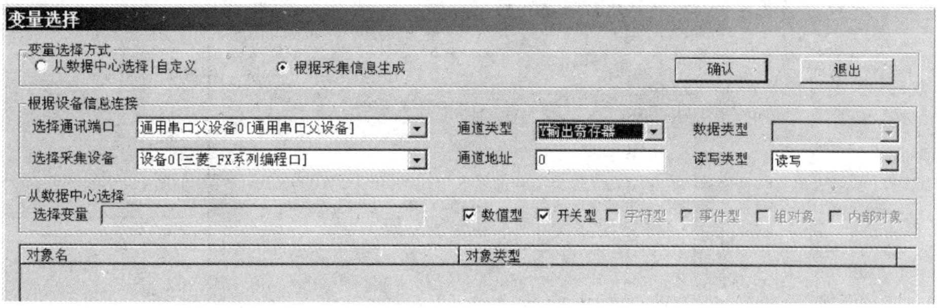

图 14-37　变量选择

同样的方法，分别对 Y1 和 Y2 的按钮进行设置。

Y1 按钮—>“抬起功能”时“清 0”；“按下功能”时“置 1”—>变量选择—>Y 输出寄存器，通道地址为 1。

Y2 按钮—>“抬起功能”时“清 0”；“按下功能”时“置 1”—>变量选择—>Y 输出寄存器，通道地址为 2。

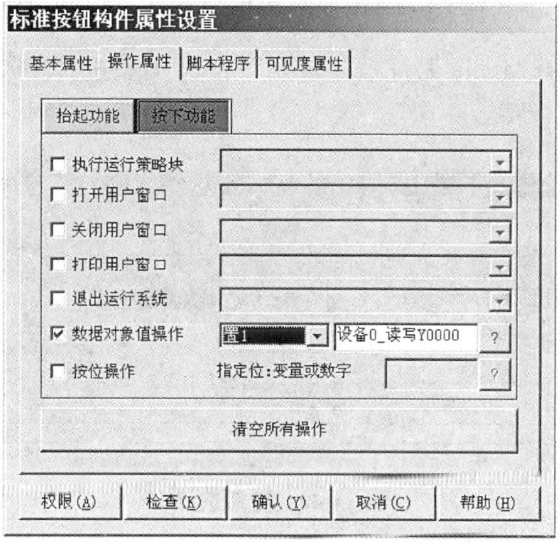

图 14-38　其他按钮设置

②指示灯：双击按钮 Y0 旁边的指示灯元件，弹出“单元属性设置”对话框，在数据对象页，点击 ? 选择数据对象“设备 0_读写 Y0000”，如图 14-39 所示。

同样的方法，将 Y1 按钮和 Y2 按钮旁边的指示灯分别连接变量“设备 0_读写 Y0001”和“设备 0_读写 Y0002”。

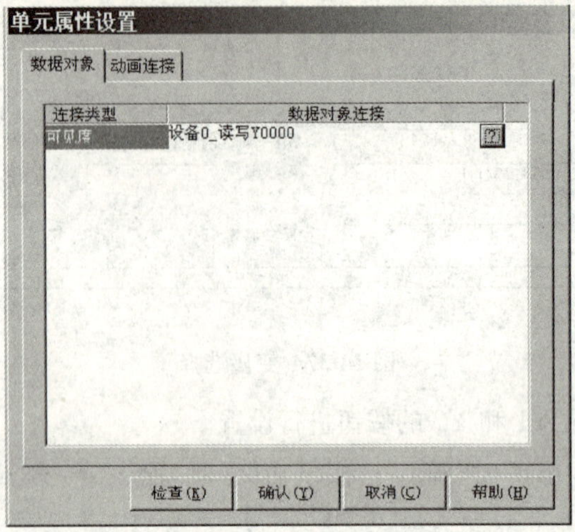

图 14-39　指示灯设置

③输入框：双击 D0 标签旁边的输入框构件，弹出“输入框构件属性设置”对话框，在操作属性页，点击 ? 进行变量选择，选择“根据采集信息生成“，通道类型选择“D 寄存器”，通道地址为“0”；数据类型选择“16 位无符号二进制”；读写类型选择“读写”。如图 14-40 所示。完成后点击确认保存。

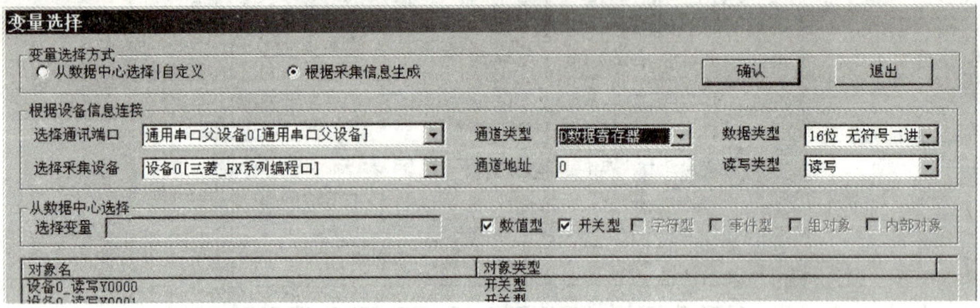

图 14-40　变量选择

同样的方法，对 D2 标签旁边的输入框进行设置，在操作属性页，选择对应的数据对象：通道类型选择“D 寄存器”；通道地址为“2”；数据类型选择“16 位无符号二进制”；读写类型选择“读写”。组态完成后，下载到 TPC。

任务 4　连接欧姆龙 PLC

介绍 MCGS 嵌入版组态软件中建立同欧姆龙 PLC 的通讯步骤，实际操作地址是欧姆龙 PLC 中的 IR100.0、IR100.1、IR100.2、DM0 和 DM2。

3.1　设备组态

在工作台中激活设备窗口，鼠标双击 

进入设备组态画面，点击  打开“设备工具箱。如图 14-41 所示。

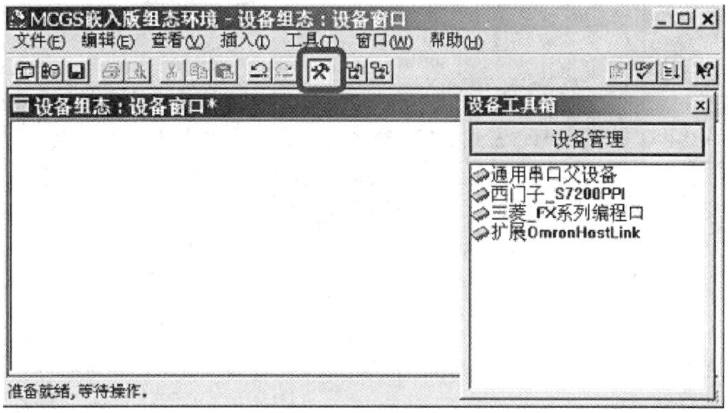

图 14-41　设备组态

在设备工具箱中，按顺序先后双击“通用串口父设备”和“扩展 OmronHostLink”添加至组态画面窗口，如图 14-42 所示。提示是否使用扩展 OmronHostLink 默认通讯参数设置父设备，如图 14-43 选择“是”。所有操作完成后关闭设备窗口，返回工作台。

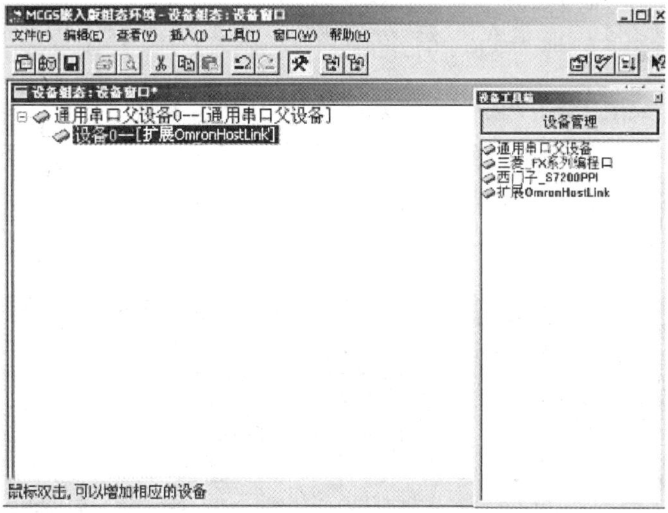

图 14-42　选择设备

图 14-43　默认通讯参数设置父设备

3.2 窗口组态

在工作台中激活用户窗口,鼠标单击“新建窗口”按钮,建立新画面“窗口 0”。接下来单击“窗口属性”按钮,进入“用户窗口属性设置”对话框,在基本属性页,将“窗口名称”修改为“欧姆龙控制画面”,点击确认进行保存,如图 14-44 所示。

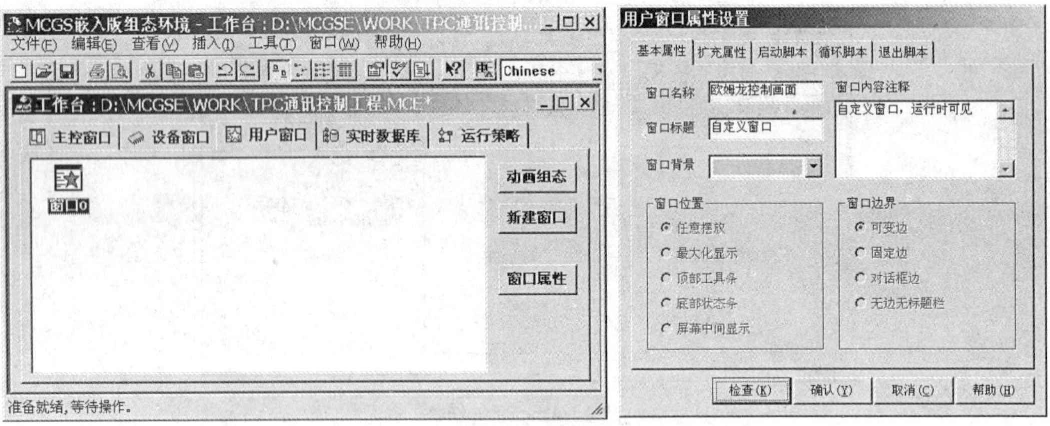

图 14-44 窗口组态

3.3 建立基本元件

在用户窗口双击

进入“欧姆龙控制画面”窗口,点击打开“工具箱”。

①按钮:从工具箱中单击选中“标准按钮”构件,在窗口编辑位置按住鼠标左键拖放出一定大小后,松开鼠标左键,这样一个按钮构件就绘制在了窗口画面中。接下来鼠标双击该按钮,弹出“标准按钮构件属性设置”对话框,在基本属性页中将“文本”修改为 IR100. 0,点击确认按钮保存,如图 14-45 所示。

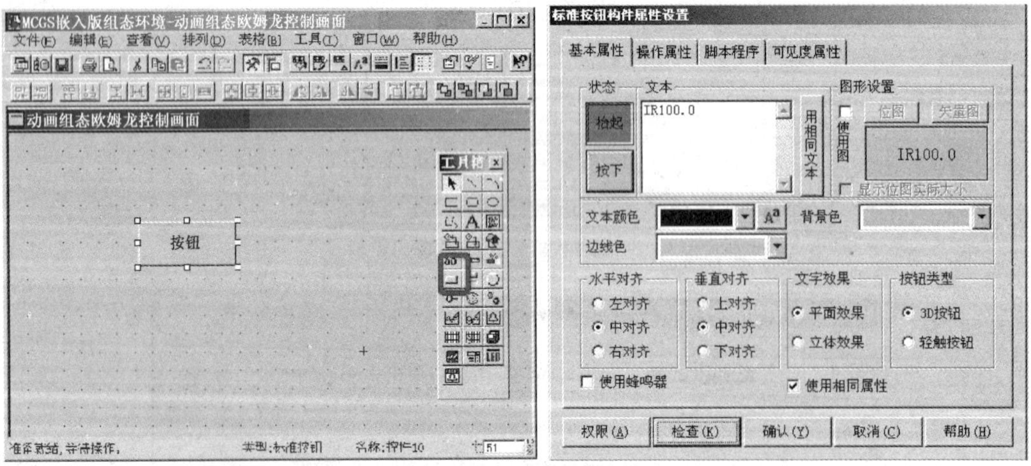

图 14-45 按钮添加与设置

按照同样的操作绘制另外两个按钮，文本修改为 IR100.1 和 IR100.2。

按住键盘的 Ctrl 键，然后单击鼠标左键，同时选中三个按钮，使用工具栏中的等高宽、左(右)对齐和纵向等间距对三个按钮进行排列对齐，如图 14-46 所示。

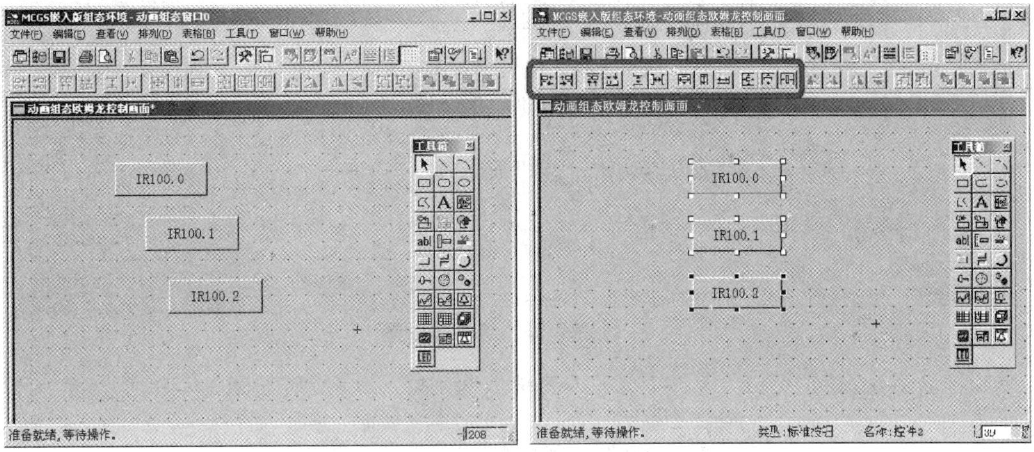

图 14-46　按钮的添加与排列

②指示灯：单击工具箱中的“插入元件”按钮，打开“对象元件库管理”对话框，选中图形对象库指示灯中的一款，点击确认添加到窗口画面中。并调整到合适大小，同样的方法再添加两个指示灯，摆放在窗口中按钮旁边的位置。如图 14-47 所示。

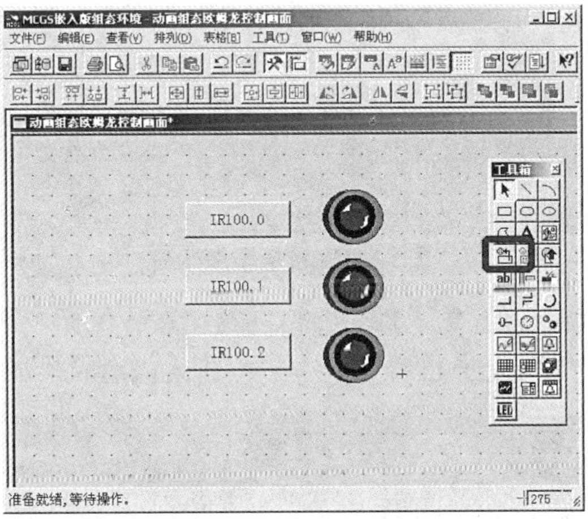

图 14-47　添加指示灯

③标签：单击选中工具箱中的“标签”构件，在窗口按住鼠标左键，拖放出一定大小的“标签”。双击该标签弹出“标准动画组态属性设置”对话框，在扩展属性页，在“文本内容输入”中输入 DM0，点击确认，如图 14-48 所示。

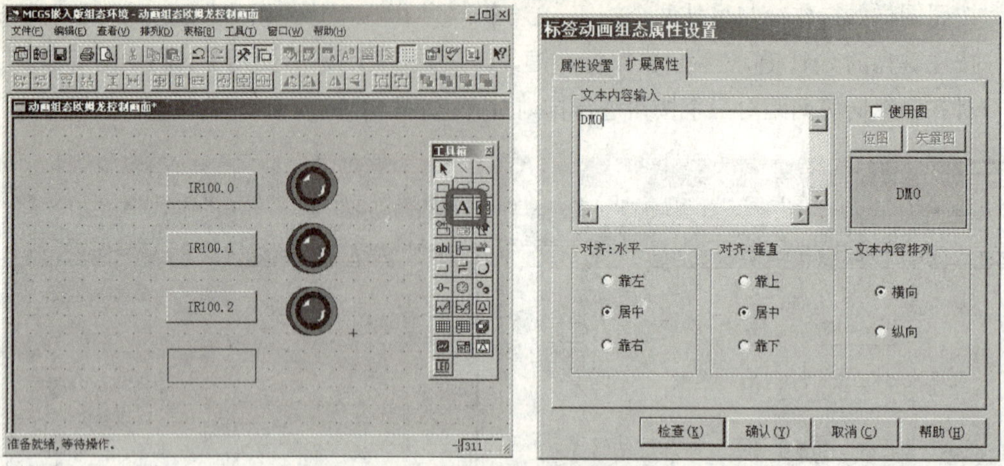

图 14-48 添加标签与设置

同样的方法，添加另一个标签，文本内容输入为 DM2。完成后如图 14-49 所示。

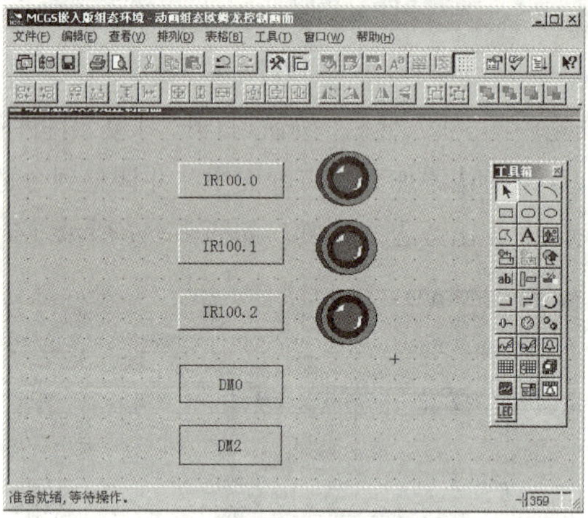

图 14-49 继续添加标签

④输入框：单击工具箱中的“输入框”构件，在窗口按住鼠标左键，拖放出两个一定大小的“输入框”，分别摆放在 DM0、DM2 标签的旁边位置，如图 14-50 所示。

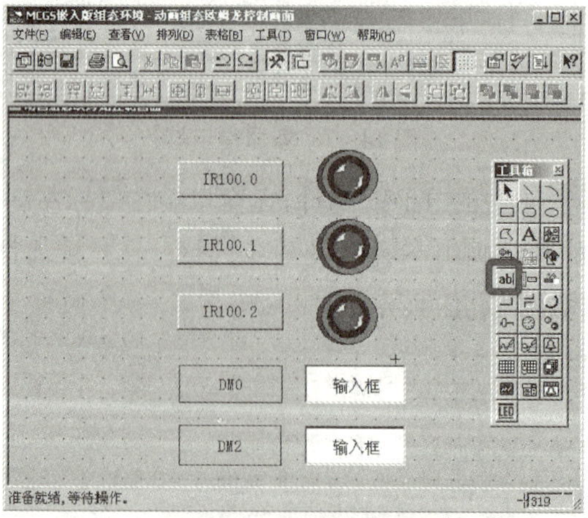

图 14-50 添加输入框

3.4　数据链接

①按钮：双击 IR100.0 按钮，弹出“标准按钮构件属性设置”对话框，如图 14-51 所示，在操作属性页，默认“抬起功能”按钮为按下状态，勾选“数据对象值操作”，选择“清 0”。

点击 ? 弹出“变量选择”对话框：选择“根据采集信息生成”，通道类型选择“IR/SR 区”，通道地址为“100”，数据类型选择“通道第 00 位”，读写类型选择“读写”。如图 14-52 所示，设置完成后点击“确认”。即在 IR100.0 按钮抬起时，对欧姆龙的 IR100.0 地址“清 0”。

采用同样的方法，点击“按下功能”按钮，进行设置，选择 数据对象值操作—>置 1—>设备 0_读写 IR0100_00。

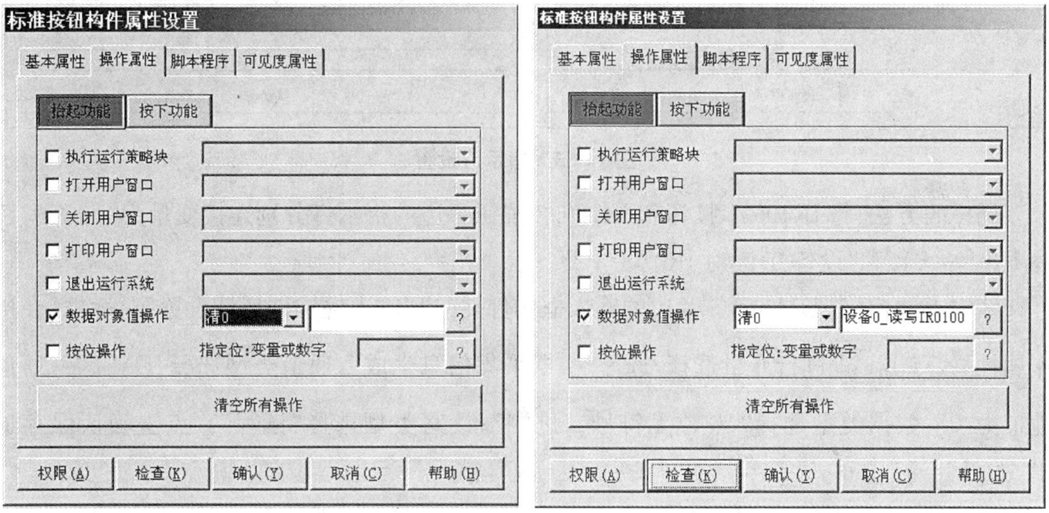

图 14-51　按钮设置

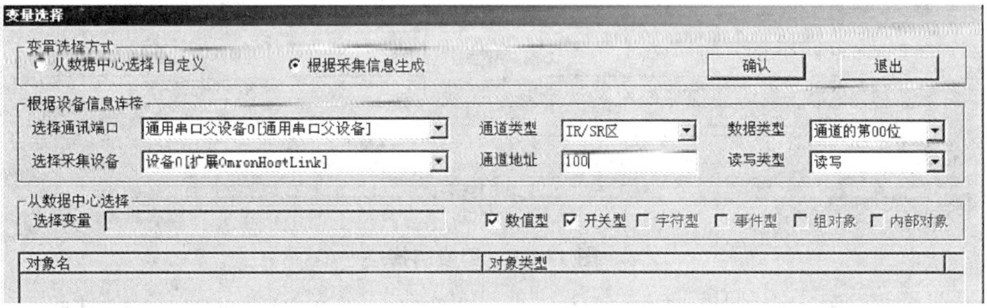

图 14-52　变量选择

同样的方法，分别对 IR100.1 和 IR100.2 的按钮进行设置。

IR100.1 按钮—>“抬起功能”时“清 0”；“按下功能”时“置”—>变量选择—>IR/SR 区，通道地址为 100，数据类型为通道第 01 位。

IR100.2 按钮—>“抬起功能”时“清 0”；“按下功能”时“置 1”—>变量选择—>IR/SR 区，通道地址为 100，数据类型为通道第 02 位。

②指示灯：双击 IR100.0 旁边的指示灯元件，弹出“单元属性设置”对话框，在数据对象

页，点击选择数据对象“设备 0_读写 IR0100_00”，如图 14-53 所示。

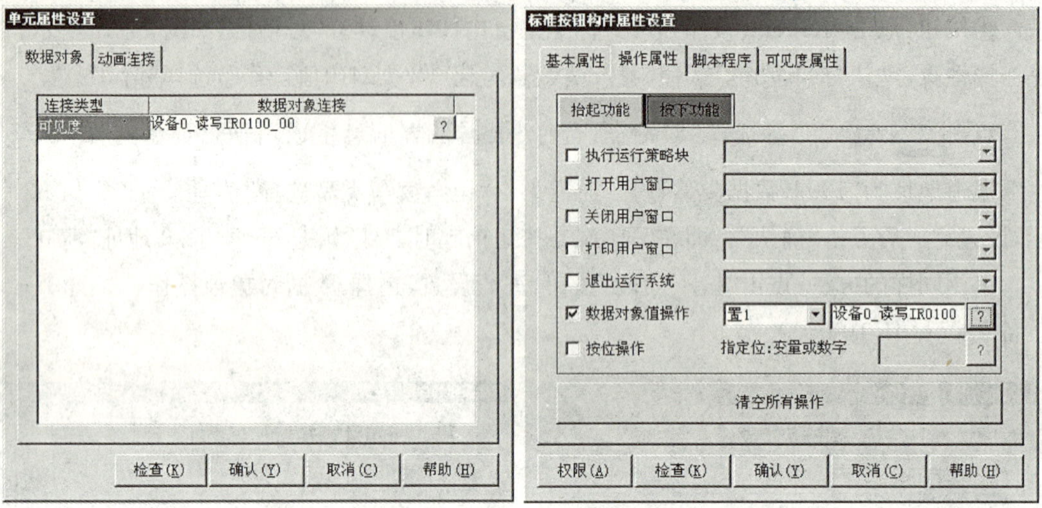

图 14-53 指示灯设置

同样的方法，将 IR100.1 按钮和 IR100.2 按钮旁边的指示灯分别连接变量为“设备 0_读写 IR0100_01”和“设备 0_读写 IR0100_02”。

③输入框：双击 DM0 标签旁边的输入框构件，弹出“输入框构件属性设置”对话框，在操作属性页，点击进行变量选择，选择“根据采集信息生成”，通道类型选择“DM 区”；通道地址为“0”；数据类型选择“16 位无符号二进制”；读写类型选择“读写”。点击确认保存退出，如图 14-54 所示。

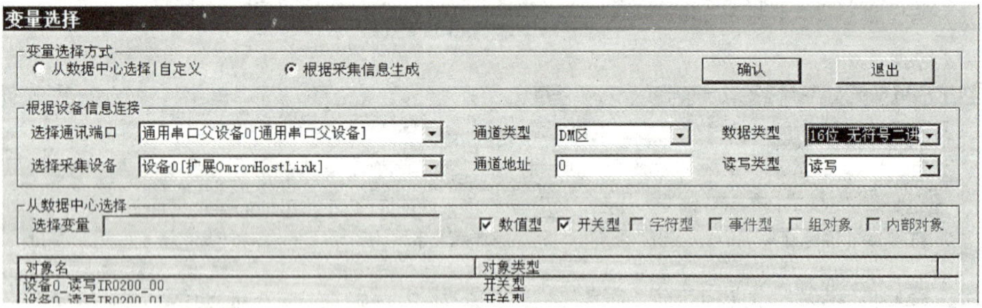

图 14-54 变量选择

同样的方法，对 DM2 标签旁边的输入框进行设置，在操作属性页，选择对应的数据对象：通道类型选择“DM 区”；通道地址为“2”；数据类型选择“16 位无符号二进制”；读写类型选择“读写”。组态完成后，下载到 TPC。

任务 5　工程下载

5.1　连接 TPC7062K 和 PC 机

将普通的 USB 线，一端为扁平接口，插到电脑的 USB 口，一端为微型接口，插到 TPC 端的 USB2 口。

5.2　工程下载

点击工具条中的下载按钮，进行下载配置。选择“连机运行”，连接方式选择“USB 通讯”，点击“通讯测试”按扭，通讯测试正常后，点击“工程下载”。如图 14-55 所示。

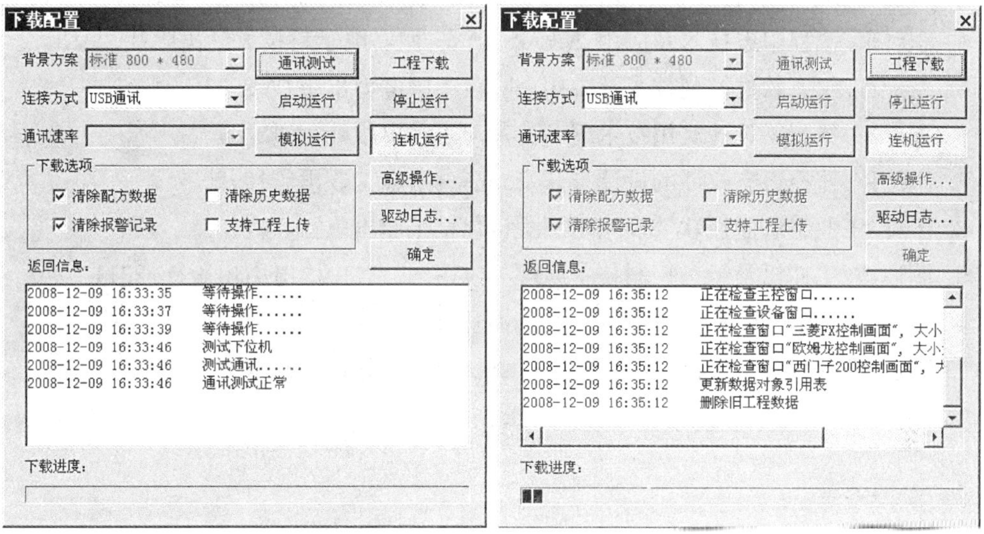

图 14-55　通信测试与工程下载

5.3　运行效果

如图 14-56 是 TPC7062K 控制西门子 200PLC 的运行效果图。PLC 的 Q 寄存器 Q0. 0、Q0. 1、Q0. 2 的指示灯会随着按钮的操作而变化。

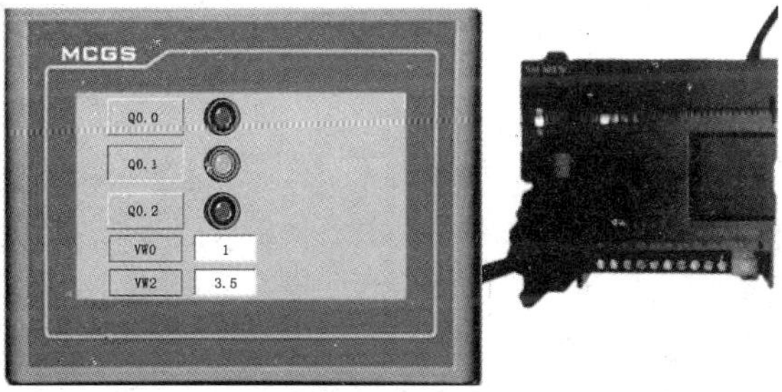

图 14-56　运行效果

参考文献

1. 徐世许.可编程序控制器应用指南——编程·通信·联网.北京:电子工业出版社,2007
2. 曾庆波.监控组态软件及其应用技术.哈尔滨:哈尔滨工业大学出版社,2010
3. 韩晓新.从基础到实践——PLC与组态王.北京:机械工业出版社,2011
4. 李红萍.工控组态技术及应用:MCGS.西安:西安电子科技大学出版社,2013
5. 王淑红.组态软件控制技术及应用.北京:中国电力出版社,2011
6. 穆亚辉.组态王软件实用技术.西安:黄河水利出版社,2012
7. 李建伟.监控组态软件的设计与开发.北京:冶金工业出版社,2007
8. 于玲.工业组态监控软件及应用.北京:化学工业出版社,2012
9. 薛迎成.工控机及组态控制技术原理与应用.北京:中国电力出版社,2011
10. 张文明.嵌入式组态控制技术.北京:中国铁道出版社,2011
11. 姚立波.组态监控设计与应用.北京:机械工业出版社,2011
12. 汪志锋.工控组态软件.北京:电子工业出版社,2007